U0173641

地震易发区既有房屋建筑
抗震加固技术选编

Selections of Seismic Retrofit Technologies
for Existing Buildings in Earthquake-Prone Areas

孙柏涛　主编

地震出版社

图书在版编目（CIP）数据

地震易发区既有房屋建筑抗震加固技术选编/孙柏涛主编；戴君武，王涛，陈洪富编著.
—北京：地震出版社，2023.10
ISBN 978-7-5028-5587-1

Ⅰ.①地…　Ⅱ.①孙…　②戴…　③王…　④陈…　Ⅲ.①地震地区—房屋结构—抗震加固
Ⅳ.①TU352.11

中国国家版本馆CIP数据核字（2023）第199506号

地震版　XM4841/TU（6419）

地震易发区既有房屋建筑抗震加固技术选编

Selections of Seismic Retrofit Technologies
for Existing Buildings in Earthquake-Prone Areas

孙柏涛　主编
责任编辑：俞怡岚
责任校对：凌　樱

出版发行：地震出版社
　　　　　北京市海淀区民族大学南路9号　　　　　邮编：100081
　　　　　销售中心：68423031　68467991　　　　传真：68467991
　　　　　总编办：68462709　68423029
　　　　　编辑二部（原专业部）：68721991
　　　　　http://seismologicalpress.com
　　　　　E-mail：68721991@sina.com

经销：全国各地新华书店
印刷：河北文盛印刷有限公司

版（印）次：2023年10月第一版　2023年10月第一次印刷
开本：787×1092　1/16
字数：442千字
印张：17.25
书号：ISBN 978-7-5028-5587-1
定价：126.00元

《地震易发区既有房屋建筑抗震加固技术选编》
编写人员

主　　编：孙柏涛

副主编：戴君武　王　涛　陈洪富

编　委：吴碧野　周中一　王　皓　王啸霆

魏　珂　陈相兆　杨永强　张桂欣

李吉超　尚庆学　陈博文　王现伟

杜思敏　王一平

前　　言

在人类生存发展的历史长河中，自然灾害始终伴随着我们。无论我们是否愿意，我们都不得不面对自然灾害对我们所造成的威胁。若以时间轴为坐标，人类对自然灾害的认知是不断演变的，我们应对灾害的理念、态度、方法和措施也在不断变化。

在人类历史的早期，我们对自然灾害是如何产生的认知非常有限，往往将其视为对人类错误行为的一种惩罚。在那个时候，人们相信自然界存在着神灵或超自然力量，它们是通过自然灾害来惩罚或试炼人类。这种信仰使人类对灾害感到无力和恐惧，因此我们采取的是被动的态度。

随着科学的发展和知识的积累，我们逐渐开始从科学的角度来研究和理解自然灾害，因而使我们能够更好地了解灾害的起因和发展规律。由此，我们开始认识到自然灾害是自然界中的一种自然现象，虽然无法完全控制它们，但可以通过科学手段来预测和减轻其影响。因而，防灾减灾成为了一个恒定的命题。

据统计，在过去的一个世纪里，地震灾害是对我国造成影响最严重的自然灾害。由于地震具有突发性强、灾害影响程度大，尤其是其难以预测的特点，给人们的生命、财产和社会稳定带来巨大的威胁。

目前，我们对地震的孕育过程和发震机理的科学认知仍然存在一定的不清楚和不完善之处。地震预测和预报仍然是一个具有挑战性的领域，尚无法提供有减灾实效的公共服务产品。因此，提升承灾体的抗震能力成为我们必然的选择，也是无奈的选择。减轻地震带来的灾害最重要的环节是采取措施来增强工程结构的抗震能力，包括建（构）筑物、基础设施和社会系统。近数十年来，国内外的实际震害表明，人员伤亡和经济损失大多是由于自建的非抗震设防和抗震设防不足的老旧房屋建筑破坏导致的。因而，通过科学的抗震设计和加固措施，可以使建筑物在地震发生时更加稳固，减少倒塌和损坏的风险。

抗震设计主要是针对新建工程结构，而抗震加固则是指对既有工程结构进行改造和加固，以提高其抗震能力。在本书中，我们将重点讨论对既有房屋建筑的抗震加固措施。

本书第 1 章首先概述了我国房屋建筑抗震鉴定与加固的概念、起源和发展沿革，总结并讨论了新时期我国加固工作面临的挑战；第 2~6 章分别针对我国普遍存在的砌体结构、钢筋混凝土结构、钢结构、木结构以及村镇地区量大面广的砖木结构、石砌体结构、生土结构等，通过介绍不同类型结构的概念、发展和演变历程，总结各类房屋建筑常见的损伤及震害特征，并根据不同需求和目标给出常见实用的损伤修复与抗震加固技术。

本书重点讨论了不同结构类型房屋建筑的实用修复和加固技术，较为简明地介绍了各种技术的概念、原理、应用范围、发展沿革、技术特点以及在实际工程中的案例，本书还在附录部分对各个加固技术有代表性的施工工艺进行了梳理，并辅以部分图片说明。目的是更好地为加固工作方案的设计和加固决策的制定提供一定的参考。

针对房屋建筑的抗震加固工作，数十年来住房与城乡建设管理部门开展了大量卓有成效的工作，各大专院校、研究院（所）也均取得了丰富的研究成果，本书多是对近些年加固工作的总结与梳理。随着科技的进步，抗震加固领域也在不断发展，各种技术也大量涌现，由于作者认知之限，难免有疏漏和不完善之处，烦请读者指出，以便后续修订予以改正。

本书在中国地震局震害防御司的指导与大力支持下，得到了国家自然科学地震科学联合基金重点项目（项目编号：U2239252）、国家重点研发计划项目（项目编号：2019YFC1509300、2022YFC3003605）、黑龙江省重点研发计划项目（项目编号：GA22C001）、中国地震局地震工程与工程振动重点实验室重点专项（项目编号：2021EEEVL0203、2021EEEVL0210）的资助，特此感谢。

工力所，2023 年 8 月于哈尔滨

Preface

In the vast river of human history, natural disasters have always been a constant companion. Whether we accept it or not, we are inevitably confronted with the looming threat posed by these natural calamities. If we were to chart this evolution along a timeline, our understanding of natural disasters has continuously evolved, and our theories, attitudes, methods, and countermeasures in dealing with these disasters have undergone constant transformation.

In the early epochs of human history, our comprehension of the origins of natural disasters was severely limited, often attributing them to divine retribution for human transgressions. During this era, people held firm beliefs in the existence of gods or supernatural forces within nature, using natural disasters as instruments to punish or test humanity. Such beliefs engendered a sense of powerlessness and fear in the face of disasters, leading us to adopt a passive attitude.

With the progression of science and the accumulation of knowledge, we gradually transitioned to a scientific perspective in our study and comprehension of natural disasters. Therefore, we began to gain deeper insights into the causes and patterns of disaster development. Consequently, we came to understand that natural disasters are inherent to the natural world. While we may not possess absolute control over them, we can employ scientific means to predict and mitigate their impact. Hence, disaster prevention and mitigation became a perpetual endeavor.

Statistically, earthquake disasters have been proven to be the most severe natural calamities affecting our nation in the past century. Owing to their sudden and devastating nature, exacerbated by their unpredictability, earthquakes pose substantial threats to human life, property, and societal stability.

Presently, our scientific understanding of earthquake generation processes and mechanisms still harbors uncertainties and gaps. Earthquake prediction and forecasting remain a formidable challenge, lacking effective public service products for disaster reduction. Consequently, bolstering the seismic resilience of structures has become an inevitable and helpless choice. The most pivotal aspect of mitigating earthquake-induced disasters lies in implementing measures to enhance the seismic resilience of engineering structures, encompassing buildings, infrastructure, and societal systems. Over recent decades, both domestically and internationally, earthquake damage has consistently demonstrated that the majority of casualties and economic losses arise from the collapse and damage of non-seismically fortified, or inadequately fortified self-constructed old buildings. Therefore, through scientific seismic design and retrofitting measures, buildings can be rendered more robust during earthquakes, mitigating the risk of collapse and damage.

Seismic design focuses on new construction projects, whereas seismic retrofitting involves the renovation and strengthening of existing engineering structures to heighten their seismic resistance. In this book, we will focus on discussing seismic retrofit measures for existing buildings.

Chapter 1 of this book commences by outlining the conceptual origins and historical development of seismic evaluation and retrofitting of building structures in China. It succinctly encapsulates and discusses the challenges encountered in retrofitting works in contemporary times. Chapters 2 through 6 individually address the common structural types in China, encompassing masonry structures, reinforced concrete structures, steel structures, and timber structures, as well as brick and wood structures, stone masonry structures, and raw soil structures in rural areas. These chapters introduce the concept, development, and evolutionary history of different structural types, summarize common damages and seismic hazards associated with various residential building types, and offer practical repair and seismic retrofitting techniques tailored to specific requirements and objectives.

This book concentrates on practical repair and retrofitting techniques for various building structure types. It offers concise introductions to the concepts, principles, application scopes, development histories, technical characteristics, and real-world engineering case studies of these diverse techniques. The appendix section provides a compilation of representative construction processes for various retrofitting techniques, accompanied by illustrative images. The aim of this book is to provide valuable references for the formulation of retrofitting work plans and decision-making processes.

In the realm of seismic retrofitting for residential buildings, governmental departments responsible for housing and urban-rural development have undertaken a substantial amount of effective work over the past few decades. Many universities and research institutes have also contributed significantly to the field, yielding rich research findings. This book predominantly constitutes a summation and compilation of recent retrofitting work. As technology continues to advance, the seismic retrofitting domain perpetually evolves, with a proliferation of innovative techniques. Recognizing the limitations of the author's knowledge, we kindly need your opinion to point out omissions and imperfections for future revisions.

This book extends its heartfelt gratitude to the Earthquake Damage Prevention Department of the China Earthquake Administration, as well as the generous support received from the National Natural Science Foundation of China's Earthquake Science Joint Fund (Project Number: U2239252), the National Key Research and Development Program of China (Project Numbers: 2019YFC1509300, 2022YFC3003605), Heilongjiang Provincial Key Research and Development Plan (Project Number: GA22C001), and the Key Special Project of the Laboratory of Earthquake Engineering and Engineering Vibration of the China Earthquake Administration (Project Numbers: 2021EEEVL0203, 2021EEEVL0210).

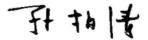

Institute of Engineering Mechanics, August 2023, in Harbin

目　　录

第1章 我国房屋抗震加固工作概述

1.1 房屋加固的基本概念

为保证既有建筑物使用功能安全或延长其工作年限，同时提高其抵御地震等灾害的能力，在使用过程中，必要时应根据政府主导或业主需求进行安全性检查，并及时采取相应措施。也即是遵循先"检测鉴定"、后"修复加固改造"的原则，来提高既有建筑的安全水平，保障人民群众人身和财产安全。

房屋结构加固可以从两个方面来讲，一是因房屋破损而进行的维护性加固；二是为了使房屋达到一定抗破坏力或提高其承载能力而进行的加固，如抗震能力或由于结构的原有承载能力不足或使用功能变化而需要其承载能力的提高。结构加固，即是对可靠性不足或业主要求提高可靠度的承重结构、构件及其相关部分采取增强、局部更换或调整其内力等措施，使其具有现行标准及业主所要求的安全性、耐久性和适用性（《既有建筑鉴定与加固通用规范》（GB 55021—2021））。一般包括：安全性加固和抗震加固。本书主要内容针对的是不同结构类型的既有房屋抗震加固。

1.2 我国房屋安全鉴定与抗震鉴定的发展沿革

房屋鉴定亦可分为安全性鉴定与抗震鉴定两类。其中：安全性鉴定，是指对建筑的结构承载力和结构整体稳定性所进行的调查、检测、验算、分析和评定等一系列工作；抗震鉴定，是指按照规定的抗震设防要求，通过检查既有建筑的设计、施工质量和使用现状，对房屋在预期地震作用下的安全性进行评估。

1.2.1 我国房屋鉴定工作的起源

新中国成立后，地震对工程结构可能造成的危害性研究在我国始于 20 世纪 50 年代。1955 年在刘恢先先生的主导下，我国翻译了前苏联的《地震区建筑规范》。1959 年受原国家建委的委托，我国编制了第一部抗震规范的草案稿——59 年版《地震区建筑规范》（草案）。该规范除了充分利用我国当时的抗震研究成果外，还主要以前苏联 57 年版抗震规范为蓝本，同时也参考了其他国家的规范和研究成果。此时的规范适用范围是"一般建筑物的设计"，涵盖的建筑物类别不多。由于行政管理上的变化，该规范没有得到正式的颁布和实施（孙柏涛等，2021）。

1964 年刘恢先先生又主持编制了我国第二部抗震规范的草案稿——《地震区建筑设计

规范》（草案稿），是在 59 年版规范基础上进行了部分内容的增减和修改。此次规范虽然没有得到正式颁布，但对当时公共建（构）筑物的工程设计及以后的规范发展起到了积极的作用。

1966 年 3 月 8 日河北邢台地区发生 6.8 级地震，此后一个月内该地区又连续发生了 4 次 6 级以上的破坏性地震，其中最大的一次是 3 月 22 日 7.2 级地震。此次震群型的地震共造成的死亡人数超过了 8000 人，地震对我国人民生命和财产的严重危害性得到了中央政府的高度重视，地震预报与地震工程的研究工作也步入了一个新的阶段。由此，也开始了我国对现有房屋的抗震鉴定与加固工作（程绍革，2019）。

抗震设计规范主要是针对新建工程结构物的抗震能力要求而进行规定的，那么由于各种原因，我国存在大量的既有建筑不能都拆除重建，只能依据地震区划规定的该区域地震危险性，对其进行抗震能力的鉴定。而后，对不符合其抗震能力要求的工程结构要进行加固。邢台地震后，由当时的国家建委推动，出台了一系列不同结构类型的抗震鉴定的标准，基本都是草案稿，或者是试行稿，但其工作内容和方法在业内达成共识，使得抗震鉴定工作有据可循。也在京津冀等我国部分地震风险高的地区（当时称之为地震区）开展了相关工作。

1976 年 7 月 28 日唐山发生了 7.8 级大地震，死亡人数达到了 24 万余。原国家建委根据 1975 年国家地震局给出的中长期地震预报结果，在 1976 年上半年正在推进并准备实施对唐山等地进行抗震鉴定，由于唐山大地震的发生使得原定的鉴定工作由此搁置。按照 1956 年颁布的我国第一代全国地震区划图——《中国地震区域划分图》，当时唐山地区是属于 VI 度区，而唐山大地震的市区的实际烈度达到了 XI 度。因而，该区划图的主编李善邦等地震学家意识到，由于人类对已有地震资料的积累和地震本身发生机理的认识还不充分，地震的中长期预测有很大的不确定性，仅按照区划图中所确定的烈度进行鉴定和加固工作会带来相应的风险，建议在地震危险性分析的基础上开展不同烈度下工程结构的安全性鉴定。

1.2.2　我国房屋安全鉴定与抗震鉴定的关系与发展

针对既有房屋的鉴定与加固是评估与提升结构可靠性的过程，而结构可靠性一般包括安全性、正常使用性以及耐久性。其中，安全性不仅包括在正常使用状态下的"使用安全性"，还包括地震、火灾、爆炸等偶然荷载作用下的"防灾安全性"（蒋利学等，2015）。从相关规范的发展来看，我国对于房屋使用安全性和抗震安全性的评估原理与鉴定方法存在差别，但又向着协同、融合的方向发展。

房屋的使用安全是指，当结构体系合理，结构或构件的当前（和历史上）使用状况良好（未发生明显裂缝、变形等损坏），而且在后续使用年限内结构上的作用和环境不会发生显著变化（结构的耐久性在后续目标使用年限内也不会发生明显退化）时，可不通过结构计算直接判断其安全性满足正常使用要求。这其中并不包括地震、火灾、爆炸、洪水等偶然作用下的安全性要求（蒋利学等，2013）。

房屋的抗震安全是比使用安全更高水准的要求。2021 年 9 月开始实施的《建设工程抗震管理条例》第十九条规定：国家实行建设工程抗震性能鉴定制度；应当进行抗震性能鉴定的建设工程，由所有权人委托具有相应技术条件和技术能力的机构进行鉴定；此外，国家鼓励对除前款规定以外的未采取抗震设防措施，或者未达到抗震设防强制性标准的已经建成的建设工程进行抗震性能鉴定。抗震鉴定与加固规范同建筑抗震规范息息相关，其出版晚于同期的"抗规"，大致发展历程如下：

（1）1977 年 12 月颁布了《工业与民用建筑抗震鉴定标准》（TJ 23—77）及配套图集《工业抗震加固参考图集》（GC-01）、《民用建筑抗震加固参考图集》（GC-02）。该版鉴定标准是我国最早的全国性抗震鉴定标准，按照《工业与民用建筑抗震设计规范》（TJ 11—74）的抗震性能要求编制。

（2）1996 年 1 月 1 日正式实施《建筑抗震鉴定标准》（GB 50023—95）及 1999 年 3 月 1 日正式实施《建筑抗震加固技术规程》（JGJ 116—98）。该版鉴定规范主要强调了结构的综合抗震能力分析，并将 6 度区纳入到抗震鉴定与加固的范围，同理是按照《建筑抗震设计规范》（GBJ 11—89）抗震性能要求编制。

（3）2009 年 5 月 19 日正式实施《建筑抗震鉴定标准》（GB 50023—2009）及 2009 年 8 月 1 日正式实施《建筑抗震加固技术规程》（JGJ 116—2009）。该版鉴定规范新增了后续使用年限概念，并相应采取差异化的抗震设防目标；提高了对重点设防类（乙类）建筑的鉴定要求。

（4）2022 年 4 月 1 日正式实施《既有建筑鉴定与加固通用规范》（GB 55022—2021）。该规范全文为强制性工程建设规范，用于取代现行可靠性鉴定、抗震鉴定以及加固技术标准中分散的强制性条文，提出安全性鉴定和抗震鉴定需同时进行，且抗震承载力和抗震措施不低于原建造时设计要求等。

1.3　我国抗震修复与加固技术的发展沿革

1966 年邢台地震后，我国开始了抗震加固的工作，当时是以房屋建筑为主，后来逐渐延伸到各个工程领域。经过了数十余年的发展，我国形成了较为科学、完善的加固措施、设计流程及施工方法，积累了较为丰富的工程经验，构建了较为完备的加固体系。而同国外的结构工程发展历程相似，面对我国大量的既有工程结构亟需提升安全性和抗震能力等问题，修复、加固与改造也已经成为主要技术手段。如今在实际的加固改造工程中，人们越来越重视加固投入与抗震能力提升的效益之比，并且也更加关注到工程对业主生产生活及周边环境的扰动性和影响。可以说，我国的抗震加固工作已经进入了一个新的时期。

1.3.1　从使用安全到抗震安全的发展

抗震设防，是权衡工程结构安全性需求和社会经济、技术能力的风险决策（张敏政，2009）。抗震设防标准，是关于单体工程结构、各类设施体系和城市在设防地震作用下所应保持的某种安全状态的规定。从安全性需求的角度来讲，房屋的安全性可分为在一般使用状态下的承载安全和在地震等灾害作用下的防灾安全，而能实现后者的建筑一般成本更高；从设防地震作用的角度讲，地震区划决定了房屋对灾害的防御基准水平，而区划的设置也受国家与地区的经济发展水平制约。因此，社会经济、技术发展水平是确定抗震设防标准的决定性因素（张敏政，2022）。

早期的结构抗震设防，主要受限于当时的经济发展水平和人们对地震风险的认知，因此，抗震技术的研究和工程应用主要围绕新建建筑展开。然而，地震等灾害的出现及其造成的破坏使人们认识到，对抗震能力不足的既有房屋有必要在震前采取主动措施以减轻灾害损失。在1966年邢台地震震害调查的过程中发现，震后用钢丝绳拉结砖房前后墙体，能够有效提升建筑物抗震能力，从而在接下来的地震中经受了考验（张敬书，2004）。这种简单的临时性应急加固措施成为我国抗震加固技术早期的雏形，也催生了震前对既有房屋开展质量排查与构造核查工作，即抗震鉴定。

1.3.2　从局部加固到整体性加固的发展

目前对房屋结构的抗震加固手段，主要有针对结构构件或局部部位和结构整体的两种方式。在抗震加固技术应用初期，主要是针对建筑构件或局部进行加固设计及施工，在当时，还没有充分考虑整体结构的安全可靠性。后来，通过相关研究及大量实际工程经验，人们越来越意识到结构整体加固的重要性。

1976年唐山地震后，不论是1977年版《工业与民用建筑抗震鉴定标准》（TJ 23—77），还是历经十年研究出版的著作《工业与民用建筑抗震加固技术措施》（钮泽蓁，1987），其中所规定的加固技术和方法，都主要是对构件抗震承载力验算与抗震构造措施进行分析的，例如针对砌体墙片、混凝土梁柱、节点等单个构件或结构局部加固技术，在提高局部承载能力方面发挥了重要的作用。大量相关研究及实际工程经验表明：在实际的加固工程中，单独采用某一构件或局部的加固技术，固然有效但对结构整体承载能力的提升未进行有效、全面地考虑；倘若将构件或结构局部加固技术同结构整体加固技术组合使用，通常能够大幅提升房屋整体的承载能力，从而能更好地实现预期的加固目标。

我国相关人员在唐山地震现场调查中发现，个别设有圈梁和构造柱的砖房未完全坍塌。此后，原北京市建筑设计院研究所、国家地震局工程力学研究所（现中国地震局工程力学研究所）、中国建筑科学研究院抗震所等科研院所和研究人员开始对设置构造柱的砌体结构开展了大量的试验研究和理论分析，取得的相关成果纳入了民用建筑相关抗震规范，该理念也被逐渐应用到既有房屋的抗震加固。

通过此后的多年实践，我国总结出了抗震加固的"五大法宝"（黄忠邦，1995），即增设圈梁构造柱、钢拉杆及圈梁，压力灌浆和钢筋网水泥砂浆面层加固。其中，增设圈梁、构造柱（图1.3-1）以及钢拉杆（图1.3-2）的方法是我国最早出现的结构整体性加固技术。20世纪60年代前后，印度、前苏联、罗马尼亚、前南斯拉夫、墨西哥、美国、新西兰等国家大都采用圈梁和钢筋混凝土构造柱加固砖房，来提高砖结构的延性和变形能力（黄忠邦，1994）。

除了增设外加圈梁构造柱的整体加固技术外，而后还发展出了增设附加子结构加固技术、减隔震技术等改变原有结构承重体系的加固技术，这些技术也在提升结构整体抗震能力方面发挥着非常重要的作用。

图 1.3-1　外加圈梁构造柱加固　　　　图 1.3-2　代替内圈梁的钢拉杆（程绍革，2019）

1.3.3　材料科学的进步推动加固技术的革新

根据相关文献资料记载，利用水泥砂浆并配以钢筋网的加固技术是较早出现且较为常见的附加面层类加固方法，且往往配合压力灌浆技术一同使用。早在 1966 年，阿什哈巴德和塔什干地区发生地震后，前苏联就广泛使用钢筋网水泥砂浆面层加固技术对砌体结构进行加固（图 1.3-3）（刘航，2019）。而后，随着喷射混凝土技术的成熟，又进一步衍生出了钢筋混凝土板墙/围套加固方法（图 1.3-4）（程绍革，2019）。此类针对构件表面进行填缝与处理的理念成为我国早期经典、易用的加固技术思路。

图 1.3-3　钢筋网水泥砂浆面层加固　　　　图 1.3-4　钢筋混凝土板墙加固

建筑材料的发展推动了工程建设和加固技术的进步。随着建筑材料向着高强、高韧、耐候（耐受）的方向发展，钢绞线-聚合物砂浆面层（图 1.3-5）（李文峰等，2019）、工程水泥基复合材料（ECC）面层（图 1.3-6）等加固技术被陆续提出，相比传统技术，它们往往具备更好的适用性和更显著的加固效果。高性能纤维增强水泥基复合材料（HPFRCC）早在 1980 年由 Naaman 提出，但其在房屋加固领域的研究应用则主要集中在近几十年。其中工程水泥基复合材料（ECC）在房屋加固领域的研究和应用较为广泛、深入。

图 1.3-5　钢绞线-聚合物砂浆面层加固　　　图 1.3-6　工程水泥基复合材料面层加固

粘钢技术诞生于 20 世纪 60 年代并于 70 年代传入我国。1984 年，辽宁省物理化学研究所发表了关于粘钢受弯构件的试验研究报告，并制定了有关的技术标准。1989 年，湖北省物理化学研究所牵头，联合了清华大学等 6 家单位，对粘钢加固技术进行了较为全面的研究，在这些研究成果的基础上，编写了《中南地区钢筋混凝土构件粘钢加固设计与施工暂行规定》。该规定所涉及的内容比较全面，对该技术在这一地区的推广应用具有一定的指导意义。1991 年颁布的《混凝土结构加固技术规范》（CECS 25：90）也将受弯构件粘钢加固方面的内容纳入了规程的附录（张立人、卫海等，2012）。

20 世纪末，随着国际市场纤维材料价格的大幅度降低，外贴纤维复合材料加固法逐渐为人们所熟知且在加固工程中被广泛应用。1984 年，瑞士国家实验室首先开始了外贴纤维复合材料加固的实验研究。20 世纪 90 年代粘贴碳纤维复合材料加固技术开始引入国内。截至 2000 年之前，我国建研院、清华大学、同济大学等 10 家单位对该加固技术开展了 20 余项研究，并将其应用于 60 个工程项目（欧阳利军等，2010）。继玻璃纤维、碳纤维、芳纶纤维之后，玄武岩纤维复合材料（BFRP）由于具有良好的耐候性能和经济性，自汶川地震后成为研究热点，在国内被广泛应用于结构加固领域，且相关成果处于世界先进水平（欧阳利军等，2010）。具体应用案例见图 1.3-7、图 1.3-8。

基于上述不同加固目标和工程材料的加固技术原理与特征，结合技术出现的年代及其在不同结构中应用情况，笔者总结了我国主要加固技术发展的各历史时期及特征，具体见表 1.3-1。

图 1.3-7　粘钢加固框架柱

图 1.3-8　粘贴 FRP 加固框架柱

表 1.3-1　我国加固技术发展历史时期及特征

技术发展历史阶段	历史时期的主要特点	阶段重要成果与标志事件
【经验探索阶段】	（1）地区局部试行； （2）经验措施为主； （3）注重房屋整体连接性； （4）关注砌体平房	【加固起源标志】1966 年邢台地震中砖房加固的初步尝试与验证 【规范成果】1968 年京津地区试行标准（5部）；1975 年修订成为《京津地区工业与民用建筑抗震鉴定标准》（试行） 【方针成果】"对未设防的房屋采取积极的防灾措施"——1970 年通海地震总结大会 【会议成果】1976 年唐山地震后召开第一次全国抗震工作会议，确定了包括全国抗震重点城市、工矿企业、铁路、电力、通信、水利等152 项国家重点抗震加固项目 【规范成果】1977 年颁布第一代抗震鉴定标准《工业与民用建筑抗震鉴定标准》（TJ 23—77）及配套图集《工业建筑抗震加固图集》（GC-01）、《民用建筑抗震加固图集》（GC-02） 【阶段转折标志】1978 年召开全国抗震加固科研交流会，对既有加固技术进行阶段总结，会后编制《民用砖房抗震加固技术措施》

技术发展历史阶段	历史时期的主要特点	阶段重要成果与标志事件
【技术攻关阶段】	(1) 全国推广研究与应用; (2) 形成成熟加固技术方案; (3) 关注钢混、工业结构	【研究成果】自 1976 年确定了 152 项国家重点抗震加固项目,22 个设计、科研单位与大专院校,进行了 556 项足尺与模型试验,提出 46 篇试验研究报告 【工程成果】1977~1981 年,国家、地方、部门和企业共投资 12 亿元,加固了 6300 万平方米的房屋,至 1988 年共完成了 2 亿多平方米建筑物的加固任务 【阶段转折标志】1985 年编制《工业与民用建筑抗震加固技术措施》、《冶金建筑抗震加固技术措施》
【技术引进阶段】	(1) 统筹建立抗震规范体系; (2) 考量结构综合抗震性能; (3) 引进国外先进加固技术; (4) 关注大型公共建筑抗震安全	【项目成果】"八五"(1991~1995 年)国家科技攻关项目研发成果 【规范成果】参考《建筑结构设计统一标准》(GBJ 68—84)中的极限状态演算方法以及《建筑抗震设计规范》(GBJ 11—89)中两阶段三水准设计方法,撰写并颁布《建筑抗震鉴定标准》(GB 50023—95)和《建筑抗震加固技术规程》(JGJ 116—98) 【项目成果】1998 年"首都圈防震减灾示范区"重点国家项目,包括对北京火车站、中国革命历史博物馆和北京展览馆等具有重要意义的地标建筑开展鉴定与加固 【规范成果】2008 年汶川地震后,颁布《建筑抗震鉴定标准》(GB 50023—2009)与《建筑抗震加固技术规程》(JGJ 116—2009) 【阶段转折标志】2009 年全国中小学校舍安全工程,总共完成 685 万平方米中小学校舍的加固
【重点加固阶段】	(1) 针对重点建筑集中鉴定与加固; (2) 减隔震加固技术大量应用	【项目成果】老旧小区抗震加固改造综合整治 【阶段结束标志】2018 年九大工程

1.3.4　加固工作新时期面临的挑战

2018 年 10 月 10 日在中央财经委第三次会议上，习近平总书记亲自提出并部署了减轻自然灾害风险的"九项重点工程"，其中"自然灾害风险调查和重点隐患排查工程"的实施，为掌握我国既有房屋建筑的存量、现状及风险底数奠定了基础；"地震易发区房屋设施加固工程"的实施，则是开启了我国抗震加固工作的又一个发展时期。从技术层面来看，新时期抗震加固工作推行面临的问题主要包括：

1. 加固对象存量巨大且种类繁多

多年来，我国房屋建筑的抗震设防管理施行城乡"二元化"体制，尽管对城镇建设实施了监管，但其中仍然存在大量不同年代建造的、不符合现在抗震设防要求的既有房屋，以及自建房屋。同时，农村房屋的建设活动长期处于监管的"盲点"和"空白区"，各地区大多依赖农村工匠的经验设计和建造，建造材料多是因地制宜、就地取材，建（构）造形式各异，施工质量参差不齐，导致农村房屋建筑大多不具备抗震能力或抗震能力较弱。

2. 加固技术百花齐放但缺乏统一标准

长期以来，针对不同的加固对象和目标，人们通过研究提出了大量的加固技术，并开展了许多加固工程示范应用。实际上，对同一类加固对象和需求，往往存在若干不同的加固技术，但如何在工程应用中做出选择，缺乏统一的、合理的判别标准。

3. 加固技术的效益比与扰动性备受关注

目前，我国加固工程需求量大，而大范围开展加固工作的宗旨是在达到加固目标和需求的前提下尽可能降低经济成本，这就要求：一方面是加固材料易于获取、性价比高；另一方面是加固施工便捷。此外，加固工作对于建筑的扰动性是业主是否愿意接受加固的关键因素，因为同新建建筑不同的是，既有建筑已经投入使用，若因施工造成了建筑使用功能中断，甚至导致产生不必要的经济损失，或者居民不得不搬离住所，是阻碍当前加固工作顺利推进的主要原因之一。

综上，通过对我国加固技术的发展沿革进行梳理，以及对现阶段加固技术推广应用现状进行分析，本书将根据不同加固技术的作用机理，对各类加固技术进行概要性的介绍和分析，列举部分实际工程案例，总结不同类型加固技术的适用性、优缺点以及施工工艺等，希望能为地震易发区房屋设施加固工程的长效实施提供有益借鉴与技术支撑。

参 考 文 献

GB 55021—2021　既有建筑鉴定与加固通用规范［S］

程绍革，2019，首都圈大型公共建筑抗震加固改造工程实践与回顾［J］，城市与减灾，（05）：39～43

黄忠邦，1994，国外对构造柱加固的试验综述［J/OL］，结构工程师，（4）：23～25

黄忠邦、刘瑞金，1995，砖房抗震加固中若干问题的分析和探讨［J］，工业建筑，（7）：35～38+57

蒋利学、李向民、王卓琳，2013，基于结构状态检查的既有村镇住宅安全性评定方法［C］//上海现代建筑设计（集团）有限公司，上海既有建筑功能提升工程技术中心，上海市力学学会工程结构诊断与加固技术专业委员会，2013 年既有建筑功能提升工程技术交流会论文集，中冶建筑研究总院有限公司，273～279

蒋利学、朱雷、李向民，2015，既有结构可靠性评定的基本问题和策略探讨［J/OL］，结构工程师，31
　　（06）：72~79

李文峰、苏宇坤，2019，历史建筑抗震加固技术现状与展望［J］，城市与减灾，（05）：44~48

刘航，2019，砖混结构抗震加固技术与方法［J］，城市与减灾，（05）：11~17

钮泽蓁，1987，砖结构抗震加固设计计算方法［J/OL］，建筑结构，（05）：51~57+17

欧阳利军、丁斌、陆洲导，2010，玄武岩纤维及其在建筑结构加固中的应用研究进展［J］，玻璃钢/复合材
　　料，（03）：84~88

孙柏涛、李洋，2021，中国震害预测工作的沿革与发展［J］，工程力学，38（01）：1~7+51

张敬书，2004，我国抗震鉴定和加固技术的发展［J/OL］，工程抗震与加固改造，（05）：33~39

张立人、卫海，2012，建筑结构检测、鉴定与加固（第2版）［M］，武汉：武汉理工大学出版社

张敏政，2009，从汶川地震看抗震设防和抗震设计［J］，土木工程学报，42（05）：21~24

张敏政，2022，关于抗震防灾的若干思考［J］，地震学报，44（05）：733~742

第 2 章　砌体结构加固技术

2.1　砌体结构基本概述

2.1.1　砌体结构定义

砌体是一种建筑材料，由块材（砖、石、混凝土砌块以及土块等）用灰浆（砂浆、黏土浆等）通过人工砌筑的方式而形成。砌体结构（Masonry Structure）即用砌体作为结构材料的结构形式（朱伯龙，1991）。从结构设计的角度看，砌体结构一般指由块材和砂浆砌筑而成的墙、柱作为建筑物主要受力构件的结构，是砖砌体、砌块砌体和石砌体结构的统称（《砌体结构设计规范》（GB 5003—2011））。

2.1.2　砌体结构发展

砌体结构建筑材料通常可因地制宜、获取方便，结构本身具有良好的耐火、保温、隔声及耐久性能，随着施工工艺的进步和构造措施的发展其建筑质量与抗震性能也得以日趋提升。迄今为止，砌体结构已成为我国乃至世界范围内量大面广的建筑结构形式，以下将从历史的角度介绍结构的发展历程。

1. 砌体结构的起源与经典古迹

受不同地区宗教文明、生活习惯、自然资源的影响，砌体结构诞生早期其构造措施与建筑风格具有显著的多样化区域特征。美国学者 Brownell（2012）在《Structural Clay Products》一书中指出，距今约 4500 年前在幼发拉底河发生过一次大洪水，此后古巴比伦人开始使用地上的淤泥烧制成砖，创造了以黏土砖为基本建筑单元的结构体系，这也造就了古巴比伦底格里斯河与幼发拉底河的两河文明的灿烂文化。著名代表建筑是巴别塔（Tower of Babel），见图 2.1-1。

与此同时，其他古文明发源地也开始探究制砖工艺。在古印度遗址中发现的土坯砖或烧结砖尺寸规格统一，且长宽高的比例为 4∶2∶1，印证了制

图 2.1-1　古巴比伦巴别塔（公元前 586 年）

砖模具的存在。而在石料丰富的古埃及与古罗马文明中，石砌体结构则更为普遍，以石砌体结构为主要建筑类型的古城在其发展长河中崛起，诸如埃及的金字塔群（图 2.1-2）、罗马古城遗址（图 2.1-3）等。而根据考证，古巴比伦和古印度文明的造砖建城文化，则是传承于上古中国的大溪文化。

图 2.1-2　古埃及金字塔　　　　　　　　　　图 2.1-3　罗马古城遗址
（公元前 2575 年至公元前 2465 年）　　　　　（公元前 7 世纪至公元 5 世纪）

　　我国科研人员在考察陕西蓝田一处仰韶时代考古遗址时发现，中国烧制砖的历史可以追溯到距今至少 5000~5300 年前。火种起源，促进了烧结砖的出现，而后进一步演化出陶、瓦等构件。西周时期（公元前 1046 年至公元前 771 年）出现了黏土烧制的砖、瓦，等到东周时期，块材开始用于房屋建造。从战国、秦朝的万里长城（图 2.1-4）到北魏的嵩岳寺塔（图 2.1-5），从汉唐时期的砖石拱券（图 2.1-6）到宋元时期的发券筒拱（图 2.1-7），我国砌体结构发展史上不乏经典古迹（常青，1993）。这些传承千年的营造技艺中，一方面有着我国各地不同自然环境和民族风俗的烙印，另一方面也受佛教、伊斯兰教文化的影响而具有外来建筑风格。我国古代砖石砌体结构发展历程见图 2.1-8。

图 2.1-4　万里长城　　　　　　　　　　　图 2.1-5　嵩岳寺塔

图 2.1-6　赵州桥

图 2.1-7　浴德堂

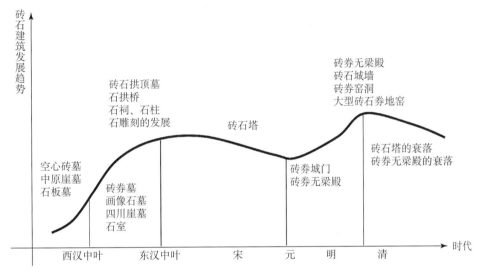

图 2.1-8　我国砖石建筑发展历程

2. 近代以来砌体结构在我国的发展与分布

1950 年以前，砌体结构多用于 2~3 层房屋建筑及佛塔、城墙等结构。新中国成立初期，砌体结构大量应用到城市地区大规模房屋建设，并迎来了跨越式发展与建设。截至 20 世纪80 年代末，砌体结构占房屋建筑工程的总数已达到 80% 左右，其中民用住宅建筑占比超过了 90%（魏琏等，1989）。而在 20 世纪 80~90 年代，我国大、中型城市中砌体结构建设面积达 70~80 亿平方米（苑振芳等，1999）。近 20 年，砌体结构在城市地区的建设速度逐渐放缓，但是在城镇化建设的过程中砌体结构仍然备受青睐。根据全国第六次人口普查（2010 年）数据（图 2.1-9 和图 2.1-10），大陆地区 70% 的住户居住在以砖混结构为代表的混合结构*以及砖木结构房屋。包括天津、浙江、河南、湖北、陕西和广西在内的一些省份，居住在混合结构中的住户占比超过了50%。可见，以砌体作为承重构件的民居存量十分可观。

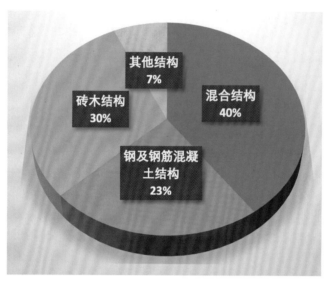

图 2.1-9　全国第六次人口普查数据

钢筋混凝土结构指承重的主要构件是用钢筋混凝土建造的；混合结构指承重的主要构件是
用钢筋混凝土和砖木建造的，包括砖墙作为承重构件的结构类型；砖木结构指承重的主要
构件是用砖、木材建造的；其他结构则包括竹结构、砖拱结构、窑洞等

图 2.1-10　我国大陆各省市居住在混合结构中住户的比例雷达图

---

　　* 混合结构，指承重的主要构件是用钢筋混凝土和砖木建造的，包括砖墙作为承重构件的结构类型。

　　我国农村地区的传统民居受气候、地形地貌等影响，其建筑天然材料的分布存在明显的地域差异，这就使得土筑、石筑以及砖筑等形式的砌体结构民居呈现了独特的区域特征。其中：土墙承重结构民居主要分布于我国北方地区，石墙承重民居多分布青藏高原、中原局部地区以及长江以南沿岸地带，砖砌承重墙结构则聚集于东北、华北、华中以及东南沿海一带（王文卿等，1992）。

　　随着近代建筑业发展越来越考虑对于自然环境的影响，砌体结构的砌筑材料也发生着革新。由于黏土来源于耕地，过度开发黏土资源制约了农业的发展，同时烧结工艺对于能源的消耗是巨大的，且往往会污染环境。因此，针对砌体结构材料我国提出了贯彻"节土、利废、节能"的基本方针。近代承重砌筑单元的制备工艺包括蒸压、烧结以及浇筑等类型，而由砖、块体的构造形态，近代发展起来的块材类型包括空心砖、多孔砖以及混凝土小型空心砌块，如图 2.1-11 所示。空心砖和多孔砖可以实现"节土"，而非黏土原料经过蒸压（蒸压灰砂砖、蒸压粉煤灰砖、炉渣砖、矿渣砖）与烧结（烧结页岩砖、烧结煤矸石砖、烧结粉煤灰砖）工艺也可以形成可靠的砌筑材料，实现"利废"，而像混凝土砌块这样浇筑而成的砌筑材料则能够有效"节能"。形式多样的砌筑材料是砌体结构在近几十年能够推陈出新、保持活力的重要基础。

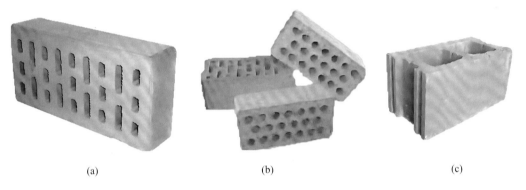

(a)　　　　　　　　　　　　　(b)　　　　　　　　　　　　　(c)

图 2.1-11　近代兴起的砌体砌筑单元形式
(a) 空心砖；(b) 多孔砖；(c) 小型混凝土空心砌块

2.1.3　砌体结构分类

　　砌体结构的分类依据较为多样。通常可按照承重墙的材料类型，将砌体结构分为砖砌体房屋、砌块砌体房屋和石砌体房屋。除此之外，还可根据楼板的材料类型，将其分为砖木结构和砖混结构。本章主要针对砖混结构展开讨论。

　　砖混结构房屋，是指在房屋的建造设计中，对承重墙等承重结构采用砖或者石块进行构筑，而对圈梁、屋面板等采取钢筋混凝土结构进行建造，其示意如图 2.1-12 所示。这样做一方面因为砖体积小，方便运输和施工，对施工场所和技术要求较低；另一方面由于砖块的稳定性和耐久性，使建筑的隔音保温和防火防潮能力都比其他墙体结构要好得多；此外，相对于框架结构，砖混结构在对钢筋和混凝土的施工上不需要模版和框架搭建，能够大大降低建筑成本。

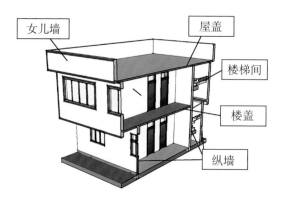

图 2.1-12　砖混结构构造示意图

　　砖混结构与钢筋混凝土结构的特征相结合，也延伸出了多种结构形式从而满足不同的建筑使用功能。20 世纪中叶，为满足居民生产生活的需求，我国建设了大量的底部大开间建筑，其内部通常采用钢筋混凝土框架承重，外围则是由砌体承重墙承重，这种混合结构形式称为内框架结构，如图 2.1-13 所示。然而，在海城、唐山地震中，这种内框架结构建筑普遍倒塌，造成了巨大的生命和财产损失，因此逐渐退出历史舞台。相比之下，底部框架结构不仅能够满足使用功能需求，亦可通过合理设置底层抗震墙在一定程度上保障其抗震能力，如图 2.1-14 所示。内框架结构多用于工厂、礼堂等有大开间需求的建筑，而底框架结构多用于底层商户、上部住人的建筑。

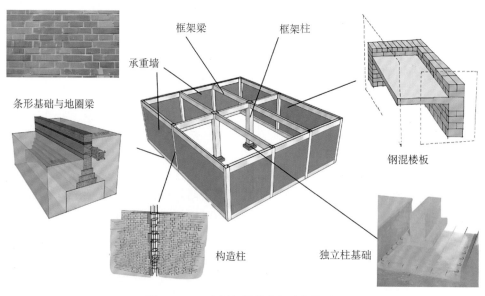

图 2.1-13　内框架结构的组成与构造

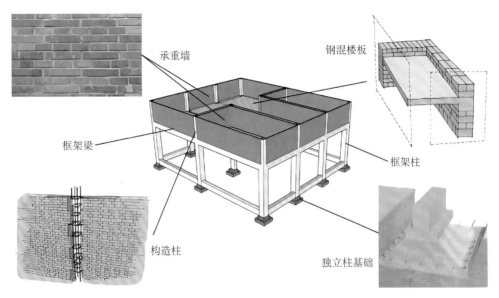

图 2.1-14　底框架结构的组成与构造

此外，2013 年芦山 7.0 级地震中，调查人员发现了一种由框架柱、构造柱和墙体共同承重的砖砌体房屋，广泛分布于四川的村镇地区，以前往往将其归结为底框架房屋，但实际上其在构造和承重体系上有别于底框架和内框架结构。在同等烈度下，其震害相较于纯粹的底框架结构往往较轻一些。本书作者将其定义为"砖砼结构"（孙柏涛，2014），如图 2.1-15 所示。此类结构形式多用于民居。

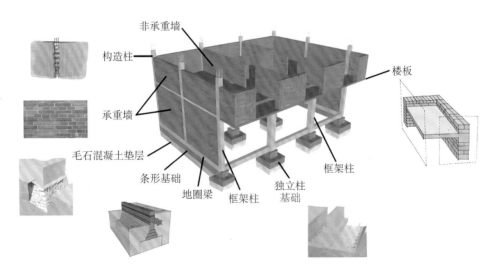

图 2.1-15　砖砼结构的组成与构造

2.1.4　砌体结构常见损伤与破坏

正如前文所述，砌体结构建筑在我国历史悠久，形式多样，而新旧样式砌体结构构造特征与施工质量差异较大，因此砌体结构承载能力与抗震能力往往存在较大差异。另一方面，造成砌体结构损伤的原因也是多样的，包括地基不均匀沉降、地基冻胀、热胀冷缩和地震等原因。其中，地震造成的砌体结构震害现象更为多样、机理更为复杂，一般包括：墙体破坏、楼（屋）盖破坏、楼梯及楼梯间破坏、基础破坏及附属结构构件的震损破坏。

1. 墙体破坏

由于缺乏必要的抗震构造措施，结构设计不合理或施工质量存在问题，砌体结构中墙体往往最容易发生破坏，具体表现为斜裂缝、交叉裂缝、水平裂缝甚至倒塌，墙体交接处往往容易产生竖向裂缝。

对于纵墙，震害一般集中在窗间墙、窗下墙以及内墙门窗洞口部位，通常表现为剪力荷载造成的斜裂缝或交叉斜裂缝，如图 2.1-16a 所示；当墙肢高宽比较大时，则会出现弯曲荷载造成的水平裂缝。对于横墙，震害一般集中在内横墙和山墙部位，主要表现为斜裂缝或交叉裂缝，如图 2.1-16b 所示。针对此类震害，一般通过提高墙体抗剪承载力及平面外抗震性能实现加固，或通过隔震技术降低结构承受的地震荷载。

(a)　　　　　　　　　　　　　　　　(b)

图 2.1-16　砌体墙体破坏
（a）汶川地震中汉旺镇某办公楼窗下墙破坏；（b）芦山地震中宝盛乡山墙破坏

当纵横墙交接处咬槎不足，且未设置拉结筋或构造柱时，往往在地震中脱开而产生竖向裂缝（图 2.1-17a），甚至外闪或倒塌。另一方面，由于结构四周转角处刚度较大，受力复杂，多出现"V"字形裂缝，甚至酥碎、崩落或局部倒塌，尤其是未设置构造柱的建筑，如图 2.1-17b。针对此类震害，一般通过增强墙体之间的连接性或提高结构整体性进行加固。

2. 楼（屋）盖破坏

楼板在地震中较为常见的破坏现象主要包括：楼板开裂、折断甚至掉落等，如图 2.1-18 所示。板与板、板与墙之间的拉结不足是产生破坏的主要原因。针对此类震害，一般通

(a)　　　　　　　　　　　　　　　　　　(b)

图 2.1-17　砌体墙角破坏

（a）纵横墙交接处开裂；（b）唐山冶金机械厂家属宿舍楼转角裂缝

(a)　　　　　　　　　　　　　　　　　　(b)

图 2.1-18　楼（屋）盖破坏

（a）楼板锚固不足而脱落破坏；（b）汶川地震中楼板掉落

过提高楼（屋）盖板与墙体的连接性或结构整体性进行加固。

3. 楼梯及楼梯间破坏

由于地震作用，楼梯间往往在承重墙部位出现斜裂缝，或梯段中部出现水平裂缝，如图 2.1-19 所示。针对此类震害，一般通过提高楼梯间承重墙体抗剪承载力与稳定性，或梯段抗弯刚度进行加固。

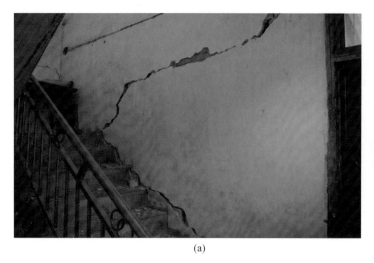

(a)　　　　　　　　　　　　　　　　　　(b)

图 2.1-19　楼梯及楼梯间破坏

（a）某自建房屋楼梯间开裂；（b）泸定地震中梯段水平裂缝（Ⅸ度区）

4. 基础破坏

建造在软土地基上的部分砌体结构由于地基基础破坏，引起地圈梁开裂或底层墙体因下陷而局部开裂，严重者结构整体下沉或倾斜。针对此类震害，一般通过提高基础整体性，防止不均匀及局部沉降，进行加固处理。

5. 附属结构构件破坏

地震中，出屋面楼梯间由于鞭梢效应及构造措施不足而发生破坏、局部倒塌，女儿墙开裂甚至倒塌，如图 2.1-20 所示。针对此类震害，一般通过提高出屋面结构构件与主体结构的拉结或整体性进行加固。

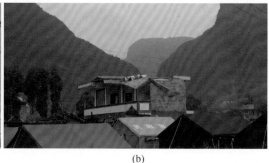

(a)　　　　　　　　　　　　　　　　　　(b)

图 2.1-20　附属结构构件破坏

（a）某砖混结构出屋面塔楼破坏；（b）某砖混结构出屋面塔楼塌落

2.2 砌体结构常用加固技术

一般情况下，如若房屋在正常使用或地震等外部冲击荷载作用下发生了一定程度的损伤，亦或根据业主的需求改变房屋的使用功能或提高其使用安全要求，经进一步检测鉴定后，需对房屋进行加固与改造。通常做法如下：

（1）对于存在损伤的既有砌体结构构件，通常应遵循"先修复后加固"的原则，在加固前应先对其既有损伤进行修复处理，即"构件修复"。

（2）当主要承重构件不满足承载力或抗震需求时，可直接对构件进行加固，从而提升构件的承载力、延性与耗能能力，即"构件加固"。

（3）当仅通过构件加固无法达到安全使用要求或抗震设防目标时，则应对结构采取整体加固措施，以提高结构的整体性，即"整体加固"。

在实际加固工程中，应基于既有建筑现状，结合检测与鉴定结论，制定多手段并行的综合加固方案。本章拟讨论的砌体结构常见加固技术框架如图 2.2-1 所示。

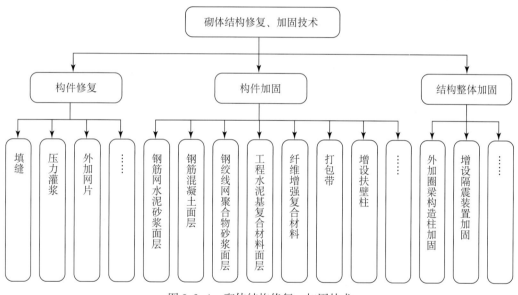

图 2.2-1 砌体结构修复、加固技术

2.2.1 砌体墙体修复技术

在地震现场调查中发现，地震作用往往首先造成墙体的开裂，或是既有裂缝的进一步扩展，而随着裂缝的扩展则会导致墙体承载力不足等问题，进而造成更为严重的破坏。因此，修复砌体墙体构件的裂缝是恢复结构承载能力的重要手段。本节主要针对既有损伤砌体墙体的裂缝修复进行讨论。

常见砌体墙体裂缝修复技术主要有"压力灌浆法""填缝法""外加网片法"以及"置

换法"等，这些方法可以根据实际情况组合使用。其中，"置换法"一般是指凿掉裂缝周边的损伤砌体，于缺口处补砌新的砌体。该技术主要针对受力不大，砌体块材和砂浆强度不高的开裂部位，以及局部风化、剥蚀部位的砌体墙体，因此面对主要承重墙体的修复时，采取该修复技术往往存在安全隐患，本节不再对其进行详细介绍。本节以其余三种常用修复技术为例，具体介绍砌体结构裂缝修复的思路，详见本节"技术1~3"。

1. 填缝修复技术

针对墙体裂缝修复的填缝法，是指沿裂缝开凿凹槽，采用弹性密封材料（水泥基材料、有机材料等）充填凹槽，再对表面进行封闭处理，如图2.2-2所示。该技术对于墙体力学性能的提升作用有限，一般适用裂缝深度在30mm以内的，裂缝宽度大于0.5mm的表层裂缝修补与封闭处理，而墙体抹灰层表面开裂也可采用该方法进行修复。

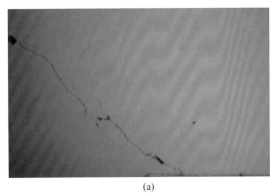

(a)　　　　　　　　　　　　　　　　(b)

图2.2-2　填缝修复技术示意
(a) 裂缝修复前；(b) 裂缝修复后

1）发展沿革

砌体墙体裂缝修复的"填缝法"，首次被纳入国家标准是在2011年发布的《砌体结构加固设计规范》（GB 50702—2011）中。而我国1977年颁布的房屋加固图集《民用建筑抗震加固图集》（GC-02）中针对砌体墙体裂缝的修复，较早提出的是"嵌缝""嵌筋"技术，其技术工艺是在贯穿裂缝的灰缝上剔除一定深度，并嵌入 $\phi6$ 的钢筋后用水泥砂浆填实。

"填缝法"与"嵌缝法""嵌筋法"的技术工艺类似，都是先凿槽再填缝，不同的是"填缝法"是沿裂缝开展方向凿槽，而"嵌缝法""嵌筋法"则是沿跨裂缝的灰缝凿缝。因此，这两种新旧修复技术可以实现技术互补。"嵌缝法"与"填缝法"的技术工艺对比如图2.2-3。

2）技术特点

适合采用填缝法修复的裂缝类型广泛，既包括由地震荷载等外部作用造成的，裂缝宽度和深度不再显著变化的静止裂缝，也包括由基础沉降、温度作用等造成的，裂缝宽度和深度仍处于动态变化的活动裂缝。针对不同性质的裂缝可采取不同的处理方法，有效地实现裂缝

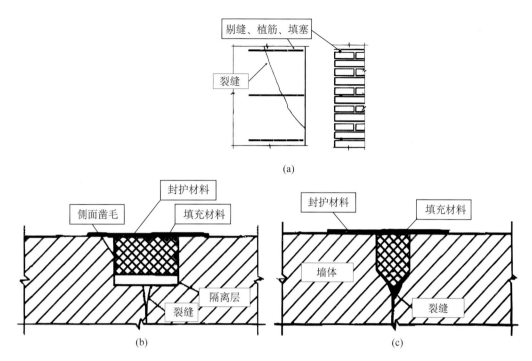

图 2.2-3　嵌缝与填缝技术对比
（a）嵌缝技术；（b）填缝技术（活动裂缝）；（c）填缝技术（静止裂缝）

修复（《砌体结构加固设计规范》（GB 50702—2011））。

3）施工流程

填缝修复技术施工的一般流程包括：沿裂缝方向凿剔裂缝、铺设隔离层（针对活动裂缝）、填充弹性密封材料、封闭裂缝表面等。详见附录 1.1 "填缝修复技术施工流程"。

4）工程案例

（1）上海市第一百货老楼的外墙釉面砖修复（成帅，2011）：

上海市第一百货老楼建于 20 世纪 30 年代，1989年被列为上海市文物保护单位，如图 2.2-4 所示。根据检测分析外墙饰面砖发现，部分面砖开裂，局部饰面砖釉面风化剥落，部分原有外凸砖存在开裂、空鼓、缺损现象等。针对釉面空鼓、缺损等问题采用了灌浆法进行修复；针对外立面砂浆抹灰面层的裂缝，以纤维砂浆为主要的填补材料，采用填缝法进行修复处理。

（2）某 20 世纪 60 年代 5 层砖混结构房屋修复与加固（彭媛媛等，2017）：

该建筑建于 20 世纪 60 年代中期，为地上 5 层砖混结构房屋（局部 3 层），基础采用素混凝土条形基

图 2.2-4　上海市第一百货老楼外貌

础，采用纵横墙承重体系，如图 2.2-5 所示。该建筑年久失修，墙面存在裂缝，因此首先采用填缝密封修补法和配筋填缝密封修补法对裂缝进行修复。当墙面裂缝较浅时采用填缝密封修补法；当裂缝较宽时采用配筋填缝密封修补法。

图 2.2-5　某 20 世纪 60 年代 5 层砖混结构现场实景

2. 压力灌浆修复技术

针对墙体裂缝修复的压力灌浆技术，是指将具有流动性的灌浆材料借助外来气压注射到砖墙裂缝内，一定程度上恢复或增强原有损伤墙体的刚度（强度）。不同于填缝法，压力灌浆修复技术一般适用于更窄、更深的砖墙裂缝修复。该修复技术施工作业流程如图 2.2-6。

(a)　　　　　　　　　　　　　　　　　　　(b)

图 2.2-6　压力灌浆修复技术施工作业
(a) 现场施工机具；(b) 施工作业现场

1）发展沿革

压力灌浆技术的历史最早可追溯到 19 世纪初期，且往往又伴随材料科学的发展而不断革新、进步。早在水泥诞生之前，1802 年法国工程师便将石灰和黏土用水混合成泥浆压入岩石裂隙中对其加固。而自 1824 年英国发明水泥以来，基于水泥灌浆材料的压力灌浆技术被广泛应用到工程设施建造与加固过程中。而化学灌浆材料出现的时间相对较晚，主要标志是 1909 年 Lemaire 等试制成功硅酸钠溶液和硫酸铝溶液混合的灌浆材料。高分子化学灌浆材料的出现，进一步推动压力灌浆技术在各工程领域中的广泛应用，典型成果是美国 1951 年研制的 AM-9 浆液，该灌浆材料的粘度接近于水，容易进入较细的裂隙当中（梁仁友等，1987）。

随着社会经济的发展及压力灌浆技术的进步，该项技术逐步被应用到建设工程的构件裂缝修复。我国从 20 世纪 50 年代，才开始将工程灌浆技术应用于加固工程（葛家良，2006），当时使用的灌浆材料主要是黏土、水泥和硅酸钠浆液。在 1977 年，我国为了配套《工业与民用建筑抗震鉴定标准》（TJ 23—77）而颁布了《民用建筑抗震加固图集》（GC-02），其中详细规定了针对砖砌体的水泥压力灌浆技术的具体要求，当时已开始使用聚乙烯醇水泥浆、水玻璃水泥浆等作为灌浆材料，并沿用至今。例如：在 2022 年 9 月 5 日泸定 6.8 级地震中，位于Ⅷ度区的某卫生院职工宿舍楼砖砌体墙体与混凝土地梁出现轻微的水平环向裂缝，引起一定的民众恐慌。实际上，经专家现场综合鉴定评判该房屋破坏等级仅为轻微破坏，采用该项技术即可进行修复。

其他相关技术标准情况介绍见表 2.2-1。针对墙体的不同类型灌浆材料的划分见图 2.2-7。

表 2.2-1　水泥基灌浆材料专项技术标准

年份	标准/规范名称	地位及意义
1998	水泥基灌浆材料施工技术规程（YB/T 9261—98）	对水泥基灌浆材料的第一部行业标准，首次系统地明确了灌浆工艺及要求
2005	水泥基灌浆材料（JC/T 986—2005）	建材行业标准，规定了水泥基灌浆材料的试验方法、检验规则、包装、标志、运输与贮存等内容
2008	水泥基灌浆材料应用技术规范（GB/T 50448—2008）	规范水泥基灌浆材料在工程设计、施工和使用中的技术细节

2）技术特点

（1）修旧如旧，不改变原砌体建筑风貌。

历史悠久的古老砖石结构在长期使用的过程中，受环境侵蚀、地基沉降以及灾害等作用下，结构表面普遍存在裂缝。使用该技术修复历史保护砖石文物建筑不会破坏建筑原有风格，如图 2.2-8 所示。

（2）施工扰动性小。

相对于其他加固修复技术，该项技术具有明显的施工扰动性小的特点。尤其是对于保护性建筑、内部精装修的建筑等，往往不允许存在大的施工扰动性。而该项技术可将施工面从室内转至室外灌浆，实现不入户修复，大大降低了修复工作对室内带来的扰动性，如图 2.2-6 所示。

（3）提升较厚墙体的承载能力。

压力灌浆技术可以填充较厚墙体内的空隙、空鼓（图 2.2-9），从而提升内外墙片的粘接性和整体性，有效提高其承载性能。

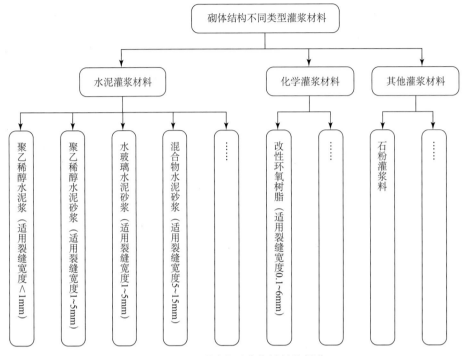

图 2.2-7　不同类型灌浆材料的划分

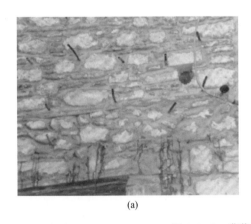

(a)　　　　　　　　　　　　　　　　(b)

图 2.2-8　灌浆修复后墙体的外貌

(a)灌浆修复后外墙的风貌（Gkournelos 等，2022）；(b)灌浆修复后过梁处的风貌（Amiraslanzadeh 等，2012）

（4）灌浆料选择多样，成本低廉。

除了改性环氧树脂等化学灌浆材料成本较高，一般水泥基灌浆材料价格适中，容易购买，并且具有标准性、规范化性能。同时，采用石粉等废料替代水泥成分，在改良灌浆料流动性的同时，还可以进一步降低成本，节能利废。

实际上，压力灌浆技术固然是一种成本低廉、灵活应用且适合修复历史保护建筑、土石墙建筑以及震损建筑等砌体结构的修复方法，但仍存在灌浆裂缝内部存在空隙、漏浆问题、化学灌浆材料存在毒性等问题，有待进一步提升。

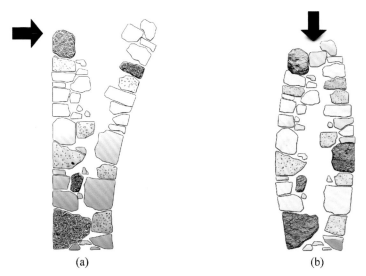

图 2.2-9　内部空隙造成石墙内外片破坏形态（Gkournelos 等，2022）

（a）石墙内外片在侧力作用下破坏；（b）石墙内外片在竖向压力作用下破坏

3）施工流程

压力灌浆修复技术施工的一般流程包括：清理裂缝、标识灌浆嘴、安装灌浆嘴、封闭裂缝、压气试漏、配浆与压浆以及封口处理等。详见附录 1.2 "压力灌浆修复技术施工流程"。

4）工程案例

（1）四川德阳某砖石古塔底层加固研究：

以四川某震损古砖塔底部楼层为原型，李胜才等（2014）制作了四种单层砌体墙筒试件，通过低周反复荷载试验使其破坏，而后采用灌浆与钢箍进行加固修复并再次试验，与破坏前数据进行对比。试验结果表明：与未损伤的原结构相比，震损砖砌体结构经修复后，其延性与耗能能力均有较大提高（提高了 62%），抗震能力得到有效改善，如图 2.2-10 所示。

图 2.2-10　压力灌浆修复配合钢围箍加固

（a）构件加固后效果；（b）加固前后砌体抗震性能变化

（2）2005 年巴基斯坦 7.6 级地震震后震损建筑结构修复与加固探索（Ashraf 等，2012）：

2005 年 10 月 8 日，巴基斯坦北部克什米尔发生 $M_W7.6$ 破坏性地震，造成严重的人员伤亡和建筑物损伤。巴基斯坦白沙瓦工程技术大学 Ashraf 等针对窗间墙和窗下墙裂缝开展的特征（图 2.2-11a）开展试验探究，采用压力灌浆修复技术配合钢丝网水泥砂浆面层加固技术，对震损房屋进行修复与加固，如图 2.2-11b～d，取得了理想的效果。因此，该组合修复与加固方案被用于 2005 年克什米尔地震震后砌体房屋的修复工作。

(a)　　　　　　　　　　　　　　　　(b)

(c)　　　　　　　　　　　　　　　　(d)

图 2.2-11　巴基斯坦震损房屋修复试验探究

（a）修复与加固前墙体破坏特征；（b）压力灌浆孔布置；（c）压力灌浆修复；（d）钢丝网水泥砂浆面层加固

3. 外加网片修复技术

砌体裂缝的外加网片修复技术属于既有损伤的局部处置措施，其技术原理类似于 2.2.2 节提到的外加面层加固技术，但主要是针对砌体局部损伤进行修复，其施工面积较小，与周围构件的连接性较弱。该技术一般是在砌体裂缝有限开展（例如门窗洞口角部存在的轻微裂缝，一般不至于影响构件整体性能）或风化、剥蚀的部位，覆盖钢筋网、钢丝网或复合纤维织物网等，并灌注或涂覆水泥砂浆材料（《砌体结构加固设计规范》（GB 50702—2011））。

该技术在一定程度上能够增强既有损伤砌体的局部抗裂性能、强度以及刚度，修复风化、剥蚀砌体的表面；在墙角部位应用时，还可以抑制墙体交接处竖向裂缝的开展，如图2.2-12a。适用于开裂较为明显（1~4mm）的，仅通过填缝修复或灌浆修复无法满足强度要求的砖（石）砌体结构墙体震后修复（葛学礼等，2006），也可以用于框架结构中砌体填充墙与框架梁柱交接部位的加固，以防止填充墙外闪，如图2.2-12b。

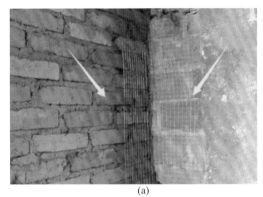 

(a)　　　　　　　　　　　　　　(b)

图 2.2-12　局部外加网片修复技术示意
（a）外加网片在墙角的布置；（b）外加网片在填充墙边缘的布置

1）发展沿革

外加网片修复砌体墙体的技术同我国早期钢筋扒钉修复技术原理相似，都是利用横跨裂缝的抗拉材料限制裂缝的进一步开展。《工业与民用建筑抗震加固技术措施》（1987）"修复加固开裂墙体"一节中提到，对于墙面不要求美观的建筑物，可横跨裂缝按构造布置钢筋扒钉，再进行抹面，以此修复既有裂缝。后来，随着钢筋网水泥砂浆面层等加固技术的不断探究与应用，作为局部处置措施的外加网片法也作为修复技术在汶川地震等震后震损房屋修复工程中得到应用，并写入我国《砌体结构加固设计规范》（GB 50702—2011）。

而在国外，类似的修复技术在巴基斯坦、印度等发展中国家开展了较多的研究，这更加全面地验证这一修复技术的有效性。巴基斯坦白沙瓦地震工程中心使用锚固螺栓将钢丝网与损伤部位周围砌体固定，再利用水泥砂浆抹面，加固了低层震损砌块砌体建筑（Ahmad 等，2011）；印度则改进使用微粒混凝土/砂浆替代水泥砂浆作为抹面材料，在实际房屋加固工程中应用该修复技术（Kadam 等，2014），如图2.2-13所示。

2）技术特点

修复材料方面，该技术使用的材料相关产业成熟、成本经济。施工工艺方面，易于施工，工艺容易掌握，且网片布置灵活，只在墙体局部开裂部位布置即可；同时只需在墙体表面锚定，无需在墙体上钻通孔或是与周围构件拉结，减少对于既有结构的损伤。该技术可配合压力灌浆技术一同使用，可进一步增强修复效果。

尽管如此，该项技术仍存在一些不足和局限性，例如该技术需对墙体抹灰面进行清理，对建筑外立面或内部装饰会造成局部破坏（Ashraf 等，2012）。

(a)　　　　　　　　　　　　　　　(b)

图 2.2-13　印度外加网片法修复震损砌体结构

（a）网片铺设部位；（b）面层喷射施工

3）施工流程

外加网片修复技术施工的一般流程包括：清灰凿毛、插管补缝、挂网抹面、对裂缝注浆、养护等。详见附录 1.3 "外加网片修复技术施工流程"。

4）工程案例

（1）2008 年汶川 8.0 级地震震后震损建筑结构修复与加固案例（信任等，2010）：

绵竹市教育局家属楼部分门洞上方在地震后产生了裂缝，但开裂不严重。通过在墙体两侧裂缝出现处，垂直裂缝方向或构件开裂表面铺设高强钢丝网片、抹压 20～30mm 厚的聚合物砂浆，砌体墙体局部裂缝得到了修复，如图 2.2-14 所示。

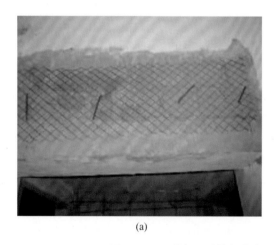 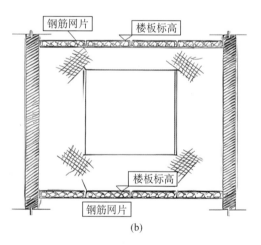

(a)　　　　　　　　　　　　　　　(b)

图 2.2-14　外加网片修复技术在汶川地震震后房屋修复中的应用

（a）绵竹市教育局家属楼门洞上方开裂墙体修复；（b）外加网片修复窗洞四角裂缝

（2）上海中山东一路 6 号主楼（原中国通商银行）的墙体裂缝修补（成帅，2011）：

外滩 6 号建筑原为中国通商银行大楼，原始结构为 4 层砖木结构，屋盖为木结构四坡屋顶，如图 2.2-15 所示。根据该建筑的《房屋质量检测报告》，建筑外墙面的开裂部位集中在东立面外墙，门拱、窗拱上方大都有竖向或斜向裂缝等，内墙墙上凿了很多洞口，也有开裂现象。在该加固案例中，综合采用了嵌缝、外粘钢板条以及外粘纤维增强材料等方法修复砌体裂缝。其中，对于裂缝宽度较大且数量较少时，或者属于墙体的温度裂缝，采取局部修复的措施，在裂缝处用局部钢筋锚固，沿裂缝的走向，隔一定距离在灰缝中植入短钢筋，钢筋两端弯成直钩锚入灰缝，长度宜大于 60mm，或者隔一定距离粘结钢板条，钢板条两端用膨胀螺栓固定，或骑缝粘贴纤维增强材料。

图 2.2-15　维修后的上海中山东一路 6 号楼

2.2.2　砌体墙体加固技术

砌体结构构件加固的对象主要包括地基基础、砖柱、砌体墙体、砖或混凝土过梁及楼板等，考虑到砌体墙体是主要抗侧力构件，在实际地震中破坏较重，且对墙体进行加固往往能取得更好的加固效益。本节主要针对砌体墙体，介绍其典型的抗震加固技术。

针对砌体墙体的加固技术，一般包括"墙体面层加固技术""增设扶壁柱加固技术"等。其中"墙体面层加固技术"主要包括水泥砂浆面层加固、外加面层加固、钢绞线网-聚合物砂浆面层加固、ECC（工程水泥基复合材料）面层加固等技术。由于水泥砂浆面层加固技术存在韧性不高且容易开裂等不足，实际工程应用范围不广，因此本文主要介绍其余常见的面层加固技术。各加固技术概念与细节详见本节"技术 1~6"。

1. 外加面层加固技术

针对砌体墙体的外加面层加固技术，是指通过外加钢筋混凝土面层或钢筋网砂浆面层，以提高原构件承载力和刚度的一种加固方法（《砌体结构加固设计规范》（GB 50702—2011）），属于复合界面加固方法。其中，钢筋混凝土面层加固技术也可起到类似圈梁和构造柱的构造作用（薛彦涛，2016），从而增强结构的整体性。外加面层通常的做法是在砌体墙体的外表面铺设、安置钢筋网，并涂抹、压注或喷射一定厚度的水泥砂浆或混凝土，如图 2.2-16 所示。

(a)　　　　　　　　　　　　　　　　(b)

图 2.2-16　砌体墙体外加面层加固技术

（a）钢筋网水泥砂浆面层加固；（b）喷射混凝土面层加固

砌体墙体外加面层加固技术对比见表 2.2-2（《建筑抗震加固技术规程》（JGJ 116—2009）；《砌体结构加固设计规范》（GB 50702—2011））。除了在多层砌体结构中应用，该技术还适合用于村镇低矮砌体房屋抗震能力不足或没有考虑抗震设防的砌体房屋加固，施工后可以达到"小震不坏、大震不倒"的抗震效果，防止房屋普遍倒塌的现象，减小人员伤亡。

表 2.2-2　砌体墙体外加面层加固技术对比

技术名称	钢筋网水泥砂浆面层加固技术	钢筋混凝土面层加固技术
面层材料及强度等级	采用砂浆作为面层材料，面层的砂浆强度等级宜采用 M10	采用混凝土作为面层材料，混凝土的强度等级宜采用 C20
骨料配比	M10 水泥砂浆配合比为： 水泥：河砂：水 = 1：5.27：1.16	粗骨料应选用坚硬、耐久性好的碎石或卵石，粒径一般不宜大于 20mm；细骨料应选用中、粗砂，其细度模数不宜小于 2.5
面层厚度	钢筋网砂浆面层的厚度宜为 35mm	面层厚度不应小于 60mm
钢筋网钢筋直径	一般为 4mm 或 6mm	竖向钢筋直径不小于 12mm
钢筋网连接与锚固	钢筋网四周应与楼板、大梁、柱或墙体可靠连接	板墙上下应与楼、屋盖可靠连接（短筋、拉结钢筋），左右应与两端的原有墙体充分锚固；底部应有基础
适用范围	原砌体实际的砌筑砂浆强度等级不高于 M2.5	原砌筑砂浆强度等级高于 M2.5

1）发展沿革

钢筋网水泥砂浆面层加固技术是一种较早应用于砌体墙体的外加面层加固技术。在 20 世纪 60、70 年代，前苏联中央建筑结构科学院较早对该项技术开展了脉动荷载（Pulsating Load）作用下的墙体对角抗剪加载试验（黄忠邦，1994b），验证了该技术对于提升墙体抗剪承载力的有效性。此外，前苏联方面还应用该技术修复砌体窗间墙，并开展了足尺试验研究，结果表明该加固技术在一定程度上能够改变结构脆性破坏形态，并能够大幅提高墙体极限抗侧承载能力，如图 2.2-17 所示。

(a)　　　　　　　　　　　　　　　(b)

图 2.2-17　钢筋网水泥砂浆面层加固前后墙体的最终破坏形态对比（Rashidov 等，1974）

（a）未加固构件最终破坏形态；（b）加固构件最终破坏形态（此时极限抗侧承载力提升 3 倍）

1966 年塔什干地区地震后，前苏联利用该技术对超过 50 栋震损砌体结构进行了修复加固，通过现场实测发现加固房屋的自振频率有了不同程度的提高，证明了该加固技术对于结构刚度的提升作用（黄忠邦，1994b）（震后原建筑自振周期增加了 10%~15%，经过修复加固后自振周期降低了 30%~40%）。1969 年南非 Boland 地震中相关案例同样验证了该方法在提高砌体结构抗震能力方面的有效性。

1976 年唐山大地震后，我国相关科研院所提出了采用包括钢筋网水泥砂浆加固技术和钢筋网混凝土加固技术在内的多种加固方法，用于震损建筑的修复与既有建筑的抗震加固，并于 1977 年将其纳入到我国颁布的《民用建筑抗震加固图集》（GC-02）中，这两种面层加固技术统称为"钢筋网水泥砂浆/混凝土墙体加固技术"，且两者构造设计要求并无差别。

而后，我国相关科研院所又对上述两种加固技术开展了系列试验研究，主要包括普通砖墙、空心砖墙、低强度砂浆砖墙以及砖房模型加固前后抗震能力的对比试验，验证了这两种加固技术在提高砖墙（房）抗震能力方面的区别及有效性。据此，在 1998 年颁布的《建筑抗震加固技术规程》（JGJ 116—98）中，分别按照"钢筋网砂浆面层加固技术"和"现浇钢筋混凝土板墙加固技术"对其加固方法、加固设计及施工等方面进行了明确的条文规定。

2008 年汶川 8.0 级大地震的发生，进一步推动了加固技术规程的修订。在新修订颁布的《建筑抗震加固技术规程》（JGJ 116—2009）中，将"现浇钢筋混凝土板墙加固技术"更名为"板墙加固"。而从《砌体结构加固设计规范》（GB 50702—2011）开始，又将这两种加固技术归属为"外加面层加固法"，并分别以"钢筋混凝土面层加固法"和"钢筋网水泥砂浆面层加固法"命名并进行详细论述。

大量震害经验表明：该项加固技术在提升砌体结构抗震能力方面是一种行之有效的手段。2008 年汶川 8.0 级地震中，汉旺镇一栋无筋砌体房屋，尽管其距前山断裂带不到 200m 的直线距离，但震后仍能在一片废墟中耸立（图 2.2-18）；震害调查发现，该房屋在 20 世纪 90 年代初期，按照"89 抗震设计规范"要求采用包含该技术在内的多手段进行了抗震加固。此外，雅安市国张中学一栋教学楼在汶川地震中承重横墙出现裂缝，采用钢筋网水泥砂浆面层加固后，在 2013 年芦山 7.0 级地震中仅非承重墙体中出现轻微破坏（张永群，2014）。

（a）　　　　　　　　　　　　　　　　（b）

图 2.2-18　汉旺镇一栋抗震加固砖房在汶川地震中的表现（李碧雄等，2010）
（a）地震后该楼全貌；（b）钢筋网加固墙体的震损情况

2）技术特点

外加面层加固技术，往往与既有砌体结构的墙体、楼板、基础、梁及柱等连接牢靠，可保证加固质量，如图 2.2-19 所示。并且，该技术通常采用钢筋、砂浆及混凝土等传统的土木工程建筑材料，材料生产、加工及运输的相关供应链及产业链成熟、完善，且施工技艺熟练度高。此外，钢筋网水泥砂浆面层加固技术还具有面层布置形式多样，位置灵活的特点，如图 2.2-20 所示。

尽管如此，但其仍存在一些不足和局限性，例如面层作为加固构件由于存在应力滞后效应，在小震作用下，通常不能与原砖墙同时发挥作用。此外，该技术不适用于块材严重风化、墙面不易清理的建筑（《既有建筑鉴定与加固通用规范》（GB 55021—2021）），现场施工通常需要湿作业，且往往需要破坏原墙体面层，扰动性较大。

3）施工流程

钢筋网水泥砂浆面层加固技术施工的一般流程包括：原墙面清底与钻孔、清洗并刷素水泥砂浆、铺设钢筋和锚筋、润湿墙面养护、逐层抹水泥砂浆、结硬后养护以及装饰施工等。该加固方法重点在于面层与原墙之间的连接，具体工艺详见附录 1.4 "钢筋网水泥砂浆面层加固技术施工流程"。

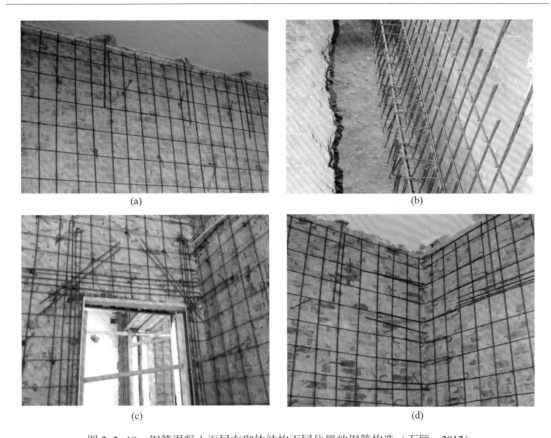

图 2.2-19　钢筋混凝土面层在砌体结构不同位置的钢筋构造（石颖，2012）

（a）钢筋在楼板处的构造；（b）钢筋在基础处的构造；（c）钢筋在门洞处的构造；（e）钢筋在墙角处的构造

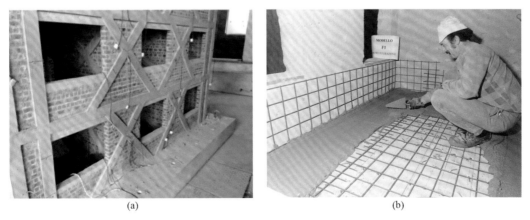

图 2.2-20　钢筋网-水泥砂浆面层加固不同部位

（a）交叉条带面层布置方案（周献祥等，2019）；（b）整体式面层布置方案（Benedetti 等，1998）

　　钢筋混凝土面层加固技术施工的一般流程包括：基层凿毛处理、钢筋制作安装、模板制作与安装、混凝土浇筑与振捣、拆模与养护等。详见附录 1.5 "钢筋混凝土面层加固技术施工流程"。

4) 工程案例

（1）2008 年汶川 8.0 级地震震后震损建筑结构修复与加固案例：

绵竹市朝阳巷 2 号楼外纵墙在地震后产生了较多裂缝但开裂不严重，首先采用压力灌浆技术对裂缝进行修复，而后采用钢筋网水泥砂浆面层加固技术对墙体进行加固，如图 2.2-21 所示（信任等，2010）。

　　　　　　（a）　　　　　　　　　　　　　　　　（b）

图 2.2-21　汶川地震后绵竹市朝阳巷 2 号楼加固

（a）钢筋网铺设；（b）水泥砂浆抹面

某底部框架砌体结构房屋，为保证其一二层层间刚度比满足规范要求，采用在震损抗震墙端部增设构造柱、两侧增设钢筋混凝土面层形成组合砖墙的加固方案，以此恢复墙体抗剪承载力，如图 2.2-22 所示（周威等，2013）。

　　　（a）　　　　　　　　　　（b）　　　　　　　　　　（c）

图 2.2-22　汶川地震后钢筋混凝土面层加固震损墙体

（a）绑扎钢筋并锚固；（b）支护模板；（c）混凝土浇筑成型

（2）南京某砖木结构公馆加固（淳庆等，2005）：

南京颐和路公馆区为南京市重点保护建筑群，其中某公馆结构为砖木结构，由主楼和附楼组成。该房屋由于年代久远，缺乏维修和防护，并且业主计划将其改建为办公楼，故需对该公馆进行加固、改造。由于附楼墙体的砖块及砂浆质量较差，故采用双面钢筋网水泥砂浆面层加固技术对其进行加固，外立面施工情况如图 2.2-23。

图 2.2-23 　南京某砖木结构公馆附楼墙体加固

2. 钢绞线网-聚合物砂浆面层加固技术

针对砌体墙体的钢绞线网-聚合物砂浆面层加固技术，是指将钢绞线网张拉固定在原构件的表面（图 2.2-24），通过喷抹聚合物砂浆，形成具有一定加固层厚度的整体性复合截面（《既有建筑鉴定与加固通用规范》（GB 55021—2021））。其中，钢绞线是由若干根钢丝绞捻而成的钢丝束，再经机械加工得到钢绞线网；聚合物砂浆是按一定比例掺有改性环氧乳液或丙烯酸酯乳液的高强度、高渗透性水泥砂浆。

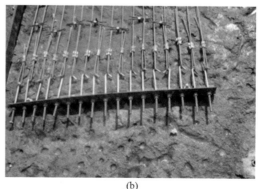

(a) 　　　　　　　　　　　　　　　 (b)

图 2.2-24 　钢绞线网在墙体表面的布置（石颖，2012）

(a) 墙面布置；(b) 端部锚固

该技术能够有效地提高砌体墙体的极限承载力，改善墙体的延性和刚度退化，提高墙体的耗能能力，从而提高了墙体的抗震能力（康艳博等，2010）。该加固技术一般适用于砌筑块体实际强度等级不低于 MU7.5，砌筑砂浆强度等级不高于 M5 的既有砌体墙体（《既有建筑鉴定与加固通用规范》（GB 55021—2021））。

1）发展沿革

2000 年，钢绞线网-聚合物砂浆加固技术最早由韩国汉城产业大学金成勋等提出（黄华，2008）。他们对渗透性聚合物砂浆的性能、高强不锈钢绞线的抗拉强度及弹性模量进行了材性试验，并开展了混凝土板的加固试验。随后，美国 Huang 等（2005）开展了采用该技术加固混凝土梁的试验。早期的试验验证了这种组合面层加固混凝土结构的有效性。

2003 年，依托北京市科委"奥运场馆加固、改造关键技术研究"项目，国内学者对钢绞线网-聚合物砂浆加固钢筋混凝土梁、板、柱等构件进行了初步试验研究。而后，该技术进一步延伸到砌体结构抗震加固，并开展了砖砌体实心墙（杨建平等，2008）、空斗墙（王卓琳等，2011）等构件的抗震加固试验研究。基于上述试验研究成果，该技术写入 2009 年颁布的《建筑抗震加固技术规程》（JGJ 116—2009）中，而后又出版了该专项技术的行业标准《钢绞线网片聚合物砂浆加固技术规程》（JGJ 337—2015）。

目前，该加固技术已用于一系列工程加固中。韩国爱力坚公司较早将该加固技术应用到桥梁加固工程中，例如 21 号国道庄在桥（图 2.2-25a）。在我国，又将该项技术应用于建筑工程加固领域，包括北京方兴宾馆（图 2.2-25b）、北京中国美术馆、厦门郑成功纪念馆等建筑的抗震加固中（薛彦涛，2016），并取得了良好的加固效果。

(a)   (b)

图 2.2-25 早期钢绞线网聚合物砂浆加固案例

（a）韩国庄在桥加固；（b）方兴宾馆楼板加固

2）技术特点

（1）材料性能好，绿色环保。

高强钢绞线网具有强度高（通常是普通钢筋的 5 倍）、不生锈、与砂浆粘结力好等优点；聚合物砂浆具有良好的防腐、耐火与耐久性能，符合"绿色环保"的理念（姚秋来等，2005）。

（2）粘结性好，施工质量高。

与钢筋网水泥砂浆面层、钢筋混凝土面层加固等技术的面层材料相比，聚合物砂浆渗透性好，在正常施工条件下面层与原墙体的有效粘结面积更大，能够很好地与被加固构件粘结为整体共同工作，从而能够保证施工质量（姚秋来等，2005）。

尽管如此，但该项加固技术仍存在一些不足和局限性，例如钢绞线网的端部锚固问题，以及钢绞线自身强度的有效发挥等问题，有待进一步开展相关研究（王卓琳等，2011）。

3）施工流程

钢绞线网-聚合物砂浆面层加固技术施工的一般流程包括：原墙面清理与定位放线、钻孔与清理、钢绞线网片锚固、网片绷紧与固定、墙面湿润与界面处理、抹聚合物砂浆与养护、墙面装饰装修等。详见附录1.6"钢绞线网-聚合物砂浆面层加固技术施工流程"。

4）工程案例

厦门郑成功纪念馆抗震加固（王亚勇等，2005）：

该建筑为4层砖石结构，原为私人别墅，建成于1932年，1962年改为纪念馆，被当地政府定为历史风貌建筑加以保护，如图2.2-26所示。经鉴定，该建筑结构不能满足厦门地区7度抗震设防要求，即便在正常使用条件下，也存在一定安全隐患。在该加固工程中，采用了高强钢绞线网-聚合物砂浆复合面层加固技术，既达到预期的结构安全要求，又可有效地保护原有建筑风貌和使用功能，且对环境的影响（噪声、空气和水污染等）较小。

(a)　　　　　　　　　　　　　　　(b)

图 2.2-26　厦门郑成功纪念馆抗震加固

（a）建筑外貌；（b）墙体加固施工现场

3. ECC（工程水泥基复合材料）面层加固技术

工程水泥基复合材料（Engineered Cementitious Composites，ECC），是指由胶凝材料（水泥基）、细骨料、外加剂和合成纤维等原材料按一定工艺制备而成的，具有较好韧性、抗裂性能和耐损伤能力的一种纤维混凝土。

针对砌体墙体的ECC加固技术，是指在砌体墙体表面及墙体连接部位增设一定厚度的ECC或配筋ECC（《高延性混凝土加固技术导则》（T/DZ/YEDA 01—2019））。根据材料在墙体上的涂覆位置，通常可分为单面加固（低扰动）和双面加固（对室内有扰动）两种。ECC 加固工程示意见图 2.2-27。

(a)　　　　　　　　　　　　　　　　　　(b)

图 2.2-27　ECC 加固砖砌体结构示意图
(a) ECC 施工现场抹面；(b) ECC 加固完成效果

　　相比于外加面层加固技术，ECC 加固技术面层耐久性更高，提升砌体墙体的抗震承载力和变形能力的效果更加显著，且该技术能够进一步改善砌体墙体构件原有的脆性破坏形态。

1）发展沿革

　　纤维混凝土诞生于 20 世纪 60 年代，起初通过加入钢纤维、聚丙烯纤维等提高混凝土材料延性。但由于这些纤维本身的延性不高，相比于传统混凝土材料，早期的纤维混凝土的极限拉伸应变仅提升 2~3 倍。为改良纤维混凝土材料性能，美国 Michigan 大学的 Victor C Li 教授在 90 年代初，通过设计调整纤维混凝土中的纤维类型与制备工艺，提出了一种新型纤维混凝土材料——ECC（Li 等，1992）。该材料耐久性好，并具有显著的韧性特征，极限拉伸应变是普通混凝土的 150~300 倍（李庆华等，2009）。

　　起初，ECC 材料是应用于新建工程的关键构件或部位来提高其局部承载能力，以代替普通混凝土。而后来，基于 ECC 材料的抗裂性好、耐久性高、韧性高等特点，工程人员开始尝试将该材料应用于既有工程修复与耐久性加固中。例如，日本东海道新干线部分高架桥的耐久性加固，瑞士苏黎世机场部分跑道和停机坪的维修更换，以及美国密歇根某 4 跨简支钢梁桥的桥面板修补等。据有关文献记载，国内徐世烺等（2011）采用 ECC 材料作为面层加固水工结构的钢筋混凝土梁，以提高构件的抗冻融和抗渗透性能。

　　此后，该项加固技术也延伸至建筑工程抗震加固领域。在砌体结构抗震加固方面，西安建筑科技大学、西安理工大学等先后开展了无筋砖墙、约束实心砖墙、空斗砖墙、砌块砌体墙、震损老旧砌体和砖柱等构件的拟静力抗震试验，以及砖木民居、空斗墙承重民居、砖混商铺等结构的振动台试验，并探究了采用 ECC 修复及加固震损结构的效果。目前该技术已纳入相关专项规范，并已在陕西、云南等地开展工程应用（邓明科等，2013；周铁钢等，2018）。

2）技术特点

（1）材料具有高延展性，抗裂性能突出。

ECC 材料本身在拉伸和剪切荷载作用下有较高的延展性，可有效弥补砌体结构抗裂性能较差的不足。相关试验研究表明（邓明科等，2018b），相比于钢筋网水泥砂浆面层等传统面层加固技术，双面 ECC 加固的墙体具有较高的延性和耗能能力，如图 2.2-28 所示。此外，ECC 材料还能够以条带的形式加固墙体，在一定程度上发挥类似于圈梁、构造柱的作用。

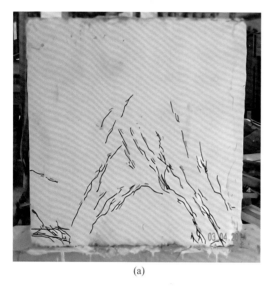 

(a)　　　　　　　　　　　　　　　　(b)

图 2.2-28　双面 ECC 面层加固墙体最终破坏形态（极限层间位移角达到 1/72）
（a）面层细密斜裂缝；（b）墙体端部压碎

（2）面层耐久性和抗渗透性良好。

ECC 材料具有较好的耐久性和抗渗透性，可延长构件与结构的使用寿命，降低经济、社会和环境成本；另一方面，制备 ECC 材料的胶凝材料中可大量使用粉煤灰和硅灰等工业废料，符合"低碳经济"发展的理念。

尽管如此，该项技术仍存在一些不足和局限性，例如在地震作用下，ECC 面层易与砌体墙体及周边构件发生剥离（邓明科等，2018a），无法充分发挥 ECC 面层的耗能作用。此外，在 ECC 纤维材料的标准化生产与制备工艺的推广等方面有待进一步研究与推进。

3）施工流程

ECC 面层加固砌体墙体技术施工的一般流程包括：铲除原墙抹灰层、凿缝或开槽、安装钢筋网或拉结件（仅对配筋面层）、清理浮灰、浇水润湿墙面、压抹高延性混凝土、保湿养护等流程，详见附录 1.7 "工程水泥基复合材料（ECC）面层加固技术施工流程"。

4）工程案例

（1）河南农村危房改造项目（张道令等，2021）：

. 42 ·   地震易发区既有房屋建筑抗震加固技术选编

河南某农村砖砌体结构瓦房建于 2003 年，位于 8 度抗震设防区。根据河南农房抗震改
造加固相关政策，需对该砖砌体结构进行抗震加固。在该项目中，采用了 ECC 加固技术对
其进行单面加固，加固方案为条带法，条带设置位置为墙体外侧，加固厚度为 1.5cm，如图
2.2-29 所示。

(a)   (b)   (c)

图 2.2-29 高延性混凝土加固砖砌体农居

（a）基层清理；（b）高延性混凝土拌浆；（c）在设定区域抹面

（2）苏州市某软土区砖混结构幼儿园改造项目（殷伟等，2021）：

该建筑位于苏州市吴江区流虹路，建造于 20 世纪 80 年代，为 3 层木屋架砖混结构。由
于该建筑位于软土地区，为了解决地基不均匀沉降和承载能力不足等问题，采用了多手段的
组合加固方案。

主要加固改造施工内容为：基础加固，加固原结构承载力不足部分；结构改为框架结
构；空斗墙 ECC 加固；预制板底碳纤维布加固；钢木组合屋架。其中，改变原有结构体系
后，原有砌体墙置换为填充墙，不参与竖向荷载的传递，但是砌体空斗墙属于松散结构，具
有耗能能力弱和延展性差等缺陷，在遭遇塑性变形作用时极易发生脆性破坏，造成人员和财
产损失，据此提出采用 ECC 加固技术对既有墙体进行加固处理，如图 2.2-30 所示。

(a)   (b)

图 2.2-30 高延性混凝土加固在砖混砌体结构改造项目的应用

（a）加固砖混幼儿园外貌；（b）高延性混凝土加固空斗墙

4. FRP（纤维增强复合材料）加固技术

纤维增强复合材料（fiber reinforced polymer/plastic，FRP）通常是由纤维材料与基体材料（树脂、金属等）按一定比例混合，并经过一定工艺（缠绕、模压或拉挤等）复合形成的高性能新型材料（叶列平等，2006）。目前在建筑工程中，根据纤维材料的不同，广泛采用的 FRP 主要有碳纤维增强复合材料（CFRP）、玄武岩纤维增强复合材料（BFRP）、玻璃纤维增强复合材料（GFRP）、芳纶纤维增强复合材料（AFRP）等。

针对砌体墙体的 FRP 加固技术，通常是用胶粘剂把 FRP 粘贴在砌体墙体外部，形式一般为板、布（布条）。图 2.2-31 为几种常用的 FRP 加固形式。

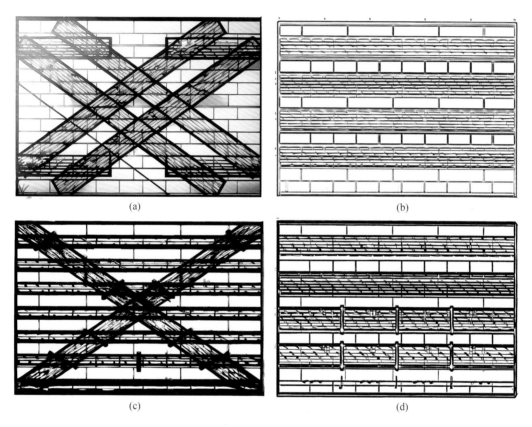

(a)　　　　　　　　　　　　　　　　　　(b)

(c)　　　　　　　　　　　　　　　　　　(d)

图 2.2-31　FRP 加固砌体墙体示意图
(a) 交叉加固；(b) 水平加固；(c) 混合加固；(d) 对拉 FRP

该技术通常可有效增强墙体的抗剪承载力，并可以大幅提高其延性和变形能力（赵彤等，2001）。该项技术适用于砖强度不低于 MU7.5、砂浆强度不低于 M2.5 的砌体墙体加固，且墙体不得出现开裂、腐蚀及老化等情况（《砌体结构加固设计规范》（GB 50702—2011））。

1）发展沿革

FRP 作为结构材料在 20 世纪 40 年代开始应用于军事、航空航天领域，60 年代才开始用于工程中，英国较早地将其应用于新建建筑、桥梁中（叶列平等，2006）。1981 年，瑞典联邦实验室的 Meier 最早采用粘贴碳纤维复合材料（CFRP）加固了 Ebach 桥，这被认为是 FRP 在建筑工程中研究的开端（岳清瑞等，2005）。此后，世界各国的科研人员开始对 FRP 在建筑工程中的应用开展了广泛深入的研究。

在对美国旧金山地震、洛杉矶地震和日本阪神地震中震损建筑结构的修复与加固中，FRP 加固技术的优越性得到较好的应用和验证。尤其在日本阪神地震后，采用 CFRP 布对受损高速公路桥墩柱的有效加固，实现了交通运输的快速恢复，为抗震救灾和震后恢复重建工作赢得了时间，同时也奠定了 FRP 在土木工程领域应用的基础，受到工程界的广泛重视（岳清瑞等，2005）。

虽然我国在新建建筑中对 FRP 应用的研究起步较晚，但在 FRP 修复、加固方面的研究与应用同其他国家的发展基本同步。我国从 1997 年开始系统研究碳纤维片材加固混凝土结构技术，并进行了相关试验研究，1998 年开始应用于实际的加固工程（岳清瑞等，2005）。有关文献表明，自 2002 年起，国内众多科研院所开始对 FRP 在砌体结构加固性能方面开展了大量的试验研究和理论分析，该项技术在砌体墙体的实际加固工程中得到较为广泛的应用，逐渐形成了较为完善的 FRP 加固技术体系。

2003 年 5 月，颁布执行了中国工程建设标准化协会标准《碳纤维片材加固混凝土结构技术规程》（CECS 146：2003），这是我国 FRP 在建筑工程应用的第一部国家标准。而后相继出版了《纤维增强复合材料建设工程应用技术规范》（GB 50608—2010）、《纤维增强复合材料工程应用技术标准》（GB 50608—2020）等多部相关国家标准以及专项技术规范，形成了较为完善的标准体系，对指导我国在建设工程中应用 FRP 技术的实施起到了规范市场、完善技术、发展产业的作用。

2）技术特点

（1）相同质量下材料抗拉强度（比强度）高。

比强度（strength-to-weight ratio）是材料的抗拉强度与材料表观密度（自重）之比。优质的结构材料应具有较高的比强度，才能尽量以较小的截面满足强度要求，同时可以大幅度减小结构体本身的自重。

资料显示，FRP 的比强度高达钢材的 20 倍，比强度优势显著。也就是说，使用该材料可以在实现有效加固的同时，不会明显增加附加面层本身的自重，避免过多增大地震荷载。

（2）耐腐蚀性良好（岳清瑞等，2005）。

FRP 具有较好的耐腐蚀性，可以抵抗不同环境下的化学腐蚀，这是传统建筑结构材料难以比拟的。在沿海或高寒地区，相比于钢筋网面层加固技术，采用 FRP 加固技术可以抵抗空气中盐分的腐蚀，这将使结构的维护费用显著降低。

（3）布置灵活，适用性强。

通过使用不同纤维种类、控制纤维的含量和不同铺设方向等技术手段，可以设计出不同性能、不同规格的 FRP 加固产品，成型方便，可适用于不同位置与需求的砌体结构加固。

（4）生产施工技艺成熟。

FRP 具备成熟的生产、运输和现场安装的流水线工艺，供应链和产业链较为成熟。这些都有利于保证生产和施工质量，从而提高施工效率，降低施工成本。

尽管如此，该技术仍存在一些不足和局限性，例如：FRP 材料诞生不过几十年，其加固技术在土木工程中的应用时间更短，因此对其耐久性的研究目前还不够充分，有待时间的验证。此外，与混凝土材料相比，FRP 材料防火性能往往较差，需要做相应的防火处理；在高温环境下，容易老化、脱层。

3）施工流程

FRP 加固砌体结构的施工流程通常包括：表面处理、配制并涂刷底层树脂、配制找平树脂并修复平整、配制粘贴树脂并粘贴 FRP 布条带、构造处理、表面涂抹及防火处理等，详见附录 1.8 "FRP 加固技术施工流程"。

4）工程案例

土耳其某历史砖石结构修复加固工程（Sayin 等，2019）：

该建筑位于伊斯坦布尔大学内，始建于 19 世纪末，已被遗弃使用多年。为保证其符合继续使用的安全要求，采用环氧树脂填充裂缝和空隙，并利用 CFRP 板对其进行加固。图 2.2-32 为该建筑加固前后对比照片。

图 2.2-32　土耳其某历史砖石建筑加固实例

（a）建筑加固前外立面；（b）裂缝和空隙填充；（c）CFRP 加固墙体；（d）建筑加固后外立面

5. 打包带加固技术

针对砌体墙体的打包带加固技术，是指将包装用打包带（捆扎带）排列成网状，附着在加固载体表面并固定，再利用水泥砂浆涂覆其表面（Mayorca 等，2003）。该技术可以提升结构的整体性，在墙体有较大位移时限制其进一步发展，从而提升墙体平面内外抗倒塌能力，从而在大震情况下减少人员伤亡（孙柏涛等，2018）。该加固技术一般应用于村镇地区未经抗震设防的、砂浆强度偏低的单层或低层砖石墙承重砌体结构，以及拱券砌体结构的墙体整体加固。其在单层混凝土砌块砌体房屋中的典型应用见图 2.2-33。

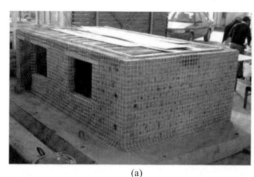 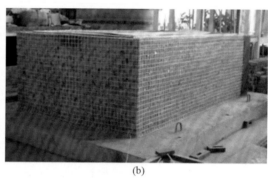

(a) 　　　　　　　　　　　　　　　　　(b)

图 2.2-33　西藏农牧民安居房打包带加固示意
(a) 正面示意图；(b) 侧面示意图

1）发展沿革

打包带加固技术由日本东京大学 MEGURO 在 2000 年左右提出，但未真正应用到实际工程中。由于打包带材料本身廉价并容易获取与加工，是一种经济型加固技术。在我国，2010年中国地震局工程力学研究所孙柏涛最早引进并发展了打包带加固技术。依托西藏农牧民安居工程抗震加固相关研究项目（孙柏涛等，2018），针对缺乏必要抗震措施的西藏传统农牧民混凝土砌块砌体安居房（图 2.2-34），设计并完成了一系列（7 个缩尺模型）西藏典型单层混凝土砌块房屋振动台试验，并以当雄地区为试点开展推广应用，为西藏及其他省份类似民居的抗震加固提供了参考依据。

此后，国内学者将该项技术的研究和应用进一步拓展至砖砌体房屋（周强等，2020）、砖箍窑洞（张风亮等，2021）等，打包带的材料也由聚丙烯（Polypropylene，PP）拓展到塑钢（曾银枝等，2011）（Polyethylene terephthalate，PET）、钢条带（图 2.2-35）（Jin 等，2023）等多种材料类型。相关研究认为（周载等，2013），打包带的成本相较于碳纤维加固更为低廉，且操作方法更为简便，从而对于村镇砌体房屋的加固更易普及推广。

2）技术特点

综合国内外研究进展，该技术的主要特点包括：

(1) 相同质量下材料抗拉强度（比强度）高。

比强度（strength-to-weight ratio）是材料的抗拉强度与材料表观密度（自重）之比。优质的结构材料应具有较高的比强度，才能尽量以较小的截面满足强度要求，同时可以大幅度减小结构体本身的自重。

图 2.2-34   西藏典型单层混凝土砌块房屋

（a）圈梁构造柱缺失（姚新强，2011）；（b）内置木框架（陈珊，2011）

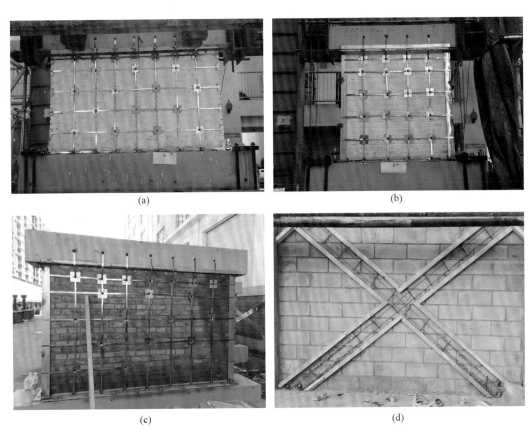

图 2.2-35   钢条带加固示例图

（a）示例一；（b）示例二；（c）示例三；（d）示例四

聚丙烯打包带比强度可高达0.22N·m/kg,相比于低碳钢（0.054N·m/kg），比强度优势显著。也就是说，使用该材料可以在实现有效加固的同时，不会明显增加附加面层本身的自重，避免过多增大地震荷载。

（2）材料与施工成本经济性好。

从材料成本来看，打包带和水泥砂浆材料易于获取，容易制备，并且相较于使用钢筋网与混凝土材料等其他面层加固技术廉价，且运输成本低。

从施工成本来看，相比于钢筋网等加固材料，打包带易于加工且噪音小，对施工技艺要求不高，且该项技术施工流程较为简单，过程成本与扰动性较低。因此，该技术也适用于经济条件落后、施工条件差、要求施工后对房间使用影响较小的农村地区。以砖箍窑洞的加固为例，材料与施工的成本单价如表2.2-3所示。

表2.2-3　几种主要面层加固技术成本单价（单位：元/m²）（张风亮等，2021）

打包带	碳纤维网格	高延性纤维混凝土	钢筋水泥网
104	302	220	130

综上，该技术被认为是一种简单、经济且扰动有限的砌体承重结构加固技术。但仍存在一些不足和局限性，例如在构件处于小变形时，该加固技术难以对其起到约束作用，承载力提升效果不明显。另外，该技术在打包带网加工自动化，技术设计与施工的标准化和规范化等方面尚存在不足，有待进一步研究。

3）施工流程

打包带加固技术施工的一般流程包括：编织打包带网、钻孔与清缝、布置并对拉打包带网、外部装饰层修复等。详见附录1.9"打包带加固技术施工流程"。

4）工程案例

（1）西藏当雄地区混凝土砌块结构安居房加固工程：

以西藏典型单层混凝土砌块农牧民安居房为原型，孙柏涛等（2018）对无打包带加固、打包带加固、打包带半加固（房屋一侧打包另一侧不打包）共7个1∶3模型（图2.2-36）开展了一系列试验研究，模型破坏前后的对比图见图2.2-37。结果表明：在打包带半加固模型中，未加固一侧的墙体破坏显著高于加固一侧，而房屋整体裂缝开展水平甚至高于无打包带模型；完整打包带加固的模型则能显著提高墙体的整体性，当墙体有较大外闪时，打包带能有效地限制加固墙体的移位，以不至于垮塌。

2010年拉萨市政府采用上述研究成果，对存量较大且抗震能力不足的既有混凝土砌块砌体民居进行加固，以提升其抗震性能，从而减轻地震人员伤亡，保障西藏同胞的地震安全。

（2）国外发展中国家村镇地区的推广：

打包带加固技术已在国外发展中国家开展了试点应用与推广，包括巴基斯坦、尼泊尔等，如图2.2-38所示（Sathiparan等，2013；Sathiparan，2020）。

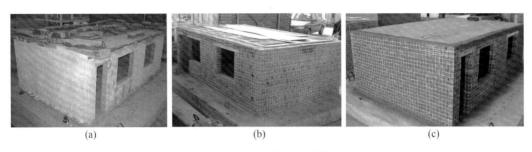

图 2.2-36　试验前房屋模型

（a）无打包带加固；（b）打包带加固；（c）打包带半加固

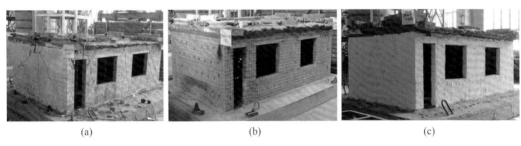

图 2.2-37　房屋模型破坏形态

（a）无打包带加固；（b）打包带加固；（c）打包带半加固

图 2.2-38　发展中国家乡镇地区应用案例与加固后建筑风貌

（a）尼泊尔应用案例（2009 年）；（b）巴基斯坦应用案例

6. 增设扶壁柱加固技术

扶壁柱法，是指沿砌体墙长度方向每隔一定距离将局部墙体加厚形成"墙带垛"加劲墙体的加固法（《砌体结构加固设计规范》（GB 50702—2011）），是工程中较为常用的砖墙加固方法。扶壁柱加固技术属于加大砌体构件截面的一种改造方法，通过给原来的墙体提供依靠并减少房屋墙体的承载压力，进而提升墙体平面外抗震性能以及整个房屋的稳定性。

根据材料的不同，可分为混凝土扶壁柱法和砖扶壁柱法。增设扶壁柱加固砌体结构的示意图如图 2.2-39。

图 2.2-39　扶壁柱示意图（陈存夫，2014）

1）发展沿革

　　扶壁柱法加固技术属于传统加固方法，自 1956 年我国开始推广应用前苏联砌体结构设计标准，扶壁柱法加固技术便已随之出现了。1957 年前苏联抗震规范《地震区建筑规范》对于墙体中心线间的最大距离的规定中，指出墙体的扶壁可以作为中心线的参考。1977 年我国《民用建筑抗震加固图集》中提出了扶壁柱加固技术的早期雏形，包括"砖墙局部配竖向钢筋加固""砖垛配竖向钢筋加固""新加砖垛与砖墙拉结及独立砖柱加固"，当时主要是针对 8 度和 9 度地区空旷砖房的加固而提出的。此后历经数十年的发展历史，该技术已趋于成熟，应用也十分广泛，并且经受住了实际地震的检验，表现出良好的加固效果。

　　新疆乌恰县城邮电局 5 栋砖混家属楼，在 1983 年托云地震中遭到破坏，震后采用包括增设扶壁柱在内的加固技术对房屋进行加固。当 1985 年乌恰发生 7.4 级地震时，该地区地震烈度为Ⅸ度，经加固的楼房均未发生任何破坏（王广军，1993）。1988 年，该技术被正式纳入我国《建筑抗震加固技术规程》，规程指出，当外墙的墙垛（砖柱）承载力不满足要求时，建议采用在砌体墙垛（柱）侧面增设钢筋混凝土柱的加固方法。然而，由于后砌扶壁柱存在应力应变滞后的现象，其抗压强度设计值有所折减，不同类型的扶壁柱折减系数有所差别，详见表 2.2-4。

表 2.2-4　不同类型的扶壁柱折减系数对比

（彭有余，2012；《砌体结构加固设计规范》（GB 50702—2011））

扶壁柱类型		折减系数
砖扶壁柱		0.80
混凝土扶壁柱	原砌体完好	0.95
	原砌体有荷载裂缝或破坏	0.90

2）技术特点

增设扶壁柱加固技术的施工比较简单，施工成本比较低。然而，由于扶壁柱只是在外部为房屋墙体分担压力，在房屋遭遇地震或强烈冲击时，房屋虽然可以依靠扶壁柱支撑，但墙壁却岌岌可危，甚至可能倒塌压伤住户，造成二次伤害，安全系数并不高，因此它仅仅比较适用于某些非地震地区或平原地区房屋的加固。

3）施工流程

以砖扶壁柱法为例，增设的扶壁柱与原砌体的连接可采用插筋法或挖镶法实现，以保证两者共同工作。对于采用插筋法增设砖扶壁柱的加固技术，该加固技术加固砌体结构的一般流程包括：剥层清洁、连接插筋、砌筑扶壁柱、补塞砌筑等。详见附录1.10"增设扶壁柱加固技术施工流程"。

4）工程案例

（1）闽南某"出砖入石"古墙体的加固（黄志强等，2013）：

某古墙采用闽南建筑独特的"出砖入石"砌墙方式砌筑，如图2.2-40。该砌墙方式将块石与朱红色条砖及瓦砾交垒叠砌，将红土拌稻草的加筋土填筑其间，起粘结作用。该古墙建造于明末清初，约有400余年的历史，由于长期自然风化作用，该墙表面砖块斑驳松动，内部砖石缝中的加筋土亦逐渐老化，多处粉化、脱落，部分降低或失去了粘结作用。根据"修旧如旧"的加固宗旨，该加固工程项目对整体墙面进行渗浆加固处理，并沿反立面墙体架设扶壁柱，在墙体底部增设地梁。

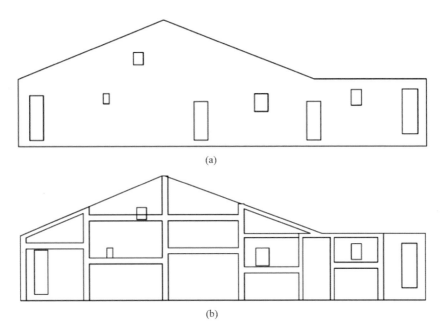

(a)

(b)

图2.2-40 闽南建筑中"出砖入石"墙体扶壁柱加固示意图

（a）加固前墙体立面；（b）加固后墙体立面

墙体加设扶壁柱改善了墙体应力分布，提高了墙体强度、刚度及平面外稳定性，且马头墙在地震作用下的鞭梢效应减弱，取得了良好的加固效果。

（2）砖混结构大礼堂扶壁柱加固（张晓峰等，2005）：

坐落在重庆大坪长江二路军队高校营区内的拥有 4000 个座席的大礼堂，始建于 20 世纪 70 年代初期。经过 30 多年的寒暑交替、风吹日晒，大礼堂的砌体结构出现了各种各样的问题，严重影响了礼堂的使用。根据检测情况，工程人员采用灌浆修补法对墙体裂缝进行处理，并在前厅采取增设混凝土扶壁柱的方法，并 对墙体承载力进行了验算。建筑功能分布平面图和加固位置如图 2.2-41。

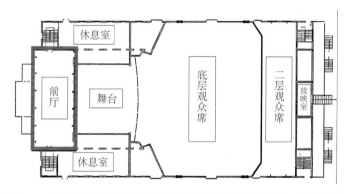

图 2.2-41　礼堂二层平面示意图及扶壁柱加固法加固区域（红色框内）

2.2.3　砌体结构整体加固技术

结构整体加固技术，通常适用于仅通过构件加固无法达到抗震设防目标的建筑。这类建筑中，构件普遍不满足承载力要求，或不符合抗震构造要求。通常通过改变结构体系的方法，提升结构的整体性，或通过消能减震的方法，有效降低构件地震作用力。具体包括外加圈梁构造柱、增设抗震墙及增设减隔震装置等整体加固技术。其中，"增设抗震墙"是在横墙间距不满足要求的空间内，增设砌体抗震墙或钢筋混凝土抗震墙并与原结构可靠连接，属于构造性措施，在此不作详细介绍。本文主要介绍针对砌体结构整体的外加圈梁构造柱和增设隔振装置两种加固技术，详见本节"技术 1~2"。

1. 外加圈梁构造柱加固技术

新建建筑中采用圈梁、构造柱作为一种构造措施早已被老百姓所熟识和广泛使用。外加圈梁构造柱加固通常是指在原有构造措施不足的砌体结构房屋的外部（外侧或内侧，或者内外两侧），增设外包圈梁（有时以钢拉杆作为内部圈梁）和外包构造柱等抗震构造措施（也俗称为"捆绑式加固"），从而形成一个完整的圈梁构造柱空间约束体系（秦召棠，1983）。

外加圈梁构造柱加固技术，可增加既有建筑构件之间的连接性能，优化构件间传力路径，从而提高房屋整体性与稳定性。该技术已广泛应用至城市、村镇地区整体性不足或构造措施不满足抗震设防要求的单层及多层砌体结构。图 2.2-42 为某砌体结构外加圈梁构造柱的示例。

（a）　　　　　　　　　　　　　　　　　　　　　（b）

图 2.2-42　某砌体结构外加圈梁构造柱加固示例

（a）加固前；（b）加固后

1）发展沿革

大量历史震害表明，圈梁构造柱在提升砌体结构整体性方面是一种行之有效的抗震构造措施，但起初仅作为一种构造措施用于新建建筑中。后来，这一措施理念被拓展至既有砌体结构的加固。实际上，圈梁和构造柱这两个概念并非同一时间诞生，圈梁的出现要早于构造柱。

（1）圈梁。

圈梁在我国的应用最早可以追溯至 20 世纪 50 年代，在上海软土地基上建造房屋往往逐层设置钢筋混凝土统过梁（又称"统腰箍"），即为圈梁的雏形。在当时，设置圈梁主要是为了解决砌体房屋地基不均匀沉降的问题。在早期震害调查中发现，设置了圈梁的多层砌体房屋震害都明显较轻，因此在抗震规范中纳入了设置圈梁的要求（周炳章，2011）。

规范关于砌体结构（或多层砖房）中圈梁的设计要求早在 1959 年的《地震区建筑规范（草案）》就已进行了详细规定："砖石及大型砌块的房屋，应在檐下及每层楼板（包括地下室）设置钢筋砖石或钢筋混凝土抗震圈梁。"

在 1964 年编制的《地震区建筑设计规范（草案稿）》中，又对砌体结构中圈梁的设置按照楼盖的区别作了进一步规定："装配式钢筋混凝土楼盖、木楼盖及砖拱楼盖应在屋盖及每一楼层处设置抗震圈梁。现浇钢筋混凝土楼盖以及加有配筋面层的装配式楼盖无需设置抗震圈梁"。1974 年《工业与民用建筑抗震设计规范（试行）》（TJ 11—74），对圈梁设置的规定开始按照设防烈度的不同进行区分。而后历代版本规范中圈梁设置规定的变化主要体现在圈梁的设置位置和间距上，总的趋势是减小内横墙间设置圈梁的距离，以及适当增大了圈梁纵向钢筋的配筋率，而基本未有原则性的变化与修订。

（2）构造柱。

在 1976 年的唐山地震中，现场震害调查发现，采用混凝土预制空心楼板和砖墙承重的砖混结构破坏严重，几乎全部倒塌。但是也有少数建筑幸免于难，这些建筑都带有钢筋混凝土柱，并且与圈梁组成了封闭边框。如图 2.2-43 所示，唐山市六单位办公楼主体倒塌，但设置了钢筋混凝土柱的门厅裂而未倒（杨玉成等，1981）。调查中发现，这些钢筋混凝土柱并不是经过设计人员计算而设置的，而是个别设计人员对结构的一种加强措施（周炳章，

2006）。由于这些钢筋混凝土柱不是框架柱，而是用来加强墙体、共同受力的构件，因此称为构造柱（周锡元，2009）。

图 2.2-43　唐山市六单位办公楼门厅裂而未倒

正是由于个别带构造柱的砖房在地震中的良好表现，砌体结构中设置钢筋混凝土构造柱这一构造要求首次纳入了我国正式颁布的 1978 年的《工业与民用建筑抗震设计规范》（TJ 11—78）中。基于当时对构造柱的认识，"78 规范"规定，当建筑高度超出规范要求时，可采用构造柱作为加强结构抗震能力的措施（周炳章，2006）。

在总结唐山震害的基础上，北京市建筑设计院研究所、国家地震局工程力学研究所（现中国地震局工程力学研究所）、中国建筑科学研究院抗震所等科研院所和研究人员开始对设置构造柱的砌体结构进行一系列试验研究。据统计，在唐山地震以后的 10 多年间，试验墙体的总数近 1000 片，并以震害调查和试验成果为基础，从理论上分析探索了砌体结构房屋的破坏机理，将带圈梁构造柱的砌体结构发展成为一种特殊形式的约束砌体。

基于上述抗震试验与理论研究成果，在 1989 年颁布的《建筑抗震设计规范》（GBJ 11—89）中，关于砌体结构中构造柱的设计要求有了系统而明确的规定，这些相关规定在后来的抗震设计规范的修订中仅仅是具体设计参数要求的改变，而整体的设计原则一直保留并沿用至今。

（3）外加圈梁构造柱加固技术。

相关文献显示（黄忠邦，1994a），早在 20 世纪 50 年代末、60 年代初，印度洛基大学土木工程系和地震研究院就已对构造柱加固技术开展研究。通过单间砖房的模型试验，发现若在其四角增设竖向钢筋（相当于构造柱的纵筋），就能有效地提高砖房的抗侧向荷载的能力。若将墙角、门窗旁的竖向钢筋与窗洞上方的圈梁（亦为过梁）的水平钢筋连接在一起联合使用，则又比单纯在墙角加竖向钢筋更为有效。而后，前苏联、罗马尼亚、前南斯拉夫、墨西哥等国家相继展开了相关研究。

在唐山地震后，我国于 1977 年颁布了《民用建筑抗震加固图集》（GC-02），提出了增设圈梁及拉杆加固、增设构造柱加固的方法。而后，经过试验探究和地震检验，证明了在圈梁构造柱共同作用下，砌体结构的抗震性能提升更加明显。这种理念也拓展应用到了既有砌体结构加固工程中。

20 世纪 80 年代末、90 年代初，针对数量巨大的既有砌体结构建筑仍存在着抗震构造措施不足的问题，外加圈梁构造柱加固技术进一步推广，该技术也纳入了《建筑抗震加固技术规程》（JGJ 116—98）。但在当时，既有砌体结构的加固施工时，圈梁构造柱采用的做法则大多是以现场现浇为主。

1995 年，我国建设部发布了《建设部关于印发<建筑工业化发展纲要>的通知》，其中明确提出"发展建筑配件和制品生产，提高生产社会化、商品化水平"，这为装配式建筑在我国的发展提供了一个新的契机。进入 21 世纪，我国大力发展装配式建筑，并取得了大量的成果，预制装配式技术也开始被应用于在结构的加固技术，预制圈梁构造柱加固技术也展现出其不可替代的显著优势，成为外加圈梁构造柱加固技术中的主流。相关文献表明，外贴预制圈梁构造柱加固措施的抗震效果能够达到甚至在某些特定条件下优于现浇圈梁构造柱加固措施的效果。

2）技术特点

（1）与原结构协调性强。

外加圈梁构造柱与原结构通过可靠的连接措施，可增强构件之间的连接性，较好地将地震荷载分配至各承重墙体，优化房屋整体传力路径，进而提升既有砌体结构的整体性。

（2）预制圈梁构造柱施工扰动小。

外加预制圈梁构造柱的施工，可以大大减少现场的湿作业，施工工期短且操作便捷。此外，大多情况下无需入户操作，不会破坏室内装修，有效减少施工对人们生产生活的扰动以及周边环境的影响。

（3）造价较低，耐久性好。

圈梁构造柱的加固材料通常是钢筋混凝土，其造价和施工成本通常都比较低，供应链及产业链成熟，且有较好的耐久性，这也正是该项技术能广泛推广开来的重要原因。

（4）可广泛为人所接受。

相对于其他新兴加固技术，该技术有较为成熟的研究基础和经验，民众对该技术相关概念可接受度高。

综上，该技术是一种通用且方便与其他技术配合的砌体结构整体性加固技术。但仍存在一些不足和局限性，例如在构件处于小变形时，该加固技术约束作用不明显，往往在中等变形及以上才能更好地发挥其约束作用。

3）施工流程

外加圈梁构造柱加固技术通常按照施工的工艺可分为现浇做法和预制做法。现浇常见的做法有加拉结钢筋浇筑做法和压浆锚杆浇筑等做法；预制常见的做法有外加预制钢筋混凝土圈梁构造柱和外包型钢或钢板等做法。这些常见做法示意如图 2.2-44 所示。

以外加预制圈梁构造柱为例，其施工流程通常包括：外加地梁施工、圈梁构造柱吊装及灌浆、安装钢拉杆等，具体施工流程详见附录 1.11 "外加圈梁构造柱加固技术施工流程"。

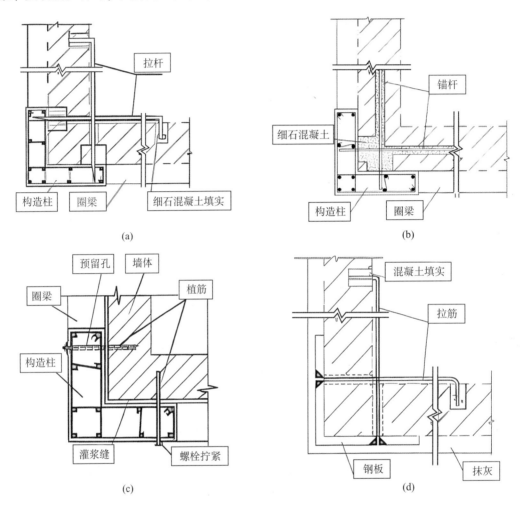

图 2.2-44　外加圈梁构造柱做法示意图

（a）加拉结筋浇筑（角部）；（b）压浆锚杆浇筑（角部）；（c）外加预制圈梁构造柱（角部）；

（d）外包型钢或钢板（角部）

4）工程案例

（1）2008 年汶川 8.0 级地震后震损砌体结构加固案例（信任等，2010）：

绵竹市瑞祥路 255 号楼震后在外纵墙增设圈梁和构造柱进行加固，绵竹市紫岩街 1 号楼在两侧山墙中部增设构造柱进行加固，如图 2.2-45 所示。

（2）某空旷多层房屋抗震加固（尹保江等，2011）：

该建筑建于 1956 年，原为 4 层砖混结构，1981 年进行了抗震加固，采取的主要加固手段为沿建筑四周和内纵墙设置了圈梁和构造柱，如图 2.2-46 所示。

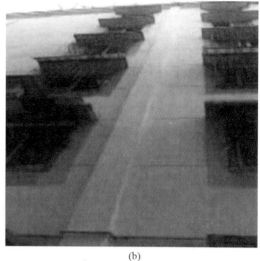

(a)　　　　　　　　　　　　　　　　　　　　(b)

图 2.2-45　汶川震后震损建筑圈梁构造柱加固实例

（a）绵竹市瑞祥路 255 号外纵墙圈梁构造柱加固；（b）绵竹市紫岩街 1 号两侧山墙中部构造柱加固

图 2.2-46　某空旷多层砌体建筑增设圈梁构造柱加固后效果

（3）上海交通大学学生 11 宿舍楼加固（陆洲导等，1997）：

上海交通大学学生 11 宿舍楼建于 1960 年，原是一栋 4 层砖混结构。1993 年紧靠该楼新建了交通大学番禺路宿舍楼，新楼沉降对该楼产生了不利影响。经鉴定，该楼局部承重纵墙产生了严重的裂缝，且没有抗震措施，必须进行抗震加固。

该工程首先采用了压力灌环氧树脂对裂缝进行了修复，而后采用了外加构造柱—拉杆—圈梁系统对其进行了整体抗震加固。该楼房经此法抗震加固以后，效果明显，居民对此非常满意，也得到了建设单位的欢迎。

2. 增设隔震装置加固技术

针对砌体结构整体的增设隔震装置加固技术，是指通过在既有砌体建筑基底（图 2.2-47）或下部设置一道隔震层，减少输入到上部结构的地震能量，以达到提高建筑物抗震能力的目的（李黎等，2002）。隔震支座通常应设置在砌体房屋上部结构与基础之间受力较大的位置，如纵横向承重墙交接处等；隔震布置时应兼顾结构基础的加固（常兆中等，2010）。同时，为了防止底层发生过大的位移，在采用隔震措施的时候，有时会增设阻尼器或限位器等减震措施（李立，1986）。

(a)　　　　　　　　　　　　　　　　　　(b)

图 2.2-47　砌体结构基底隔震加固示意图

（a）隔震层外貌；（b）滑动支座内部构造

该项技术在不影响上部建筑结构的前提下，可以有效改善结构传力体系，大幅减少上部结构的地震反应，不仅可以保护建筑主体结构，也可保护建筑内的设备仪器等非结构物（徐忠根、周福霖等，1999）。

该项技术主要应用于具有历史性保存价值或内部有重要设备仪器的建筑物，如医院、博物馆、政府大楼等（徐忠根、周福霖等，1999），以及需大幅提升抗震能力的砌体建筑。

1）发展沿革

众所周知，在我国木结构等古建筑中独有的榫卯结构、斗拱和柱础石等营造做法就体现了减震和隔震的理念。与早期所谓的"隔震系统"相比，现代意义上的隔震技术性能上更加可靠、功能上更加完善。

应用于新建建筑的隔震技术的快速发展始于 20 世纪 60 年代。60 年代中后期，新西兰、日本、美国等多地震国家对隔震技术开展了深入、系统的理论和试验研究，取得了较好的成果。70 年代，新西兰学者 W. H. Robinson 率先开发出铅芯叠层橡胶支座，大大推动了隔震技术的实用化进程。美国、日本首栋隔震建筑分别在 1984 年和 1985 年建成。到 90 年代，全世界至少有 30 多个国家和地区开展"基础隔震"技术的研究，并在美、日、法、新、意等 20 多个国家修建了数百座"基础隔震"建筑物，其中日本的技术发展最快、应用最为广泛。特别是在 1995 年阪神大地震中，采用橡胶支座隔震的建筑，经受住地震的考验，隔震性能良好，建筑隔震技术得到日本政府的大力推广。

我国学者从 20 世纪 60 年代就开始关注基础隔震，60 年代中叶，李立、周福霖等学者分别提出以砂砾层、滚珠为摩擦材料的滑移隔震思想，并进行了试验研究和理论分析。70 年代中到 80 年代初，采用砂砾隔震的方法建造了 4 座土坯和砖砌体的单层隔震房屋和北京中关村一栋 4 层砖混房屋，这是我国最早的隔震建筑。

1976 年唐山大地震的发生促进了社会对建筑隔震技术的关注和研究。20 世纪 80 年代中期，隔震研究逐渐在国内得到重视，由于经济方面的原因，对采用砂垫层、石墨、钢板等材料的摩擦滑移隔震研究较早。1986 年在西昌市建成一栋采用石墨砂浆层隔震的建筑；1995 年在新疆独山子建成一栋采用聚四氟乙烯滑移板隔震的房屋。

20 世纪 80 年代后期，我国学者开始关注橡胶支座隔震技术。我国最早的采用橡胶隔震支座的建筑，是 1993 年由周福霖院士设计建造的汕头陵海路 8 层框架结构商住楼以及唐家祥教授设计的安阳市粮油综合楼。1994 年 5 月，联合国工业发展组织权威专家将汕头隔震居民楼的建成誉为"世界建筑隔震技术发展的第三个里程碑"。2001 年，建筑隔震与消能减震技术写入《建筑抗震设计规范》（GB 50011—2001），标志着隔震消能技术在我国的成熟发展。

此外，世界各国还将隔震技术拓展应用至既有建筑的加固改造。1988 年，美国的盐湖城政府大厦采用基础隔震技术进行加固改造，这是文献记载中最早采用隔震技术改造的历史性砖石砌体建筑的工程案例（徐忠根、周福霖等，1999）。其后世界各地又有相当数量的重要建筑采用隔震技术进行了加固改造，但隔震房屋和隔震加固房屋的震害实例相对较少。

2008 年汶川地震后，建筑隔震技术又引起人们的高度重视，国内的应用又达到一个新的高度，汶川地震后建成的隔震建筑面积已大大超过之前隔震建筑的总和。2008 年汶川地震后，国家启动全国中小学校舍安全工程，将中小学教学用房、学生宿舍及食堂等建筑的设防类别提升至乙类，对全国中小学校开展抗震鉴定与加固。而砌体结构校舍中很大一部分建筑建造年代较早，存在建造不规范与结构性能退化的问题，其抗震措施及抗震承载力与规范的要求差别较大。然而，在需要大幅提升砌体结构抗震性能的情况下，单独采用传统的抗震加固技术加固校舍往往难度大、成本高。因此，在政府组织的全国中小学校舍加固工程中首次采用了该项技术，包括呼和浩特市回民中学教学楼（高娃等，2011）、忻州市中小学教学楼与宿舍等砌体结构（常兆中等，2010）。另外，近年来还面向广大村镇建筑，开发廉价、高效的基础隔震装置和工艺，进一步推动了隔震技术在砌体结构加固改造中的应用。

2）技术特点

（1）减少对上部结构的扰动。

砌体结构采用隔震加固，不但可以最大限度地减少对上部结构的扰动，而且可以确保结构的整体安全，减小甚至防止非结构构件的破坏，避免发生建筑物内部装修、室内设备的破坏以及由此引起的次生灾害。葡萄牙里斯本某砌体结构修道院的保护性加固便通过隔震技术进行加固研究，如图 2.2-48 所示。

（2）"投入—产出"减灾效益比高。

相关研究表明，对于需要大幅提高抗震能力的建筑，采用基础隔震技术加固改造的房屋，可以极大降低上部建筑受到的地震作用力，可适当降低上部结构的设防水准（一般可

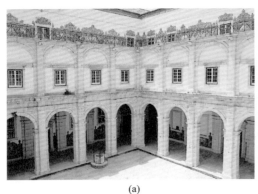

(a)　　　　　　　　　　　　　　　　　(b)

图 2.2-48　葡萄牙里斯本某砌体结构修道院的保护性加固
(a) 建筑外景；(b) 试验现场

降低一度)，从而减少上部结构抗震构造措施成本，其造价一般比传统抗震加固方法要低得多 (薛彦涛，2016)。

该项技术，通常能够保证隔震加固的建筑实现"小震不坏，中震不坏或轻度破坏，大震不丧失使用功能"的设防目标，降低震后直接和间接经济损失，具有较高的"投入—产出"减灾效益比。

(3) 保证大震后使用功能连续。

大量震例表明，对于学校、幼儿园、医院、养老机构、儿童福利机构、应急指挥中心、应急避难场所、广播电视等重要公共建筑，采用该项技术，可以保障在大震来临时其正常使用功能及人民群众的生命财产安全。

尽管如此，但该加固技术仍存在一些不足和局限性，例如施工难度稍大，后期需要维护等。

3) 施工流程

隔震加固技术加固砌体结构的一般流程包括：基础处理、墙体开凿、上下夹梁的制作、一层底板加固、隔震支座的安放和定位等。详见附录 1.12 "增设隔震装置加固技术施工流程"。

4) 工程案例

(1) 山西忻州市实验小学教学楼 (常兆中等，2010)：

忻州市实验小学教学楼是一栋 4 层砖混结构，由于结构建造年代较早，抗震能力差，同时抗震构造措施均达不到乙类建筑的要求。同时，业主要求加固尽量不影响学校正常的教学工作，施工周期要尽可能短。因此，采用了增设隔震支座加固技术对该教学楼进行加固，如图 2.2-49 所示。此后，增设隔震支座加固技术在山西忻州市的中小学校舍抗震加固中得到了广泛的应用。

(2) 日本东京立教大学的旧砖石教堂 (Seki 等，2000)：

该加固项目是日本第一个应用于旧砖石建筑的项目。该建筑经鉴定不满足抗震性能目标，其结构抗震能力指标 (I_s) 较低，综合考虑加固成本和保持建筑内部和外部的原貌等因素，采用基础隔震技术对其进行加固改造，如图 2.2-50。

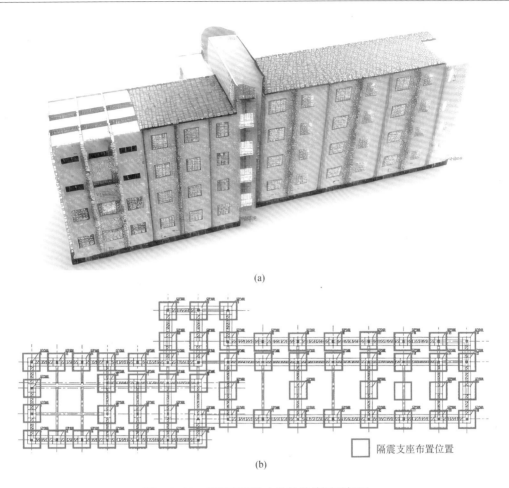

(a)

(b)

$$\square\ \text{隔震支座布置位置}$$

图 2.2-49　忻州市实验小学教学楼隔震加固

（a）教学楼房屋模型；（b）实验小学教学楼隔震支座布置平面图

(a)　　　　　　　　　　　　　　　　　　　　　(b)

图 2.2-50　日本东京立教大学隔震加固

（a）教堂外部风貌；（b）基地隔震装置

参 考 文 献

GB 5003—2011　砌体结构设计规范［S］

GB 50702—2011　砌体结构加固设计规范［S］

GB 55021—2021　既有建筑鉴定与加固通用规范［S］

JGJ 116—2009　建筑抗震加固技术规程［S］

T/DZ/YEDA 01—2019　高延性混凝土加固技术导则［S］

常青，1993，元明中国砖石拱顶建筑的嬗变［J］，自然科学史研究，（02）：192~200

常兆中、薛彦涛、金林飞等，2010，隔震技术在中小学抗震加固中的应用［C］//中国建筑学会抗震防灾
　　分会，中国地震学会地震工程专业委员会，中国地震工程联合会，第八届全国地震工程学术会议论文
　　集（Ⅱ），《土木建筑与环境工程》编辑部（Editorial Department of Journal of CAEE），4

陈存夫，2014，工业遗产保护的加固技术［C/OL］，中国民族建筑研究会，60~67

陈珊，2011，西藏抗震设防单层民居试验研究与有限元分析［D］，中国地震局工程力学研究所

陈晓强，2011，震损砖混结构灌浆复合加固修复技术及综合评价研究［D/OL］，重庆大学

成帅，2011，近代历史性建筑维护与维修的技术支撑［D/OL］，天津大学

程绍革，2019，首都圈大型公共建筑抗震加固改造工程实践与回顾［J］，城市与减灾，（05）：39~43

淳庆、邱洪兴、李明丁等，2005，南京某公馆砖木结构楼房的加固改造设计与施工［J］，建筑科学，
　　（02）：49~52+68

邓明科、高晓军、梁兴文，2013，ECC面层加固砖墙抗震性能试验研究［J］，工程力学，30（06）：
　　168~174

邓明科、杨铄、梁兴文，2018a，高延性混凝土单面加固构造柱约束砖砌体墙抗震性能试验研究［J/OL］，
　　土木工程学报，51（04）：10~19

邓明科、杨铄、王露，2018b，高延性混凝土加固无筋砖墙抗震性能试验研究与承载力分析［J］，工程力
　　学，35（10）：101~111+123

高娃、丛利伟、额尔敦吐等，2011，隔震技术在砌体结构加固中的应用［J］，工程抗震与加固改造，33
　　（02）：67~73

葛家良，2006，化学灌浆技术的发展与展望［J］，岩石力学与工程学报，（S2）：3384~3392

葛学礼、朱立新、赵小飞等，2006，浙江文成地震村镇空斗墙建筑震害分析［J/OL］，工程抗震与加固改
　　造，（06）：106~109

黄华，2008，高强钢绞线网—聚合物砂浆加固钢筋混凝土梁式桥试验研究与机理分析［D/OL］，长安大学

黄世敏、姚秋来、康艳博，2011，混凝土板墙加固后墙片与剪力墙性能的对比研究［J/OL］，防灾减灾工
　　程学报，31（05）：567~571

黄志强、龙小玉、陈培福等，2013，出砖入石古墙加固的数值分析［J］，福建建筑，（9）：30~33

黄忠邦，1994a，国外对构造柱加固的试验综述［J/OL］，结构工程师，（4）：23~25

黄忠邦，1994b，国外关于钢筋网水泥砂浆抗震加固的研究［J］，建筑结构，（05）：48~51

黄忠邦、刘瑞金，1995，砖房抗震加固中若干问题的分析和探讨［J］，工业建筑，（7）：35~38+57

康艳博，2011，混凝土板墙加固砌体墙力学性能研究［D/OL］，中国建筑科学研究院［2022-11-18］

康艳博、巩正光、宋红等，2010，混凝土板墙加固砖墙抗震性能综述［J/OL］，工程抗震与加固改造，32
　　（04）：80~85+93

李碧雄、甘立刚、王清远，2010，基于震害和数值分析的加固建筑结构抗震性能评估［J/OL］，四川大学
　　学报（工程科学版），42（05）：142~149

李黎、李健、唐家祥，2002，用隔震技术提高已有建筑的抗震能力［J］，中华科技大学学报（城市科学版），（01）：68~72

李立，1986，隔震技术必将发展［J］，中国地震学会第三次全国地震科学学术讨论会论文摘要汇编，153~154

李庆华、徐世烺，2009，超高韧性水泥基复合材料基本性能和结构应用研究进展［J］，工程力学，26（S2）：23~67

李胜才、Dina D'Yala、呼梦洁，2014，灌浆与钢箍加固震损砖墙的抗震性能试验研究［J］，土木建筑与环境工程，36（04）：36~41

李文峰、苏宇坤，2019，历史建筑抗震加固技术现状与展望［J］，城市与减灾，（05）：44~48

梁仁友、邢开第，1987，国内外工程灌浆的发展状况［J］，勘察科学技术，（01）：13~18

刘航，2019，砖混结构抗震加固技术与方法［J］，城市与减灾，（05）：11~17

陆洲导、郑昊、程才渊，1997，应用外加构造柱法对结构进行抗震加固实例［J］，四川建筑科学研究，（3）：20~22

罗瑞，2016，单面水泥砂浆面层加固低强度砖墙的抗震性能试验研究［D/OL］，中国建筑科学研究院

马鹏飞，2019，基于窗下墙破坏模式的加固砌体结构抗震性能试验研究［D/OL］，西安建筑科技大学

欧阳利军、丁斌、陆洲导，2010，玄武岩纤维及其在建筑结构加固中的应用研究进展［J］，玻璃钢/复合材料，（03）：84~88

彭有余，2012，浅谈砌体结构裂缝的成因及防治［C/OL］，《建筑科技与管理》组委会，52+46

彭媛媛、聂会元、冉伟，2017，面层加固法在砌体结构抗震加固中的应用［J］，重庆建筑，16（12）：45~48

秦召棠，1983，"外加构造柱"抗震加固［J］，住宅科技，（7）：22~24

石颖，2012，中小学砌体结构抗震加固施工技术与管理［D/OL］，北京建筑工程学院

孙柏涛，2014，四川省芦山"4·20"7.0级强烈地震建筑物震害图集［M］，北京：地震出版社

孙柏涛、黄佩蒂、姚新强等，2018，西藏典型单层混凝土砌块房屋打包带加固抗震试验研究［J］，世界地震工程，34（01）：40~50

王广军，1993，震损多层砖房的修复加固［J］，建筑科学，（04）：23~27

王露，2017，高延性混凝土加固砌体结构振动台试验研究［D］，西安建筑科技大学［2022-11-17］

王文卿、周立军，1992，中国传统民居构筑形态的自然区划［J］，建筑学报，（04）：12~16

王亚勇、姚秋来、巩正光等，2005，高强钢绞线网–聚合物砂浆在郑成功纪念馆加固工程中的应用［J/OL］，建筑结构，（08）：41~42+40

王卓琳、蒋利学，2011，高强钢绞线–聚合物砂浆加固低强度空斗墙的试验研究［J/OL］，工业建筑，41（11）：60~65

魏琏、谢君斐，1989，中国工程抗震研究四十年［M］，北京：地震出版社

信任、姚继涛，2010，多层砌体结构墙体典型抗震加固技术和方法［J/OL］，西安建筑科技大学学报（自然科学版），42（02）：251~255

徐世烺、王楠、尹世平，2011，超高韧性水泥基复合材料加固钢筋混凝土梁弯曲控裂试验研究［J/OL］，建筑结构学报，32（09）：115~122

徐忠根、周福霖、孔玲，1999，国内外建筑隔震改造加固概述［J］，华南建设学院西院学报，（02）：14~20

宣卫红、吴刚、左熹等，2016，外加预制圈梁构造柱加固砌体结构技术与工程应用［J］，施工技术，45（16）：69~74

薛彦涛，2016，设防烈度调整后既有建筑抗震加固对策与方法［J］，城市与减灾，（03）：54~58

杨建平、李爱群、王亚勇等，2008，高强钢绞线–聚合物砂浆加固低强度砖砌体的试验研究［J］，防灾减

灾工程学报，（04）：473~478

杨涛、董有、李广等，2016，校舍加固中隔震技术的应用与案例分析［J］，城市与减灾，（5）：41~47

杨玉成、杨柳、高云学，1981，多层砖房的地震破坏和抗裂抗倒设计［M］，北京：地震出版社

姚秋来、王亚勇、盛平等，2007，高强钢绞线网-聚合物砂浆复合面层加固技术应用——北京工人体育馆改建工程［J］，工程质量，（06）：46~50

姚秋来、王忠海、王亚勇等，2005，高强钢绞线网片-聚合物砂浆复合面层加固技术——新型"绿色"加固技术［J］，工程质量，（12）：17~20

姚新强，2011，规则平面西藏单层砌体打包带加固抗震试验与有限元模拟分析［D］，中国地震局工程力学研究所

叶列平、冯鹏，2006，FRP 在工程结构中的应用与发展［J］，土木工程学报，（3）：24~36

殷伟、周丹丹、陈赟，2021，软土地区幼儿园加固改造的技术研究［J/OL］，建筑施工，43（09）：1835~1837

尹保江、陈杰云，2011，多层空旷混合结构抗震鉴定与加固［J］，土木工程与管理学报，28（3）：80~82

苑振芳、刘斌，1999，我国砌体结构的发展状况与展望［J］，建筑结构，（10）：9~13

岳清瑞、杨勇新，2005，复合材料在建筑加固、修复中的应用［M］，化学工业出版社

曾银枝、李保华、徐福泉等，2011，角钢和打包带加固低强度砖墙的抗震性能试验研究［J］，工程抗震与加固改造，33（06）：58~62

张道令、易鹏、岳潇潇等，2021，高延性混凝土在农房抗震加固工程中的应用［J/OL］，2021 年全国土木工程施工技术交流会论文集（上册），469~471

张风亮、周庚敏、薛建阳等，2021，聚丙烯打包带网水泥砂浆面层加固残损砖箍窑洞振动台试验研究［J/OL］，建筑结构学报，42（12）：113~124

张敬书，2004，我国抗震鉴定和加固技术的发展［J/OL］，工程抗震与加固改造，（05）：33~39

张敏政，2009，从汶川地震看抗震设防和抗震设计［J］，土木工程学报，42（05）：21~24

张敏政，2022，关于抗震防灾的若干思考［J］，地震学报，44（05）：733~742

张晓峰、梅全亭、马永正，2005，大型礼堂砌体结构的检测与加固［C/OL］//砌体结构与墙体材料——基本理论和工程应用——2005 年全国砌体结构基本理论与工程应用学术会议论文集，中国工程建设标准化协会砌体结构专业委员会，333~336

张永群，2014，预制钢筋混凝土墙板加固砌体结构的抗震性能研究［D/OL］，中国地震局工程力学研究所

赵彤、张晨军、谢剑等，2001，碳纤维布用于砖砌体抗震加固的试验研究［J/OL］，地震工程与工程振动，（2）：89~95

周炳章，2006，唐山地震与钢筋砼构造柱［J］，工程建设与设计，（8）：8~15

周炳章，2011，我国砌体结构抗震的经验与展望［J］，建筑结构，41（09）：151~158

周戟、白晓霞、窦远明等，2013，不同材料加固农村砌体房屋动力性能分析［J/OL］，混凝土与水泥制品，（5）：57~60

周强，2012，砌体结构抗震试验及弹塑性地震反应分析［D/OL］，哈尔滨工程大学

周强、赵文洋、杨凌宇等，2020，打包带加固村镇砌体墙抗震性能试验研究［J］，建筑结构学报，S1（41）：307~314

周铁钢、田鹏、邓明科等，2018，高延性纤维增强水泥基复合材料加固空斗墙承重房屋模型振动台试验研究［J/OL］，建筑结构学报，39（12）：147~152

周威、郑文忠、佟佳颖等，2013，汶川地震中房屋震害分析与震损房屋抗震加固［J］，哈尔滨工业大学学报，45（12）：1~9

周锡元，2009，中国建筑结构抗震研究和实践六十年［J/OL］，建筑结构，39（09）：1~14

周献祥、谢伟、蒋济同等，2019，钢筋-砂浆面层交叉条带法在砌体结构抗震加固中的应用研究［J/OL］，建筑结构，49（05）：1~8

朱伯龙，1991，砌体结构设计原理［M/OL］，上海：同济大学出版社

Ahmad N，Ali Q，Ashraf M et al.，2011，Seismic performance evaluation of reinforced plaster retrofitting technique for low-rise block masonry structures［J］，International Journal of Earth Sciences and Engineering，5：193-206

Amiraslanzadeh R，Ikemoto T，Miyajima M et al.，2012，A comparative study on seismic retrofitting methods for unreinforced masonry brick walls［C］//15th World Conf. on Earthquake Engineering，International Association for Earthquake Engineering，Tokyo，2-10

Ashraf M，Khan A N，Naseer A et al.，2012，Seismic Behavior of Unreinforced and Confined Brick Masonry Walls Before and After Ferrocement Overlay Retrofitting［J/OL］，International Journal of Architectural Heritage，6（6）：665-688

Benedetti D，Carydis P，Pezzoli P，1998，Shaking table tests on 24 simple masonry buildings［J］，Earthquake engineering & structural dynamics，27（1）：67-90

Brownell W E，2012，Structural clay products：vol 9［M］，Springer Science & Business Media

Corradi M，Tedeschi C，Binda L et al.，2008，Experimental evaluation of shear and compression strength of masonry wall before and after reinforcement：Deep repointing［J/OL］，Construction and Building Materials，22（4）：463-472

De Santis S，Casadei P，De Canio G et al.，2016，Seismic performance of masonry walls retrofitted with steel reinforced grout：Seismic Performance of Masonry Walls Retrofitted With SRG［J/OL］，Earthquake Engineering & Structural

Gkournelos P D，Triantafillou T C，Bournas D A，2022，Seismic upgrading of existing masonry structures：A state-of-the-art review［J/OL］，Soil Dynamics and Earthquake Engineering，161：107428

Huang X，Birman V，Nanni A et al.，2005，Properties and potential for application of steel reinforced polymer and steel reinforced grout composites［J］，Composites Part B：Engineering，36（1）：73-82

Jin Y H，Zhou Z Y，Bao B L et al.，2023，Experimental study on the seismic performance of clay brick masonry wall strengthened with stainless steel strips［J/OL］，Journal of Building Engineering，69：106076

Kadam S B，Singh Y，Li B，2014，Strengthening of unreinforced masonry using welded wire mesh and micro-concrete-Behaviour under in-plane action［J/OL］，Construction and Building Materials，54：247-257

Mayorca P，Meguro K，2003，Proposal of a new economic retrofitting method for masonry structures［C］//Proceedings of the 27th JSCE Symposium of Earthquake Engineering

Rashidov T，Rasskazovsky V T，Abdurashidov K S，1974，Consequences of Tashkent Earthquake 1966 and Testing of Restored Brick Walls［C］//Proceedings of the 5th World Conference on Earthquake Engineering，Roma

Sathiparan N，2020，State of art review on PP-band retrofitting for masonry structures［J/OL］，Innovative Infrastructure Solutions，5（2）：62

Sathiparan N，Meguro K，2013，Shear and Flexural Bending Strength of Masonry Wall Retrofitted Using PP-band Mesh［J］，（1）：11

Sayin B，Yildizlar B，Akcay C et al.，2019，The retrofitting of historical masonry buildings with insufficient seismic resistance using conventional and non-conventional techniques［J/OL］，Engineering Failure Analysis，97：454-463

Seki M，Miyazaki M，Tsuneki Y et al.，2000，A masonry school building retrofitted by base isolation technology［C］//Proceedings of the 12th World Conference on Earthquake Engineering

Tumialan G，Huang P C，Nanni A et al.，2001，Strengthening of Masonry Walls by FRP Structural Repointing［J］，11

第3章 多高层钢筋混凝土结构加固技术

3.1 钢筋混凝土结构基本概述

3.1.1 钢筋混凝土结构定义

一般来说，混凝土结构是由不同的混凝土结构构件组合而成的、能满足建筑和结构功能要求的结构体系，这些混凝土结构构件主要包括板、梁、柱、墙和基础等（顾祥林等，2011）。而根据混凝土材料是否配筋以及钢筋的受力特征，混凝土结构又包括素混凝土结构、钢筋混凝土结构和预应力混凝土结构等三种形式。

素混凝土结构，即无筋或不配置受力钢筋的混凝土结构，而如果配置受力的普通钢筋、钢筋网或钢筋骨架，则称为钢筋混凝土结构；通过张拉或其他方法建立预加应力的混凝土结构称为预应力钢筋混凝土结构（《混凝土结构设计规范》（GB 50010—2010））。目前，建筑结构中应用最广泛的是钢筋混凝土结构（Reinforced Concrete Structure），而素混凝土结构多见于大坝等水利工程，预应力钢筋混凝土结构多见于桥梁工程。

3.1.2 钢筋混凝土结构发展

钢筋混凝土结构具有坚固、耐久、防火性能好、节省钢材和成本低等优点。目前在中国，钢筋混凝土结构是应用最多的一种结构形式，同时中国也是世界上使用钢筋混凝土结构最多的国家。以下将从钢筋混凝土材料及结构在国外的起源与发展，以及该结构类型在国内的发展历程展开介绍。

1. 钢筋混凝土材料及结构的起源与发展

混凝土材料历史悠久，早期所用的胶凝材料包括黏土、石灰、石膏、火山灰等。近代以来，经过了约翰·斯密顿（John Smeaton）和詹姆斯·帕克（James Parker）等的试作阶段，1824年英国烧瓦工人约瑟夫·阿斯谱丁（Joseph Aspdin）调配石灰岩和黏土，首次烧成了人工的硅酸盐水泥，并获得专利，成为水泥工业的开端。由于用水泥配制成的混凝土具有工程所需要的抗压强度和耐久性，而且原料易得、造价低廉、能耗较低，因而自其诞生之初应用极为广泛。然而，混凝土材料本身抗拉强度较低，这成为其在建筑工程领域，尤其结构抗震方面发展的桎梏。

钢筋混凝土的发明克服了混凝土抗拉强度低的问题。通常人们认为钢筋混凝土的发明始于1848年法国园丁约瑟夫·莫尼哀（Joseph Monier），受打碎的花盆里花木的根系把松软的泥土牢牢地连在一起这一现象的启发，将铁丝仿照花木根系编成网状，然后和水泥、砂石一起搅拌，做成十分牢固的花坛，如图 3.1-1 所示，随后其将这种理念应用于公路混凝土护栏的设计。1875 年，莫尼哀主持建造了世界上第一座钢筋混凝土大桥，桥长 16m、宽 4m，为人行拱式体系桥，如图 3.1-2。

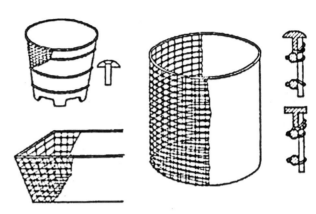

图 3.1-1　约瑟夫·莫尼哀和他的钢筋混凝土花盆的设计图纸

图 3.1-2　约瑟夫·莫尼哀主持建造的首座钢筋混凝土桥

　　人们希望把钢筋混凝土这种材料应用到更大型的建筑物上，但起初对铁丝和水泥的热胀冷缩问题有所担心。然而，事实上钢筋和混凝土的温度缩胀率十分相近，而且钢筋和混凝土之间有着优良的粘结力。由此，钢筋混凝土的发明以及 19 世纪中叶钢材在建筑业中的应用使混凝土建筑及高层建筑的建造成为可能。1867 年，法国工程师弗朗索瓦·埃纳比克（Francois Hennebique）在巴黎博览会上受到莫尼哀的启发，设法把这种材料应用于房屋建筑上。据相关文献记载，世界上第一座钢筋混凝土结构建筑于 1872 年在美国纽约落成，开辟了人类建筑史上一个崭新的纪元。1879 年，埃纳比克开始制造钢筋混凝土楼板，并发展至整套建筑中使用。仅几年后，便在巴黎建造公寓大楼时采用了经过改善、迄今仍普遍使用的钢筋混凝土柱、横梁和楼板。1900 年后，钢筋混凝土结构在工程界开始大规模应用，并相继出现了轻集料混凝土、加气混凝土及其他混凝土，各种混凝土外加剂也开始使用。

　　1928 年，预应力钢筋混凝土结构形式出现，并于二次世界大战后被广泛地应用于工程实践。20 世纪 60 年代以来，减水剂等添加剂得到了广泛应用，并出现了高效减水剂和相应的流态混凝土；高分子材料进入混凝土材料领域，出现了聚合物混凝土；多种纤维被用于分散配筋的纤维混凝土等。

2. 钢筋混凝土结构在我国的起源与发展

我国在 1876 年开始生产水泥，在 20 世纪初的上海和广州，钢筋混凝土技术率先得到应用。于 1922 年建成的南方大厦被认为是中国第一座钢筋混凝土结构高层楼房，大楼高 65m，有 12 层，起初被当作百货商场、酒店使用。1938 年 10 月大厦被焚毁，只剩下烧焦的骨架。1954 年 3 月重修加固，外观保持原貌，并易名"南方大厦"，并一直沿用至今，如图 3.1-3。

图 3.1-3　南方大厦不同时期外景

(a) 1938 年大火后的南方大厦；(b) 50 年代重修后的南方大厦；(c) 南方大厦现状；(d) 南方大厦现状

从 1950 年，我国开始兴建高层建筑。1960 年在北京建成了几栋钢筋混凝土高层公共建筑，如民族饭店（12 层）、民航大楼（15 层）和广州宾馆（27 层）。1970 年，一批剪力墙结构住宅在上海和北京建成，层数为 12～16 层。改革开放后，混凝土结构如雨后春笋般涌现，我国也建成了一些标志性混凝土建筑。20 世纪 80 年代末建成了白云宾馆，层数为 33 层，高度为 114m，从此开始我国高层建筑开始突破 100m 大关。1997 年建成的位于广州市天河区的中信广场（图 3.1-4）是当今世界上现存最高的纯混凝土结构写字楼，该建筑主楼高度 391m，共 80 层。位于上海陆家嘴金融贸易区的上海中心大厦（图 3.1-5）主体结构为"型钢混凝土巨型框架-钢筋混凝土核心筒"，地上 127 层，地下 5 层，建筑高度 632m，是中国的第一高楼。可见，钢筋混凝土在众多建材中仍然占有重要的地位，在未来的建筑道路上，钢筋混凝土结构依然会稳定地向前发展。

图 3.1-4　广州中信广场

图 3.1-5　上海中心大厦

3.1.3　钢筋混凝土结构分类

钢筋混凝土结构形式按照结构受力特点划分为拱结构、排架结构、框架结构、板柱结构、剪力墙结构、框-剪结构、筒体结构（包括框架-核心筒、框筒、筒中筒、束筒等）、巨型框架-核心筒结构等。其中应用最广泛的结构形式有：框架结构、剪力墙结构、框架-剪力墙结构、筒体结构以及巨型框架-核心筒结构，以下分别进行详细介绍。

1. 框架结构

框架结构是利用梁、柱组成的纵、横向框架，承受竖向荷载及水平荷载的结构，如图 3.1-6。该结构形式在商业建筑、办公建筑、教育建筑中应用最为广泛。按施工方法可分为全现浇、半现浇、装配式和半装配式四种结构。框架结构建筑平面的布置比较灵活，建筑使用空间较大，建筑立面较为规则。但是，因为侧向刚度比较小，当层数过多时，就会产生过大的侧移，遭遇地震作用时易引起非结构性构件（如隔墙、装饰等）破坏，从而影响使用要求。

图 3.1-6　钢筋混凝土框架结构

2. 剪力墙结构

剪力墙结构是利用建筑物的纵、横墙体承受竖向荷载及水平荷载的结构，如图 3.1-7。纵、横墙体既可作为维护墙也可用于分隔房间。剪力墙结构的优点是侧向刚度大，在水平荷载（风和地震）作用下侧移小；缺点是剪力墙间距小，建筑平面布置不方便，结构自重也较大。剪力墙结构平面布置规整，划分的空间近乎"盒式"，因此在住宅建筑中应用最为广泛。

图 3.1-7　钢筋混凝土剪力墙结构

3. 框架-剪力墙结构

框架-剪力墙结构是在框架结构中设置适当剪力墙的结构，既具备了框架结构的优点，又综合了剪力墙结构的优势。在框架-剪力墙结构中，剪力墙主要承受水平荷载，框架和剪力墙共同承担竖向荷载，如图 3.1-8。框架-剪力墙结构一般用于 10~20 层的建筑，在医院、办公楼中应用较为广泛。

图 3.1-8　框架-剪力墙结构

4. 筒体结构

筒体结构可分为框架-核心筒结构，框筒结构，筒中筒结构，束筒结构等，如图 3.1-9 所示。其中框架-核心筒结构应用最为广泛，该结构由内筒与外框架组成，结构受力特点与框架-剪力墙结构较为接近，适用于 10~30 层的房屋。框筒结构及筒中筒结构，有内筒和外筒两种，内筒一般由电梯间/楼梯间组成，外筒一般为密排柱与窗裙梁组成，可视为开窗洞的筒体。内筒与外筒用楼盖连接成一个整体，共同抵抗竖向荷载及水平荷载。这种结构体系的刚度和承载力都很大，适用于 30~50 层的房屋。

束筒结构也称为组合筒结构。当建筑平面较大时，为减小外墙在侧向力作用下的变形，将建筑平面按模数网格布置，使外部框架式筒体和内部纵横剪力墙（或密排的柱）成为组合筒体群，增强建筑物的刚度和抗侧向力的能力。束筒结构可组成任何建筑外形，并能适应不同高度的体型组合的需要，丰富了建筑的外观。美国芝加哥 110 层的西尔斯大厦就是束筒结构的典型案例。

5. 巨型框架-核心筒结构

在超高层建筑领域，带伸臂桁架的巨型框架-核心筒结构得到了广泛的应用，其受力特点是加强层伸臂桁架及其连接的巨柱、核心筒弯曲刚度极大，近乎平截面假定，侧向荷载产生的转角引起巨柱的拉伸和压缩，由于巨柱间力臂较大，从而提供巨大的抗倾覆力矩，大大减少核心筒的倾覆力矩。巨型框架-核心筒结构示意如图 3.1-10 所示。

图 3.1-9　筒体结构

（a）框架-核心筒结构；（b）框筒结构（济南绿地山东国际金融中心）；（c）框筒结构（深圳湾华润总部）；
（d）筒中筒结构（北京中国尊）；（e）筒中筒结构（天津 117）；（f）筒中筒（广州西塔）

3.1.4　钢筋混凝土结构常见损伤与破坏

钢筋混凝土结构由于施工质量问题、环境腐蚀作用以及地震等灾害作用，表现出不同类型的损伤及破坏。这些损伤和破坏对于混凝土的安全使用及抗震性能有着重要的影响。钢筋混凝土结构在施工、使用过程中产生的锈蚀、开裂、表面缺陷等问题在 3.2.1 节进行了详细介绍，以下将重点阐述地震现场常见的建筑结构震害特征。

1. 框架柱破坏（剪压破坏、压弯破坏以及剪切破坏）

框架结构的主体承重体系在遭受地震作用时，框架柱易发生破坏，梁端破坏较少出现，呈现出"强柱弱梁"式的震害形式。框架柱破坏多发生在底层和刚度突变层，震害常见于

(a)　　　　　　　　　　(b)　　　　　　　　　　(c)

图 3.1-10　巨型框架-核心筒结构
（a）长沙国金中心；（b）上海中心；（c）武汉绿地中心

柱头和柱根部位置。当底层空旷时，柱头更易发生破坏。角柱因承受了较大的扭转作用，其震害明显重于内柱，此现象尤其出现在平面不规则结构中。总结实际震害现象，可分为如下破坏形式：

1）剪压破坏

由于柱子截面较小，且箍筋间距过大，约束不足，致使混凝土的抗压强度较低，在地震作用下柱子易发生剪压破坏。典型框架柱剪压破坏如图 3.1-11a 所示。

2）压弯破坏

当竖向荷载较大时，柱子截面较小导致轴压比超限，在弯矩和竖向荷载的反复共同作用下，柱头的混凝土压碎，钢筋屈曲，箍筋外鼓或绷断，发生压弯破坏。典型框架柱压弯破坏如图 3.1-11b 所示。

3）剪切破坏

当框架填充墙采用普通黏土砖时，在地震作用下，填充墙容易引起柱头的剪切破坏。这种破坏模式在高烈度区和低烈度区均有发生。典型框架柱剪切破坏如图 3.1-11c、d 所示。

此外，由于墙体或其他构件的约束作用、楼层或楼梯错层等，一些结构的承重柱易成为短柱。与承重柱相比，短柱的有效长度大幅度减少，实际剪跨比减小，一方面柱的抗侧刚度增大，在地震作用下吸收更多的能量，另一方面短柱的侧向变形能力小，易发生脆性剪切破坏。

2. 框架梁-柱节点破坏

震害表明，框架梁柱节点目前仍是框架结构的主要震害部位，且角柱节点更易发生破坏，严重的节点破坏会导致整个建筑结构的倒塌。以下框架节点是指现浇框架梁柱节点，具体为：梁和柱相交的节点核心区。通过分析震害资料可知，节点破坏包括节点核心区和其相

图 3.1-11　钢筋混凝土结构框架柱典型震害

(a) 汶川地震中框架柱剪压破坏；(b) 汶川地震中框架柱压弯破坏；(c) 芦山地震中
双石小学逸夫楼柱端剪切破坏；(d) 台湾集集地震人乘寺文殊院的短柱破坏

连接的梁柱两端的破坏，主要的破坏形式包括两种：一为节点核心区的剪切破坏，在水平地震作用下，框架结构产生剪切型变形，由于箍筋不足等引起节点核心区混凝土框剪强度不足，产生对角交叉或斜裂缝，严重时柱筋被压屈呈灯笼状；二为锚固破坏，在往复地震作用下，梁筋与混凝土发生粘结滑移，甚至与节点脱离，而此时梁内钢筋尚未达到屈服强度。框架梁柱节点典型震害如图 3.1-12 所示。

3. 框架梁破坏

实际震害表明，框架结构理想的设计里面"强柱弱梁"并未得到很好的实现，震后除了重灾区的有些建筑的梁出现了震害，在其他烈度区，与柱和节点相比，梁的震害现象较少。梁呈现的破坏形式为：由于梁端箍筋间距过大或箍筋过细，梁端部出现近 45° 的斜裂缝及交叉剪切裂缝。框架梁典型震害如图 3.1-13 所示。

4. 剪力墙破坏

剪力墙作为框架-剪力墙结构的第一道抗震防线，往往率先发生破坏，通常发生在连梁或墙肢上。剪力墙常常开设门窗洞口，形成了高跨比较高的梁，即为连梁；墙肢是指洞口将剪力墙分成左右两片，形成了联肢墙，简称墙肢。

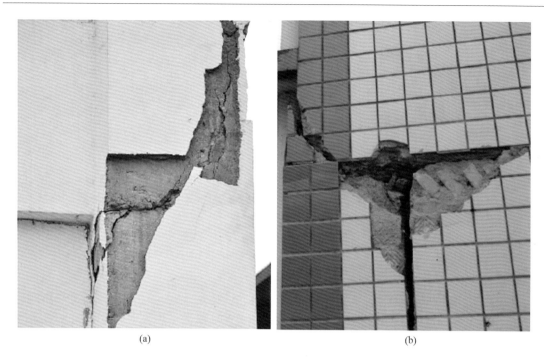

(a)　　　　　　　　　　　　　　　　　(b)

图 3.1-12　钢筋混凝土结构梁-柱节点典型震害

（a）芦山地震龙门中学教学楼角柱节点破坏；（b）双石小学逸夫楼节点破坏

图 3.1-13　地震中框架结构梁的破坏

　　剪力墙破坏的形式主要有：底层剪力墙根部或墙肢斜向裂缝；剪力墙根部混凝土大片压碎剥落，钢筋屈曲；剪力墙墙肢之间的连梁端部出现塑性铰；连梁中部产生 X 形剪切裂缝。连梁的破坏并不会导致建筑物倒塌，而剪力墙墙肢破坏则潜藏着建筑物倒塌的可能性。剪力墙典型震害如图 3.1-14 所示。

5. 填充墙、构造柱和水平系梁破坏

　　填充墙是钢筋混凝土框架结构的第一道抗震防线。实际震害也表明，在各个烈度区钢筋混凝土框架结构的填充墙遭受了不同程度的破坏。其破坏形式表现为两方面：一方面为填充

图 3.1-14　剪力墙典型震害

(a) 汶川地震某框剪结构连梁破坏；(b) 汶川地震某框剪结构墙肢破坏

墙产生斜裂缝和 X 形裂缝，裂缝的产生是由于填充墙体的主拉应力超过砌体的抗拉强度，从而产生自上而下的 45°斜裂缝或 X 形裂缝。此外，某些结构的填充墙因需要而开槽铺设管道，在开槽处由于界面变薄产生应力集中，从而产生较重破坏；另一方面为填充墙与框架主体间产生裂缝。填充墙体与主体结构没有可靠的拉结，或拉结部位没有采取必要的加强措施（如缺少拉结筋、拉结筋长度不够或间距过大等）时，在垂直墙面方向地震力作用下，墙体与框架主体间产生水平或垂直裂缝，墙体角部砌块掉落，破坏严重时整片填充墙体易发生倾覆。填充墙典型震害如图 3.1-15 所示。

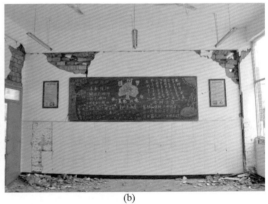

图 3.1-15　钢筋混凝土结构填充墙典型震害

(a) 汶川地震某框架结构填充墙体破坏严重图；(b) 上里中学教学楼填充墙角部砌块掉落

6. 楼梯间破坏

钢筋混凝土结构中，尤其是框架结构中的板式楼梯在地震中破坏表现较为严重。其产生的原因为：楼梯间构件与主体之间采用整浇形式，梯板作为斜支撑参与抗侧力作用，楼梯间因刚度大承受较多的地震力，而现行楼梯设计方法并未考虑这一作用。因此，地震作用下斜向梯段因层间发生剪切变形而承受拉力和压力的交替作用发生破坏，两个梯板之间的拉压错动使得平台梁和板承受剪力、弯矩和扭矩的复合作用而破坏。楼梯间的破坏形式包含如下四方面：

1）梯段板破坏

包括梯板断裂、梯板底部混凝土脱落、底部受力钢筋屈服拉断等。楼梯板典型破坏如图3.1-16a 所示。

2）梯梁和平台板破坏

梯梁在梯井处产生以扭剪为主的破坏，节点两端混凝土酥碎；平台板沿梯梁边缘受拉产生裂缝，梯梁跨中裂缝在平台板的延伸，悬挑平台板受弯破坏。梯梁和平台板典型破坏如图3.1-16b 所示。

3）梯柱破坏

该现象通常发生在顶部，此外，梯柱受到休息平台的约束易形成短柱而破坏。梯柱典型破坏如图 3.1-16c 所示。

(a)　　　　　　　　　　　　　(b)

(c)　　　　　　　　　　　　　(d)

图 3.1-16　钢筋混凝土结构楼梯间典型震害

（a）梯段板破坏；（b）梯梁和平台板破坏；（c）梯柱破坏；（d）楼梯间墙体破坏

4）楼梯间墙体破坏

楼梯间墙体高度较大，且没有楼板支撑的约束，此外，楼梯踏步嵌入墙体削弱了墙体界面，使得楼梯间墙体更易破坏。楼梯间墙体典型破坏如图 3.1-16d 所示。

3.2　钢筋混凝土结构常用加固技术

钢筋混凝土结构房屋在正常使用时在出现变形或裂缝、改变设计使用功能、达到或接近设计使用年限等原因需进行结构检测鉴定，经鉴定后房屋按照结构受损情况采取相应的修复加固措施：

（1）对于施工或使用过程中出现的表面缺陷、结构损伤或钢筋锈蚀等不影响结构使用的缺陷，可根据成因采取相应的构件修复技术进行处理，即"构件修复"。

（2）当主要承重构件不满足承载力或抗震需求时，可直接对构件进行加固，从而提升构件的承载力、延性与耗能能力，即"构件加固"。

（3）当仅通过构件加固无法达到安全使用要求或抗震设防目标时，可采用增设支点加固、减震、隔震等改变结构体系方法进行加固消耗地震能量，达到抗震加固目的，即"结构体系加固"。

在实际加固工程中，应基于既有建筑现状，结合检测与鉴定结论，制定多手段并行的综合加固方案。

本章拟讨论的钢筋混凝土结构常见加固技术框架如图 3.2-1 所示。

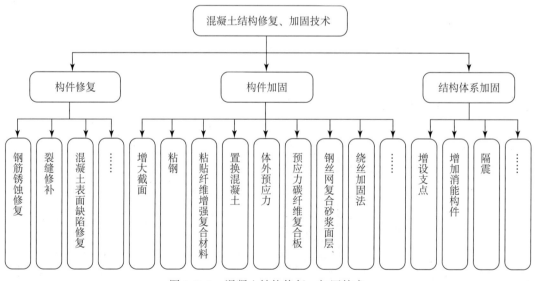

图 3.2-1　混凝土结构修复、加固技术

3.2.1　钢筋混凝土构件修复技术

钢筋混凝土构件在使用过程中出现的钢筋锈蚀、裂缝以及施工遗留的表面缺陷等问题，将影响构件承载力，对结构抗震性能造成削弱。本节针对上述问题产生原因、检测技术进行分析介绍，并针对钢筋锈蚀修复技术、裂缝修补技术以及混凝土表面缺陷修复技术详细介绍常用的修复方法和施工工艺。

1. 钢筋锈蚀修复技术

钢筋混凝土材料在长期环境作用下，建筑结构构件耐久性能随着时间的流逝逐渐衰退。影响混凝土结构耐久性及承载性能的因素有很多，其中钢筋锈蚀会导致钢筋力学性能退化，降低与混凝土之间的粘结性，从而降低构件的承载能力，直接影响到结构的安全，钢筋锈蚀现象如图 3.2-2 所示。

图 3.2-2　钢筋锈蚀现象

1）钢筋锈蚀的类型与成因

混凝土中钢筋锈蚀的主要有以下两种原因：

（1）混凝土碳化引起的钢筋锈蚀。

水泥在水化中产生 $Ca(OH)_2$，使混凝土孔隙中含有大量的 OH^-，混凝土内部环境 pH 值处于 12.5~13.5。钢筋在这样的碱性环境中，表面能够形成钝化膜，保护钢筋不锈蚀。当混凝土周围介质中的 CO_2 渗入混凝土中，不断消耗 OH^-，钝化膜被破坏，将引起钢筋锈蚀膨胀，混凝土开裂脱落，并进一步引发钢筋锈蚀。

（2）氯离子侵蚀引起的钢筋锈蚀。

由于 Cl^- 的半径小，活性大，具有很强的穿透钢筋表面钝化膜的能力，当混凝土中含有一定浓度的 Cl^- 时，它会吸附在钝化膜有缺陷的地方，导致钢筋表面的钝化膜局部破坏，继而出现电化学反应，使钢筋产生严重的坑蚀、锈蚀现象。在这种化学反应中，Cl^- 不会被消耗，它相当于搬运工，会持续造成钢筋锈蚀。我们平时所说的海砂造成的钢筋锈蚀就是这种情况。

这两种原因造成的钢筋锈蚀存在着明显的差异，日常发现的混凝土结构钢筋锈蚀多为碳化造成的。

2）常见钢筋锈蚀修复技术

钢筋锈蚀成为当今世界影响混凝土耐久性的主要因素，钢筋锈蚀会引起钢筋混凝土结构的过早破坏。在 1991 年召开的第二届混凝土耐久性国际学术会议上，美国教授梅塔（P. K. Mehta）就将钢筋锈蚀列为比寒冻和侵蚀破坏更为严重的混凝土破坏的原因。混凝土结构中钢筋锈蚀的修复技术主要有材料替换、渗入钢筋阻锈剂、电化学修复钢筋锈蚀技术等方法（熊焱等，2008）。

（1）材料替换。

目前，人们所熟悉的传统维修技术就是对已碳化或已受到氯离子污染的混凝土进行材料替换，包括更换已破坏的构件和修补混凝土等。此法适用于那些有明显破坏迹象的混凝土结构，比如混凝土已经锈胀开裂。使用传统材料替换的修复方法后，虽然修补质量较好，此处钢筋不再可能出现锈蚀，但修补处的砂浆或混凝土与周围混凝土含盐量不同，密实性差，有可能构成新的宏观腐蚀电偶。钢筋锈蚀替换修复示意如图 3.2-3a 所示。

图 3.2-3　钢筋锈蚀修复
（a）钢筋替换；（b）掺入钢筋除锈剂；（c）钢筋混凝土的阴极保护

（2）渗入钢筋阻锈剂。

先用高压水、喷砂或磨刷除去混凝土表面油污和原有涂层，剔除修复局部劣化混凝土，如空鼓起壳、剥落和顺筋裂缝等，然后在混凝土表面涂抹阻锈剂；经过一段时间后，阻锈剂渗透到混凝土内部，并达到钢筋周围，能对阳极区和阴极区同时保护。随着我国大规模建设和面对众多老建筑物的修复工程，钢筋阻锈剂作为提高结构耐久性的有效措施之一，将得到更大的发展应用。钢筋锈蚀除锈剂修复示意如图 3.2-3b 所示。

（3）电化学修复钢筋锈蚀技术。

电化学修复钢筋锈蚀技术包括阴极保护、电化学除盐、电化学再碱化等。钢筋锈蚀阴极保护修复示意如图 3.2-3c 所示。

2. 混凝土裂缝修补技术

混凝土建筑结构在实际使用过程中难以避免地会出现一定程度的裂缝现象，裂缝将导致工程结构的安全性及耐久性受到损害，严重时甚至使其安全承载能力降低，出现风险较大的安全隐患。

1）混凝土裂缝的类型与成因

混凝土的裂缝通常分为微裂缝和宏观裂缝两种，其中：

混凝土微裂缝的宽度小于 0.05mm，肉眼是看不见的。微裂缝在混凝土中的分布既不规则也不贯通，因此只有微裂缝的混凝土仍是可以承受拉力的，微裂缝对混凝土的承重、防渗漏、防腐蚀等使用功能没有危害性。这里所讨论的混凝土建筑实体的裂缝现象，指的是人类肉眼在一般性光照条件之下可以清晰辨识的宏观性裂缝（裂缝测量宽度在 0.05mm 之上）。

宏观裂缝现象是病害，是混凝土建筑结构在施工建设以及实际使用过程中最为常见的一种技术缺陷现象。宏观裂缝根据不同的状态可分为静止裂缝、活动裂缝以及尚在发展裂缝，又可根据损伤机理的不同分为非结构性裂缝以及结构性裂缝，详见图 3.2-4。其中，静止裂缝是混凝土结构中最为常见的裂缝；其形态、尺寸和数量均已稳定不再发展，修复时需依据不同的裂缝粗细选择不同的修复技术。

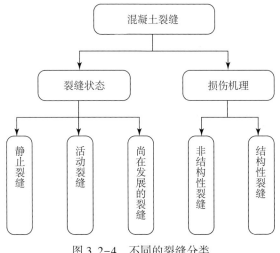

图 3.2-4　不同的裂缝分类

混凝土结构常见的裂缝形态见图 3.2-5。对于"宏观裂缝",其成因复杂、繁多,有时多种因素互相影响,主要原因一般可分为以下几类(王永彪,2010):

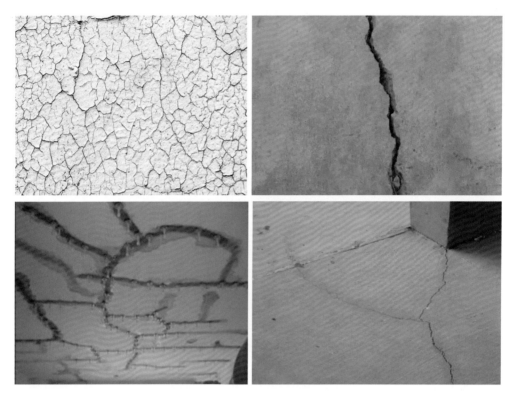

图 3.2-5　混凝土结构裂缝形态

(1)环境因素引起的裂缝。

温差影响,特别是昼夜间的温度变化较大引起的混凝土内应力及约束应力而产生的裂纹。风的影响,风能使混凝土表面水分迅速蒸发,从而引起混凝土的表面干裂,并在多种因素的影响下进一步发展。同时,风还能使混凝土表面热量迅速扩散,引起混凝土内外温差过大,从而导致裂缝形成。

(2)混凝土收缩引起的裂缝。

混凝土在凝结硬化过程中产生体积变化(多指收缩),当混凝土产生收缩而结构又受约束时,就可能会产生收缩裂缝。与温度应力相比,收缩裂缝作用较弱,收缩引起的应力一般只相当于温度引起应力的 10%~30%。

(3)混凝土碱骨料反应(AAR)引起的裂缝。

混凝土中的碱性物质同骨料中活性硅成分之间的反应就是碱骨料反应,这种反应是有害的,会使混凝土结构出现膨胀裂缝。

(4)人为因素。

支模拆模或混凝土施工过程中一些不合理的操作等偶然荷载因素会对混凝土造成损伤。拆模时间过早,混凝土结构还不能承受结构自身的重量;拆模时温差太大,没有对混凝土进行迅速覆盖；混凝土施工过程中因故中断时间间隔太长；混凝土材料或拌合质量形成前后两批混凝土性能差别太大等人为因素都可能产生混凝土裂缝。

2）常见混凝土裂缝修补技术

承重构件混凝土裂缝修补时，对承载力不足引起的裂缝，除了对裂缝进行修补外，尚应采用适当的加固方法进行加固（丁小辉等，2009），如图 3.2-6 所示。经可靠性鉴定确认为必须修补的裂缝，应根据裂缝种类进行修补设计，确定修补材料、修补方法和修补时间。基于上述不同类型的裂缝，需要根据其特征采用不同修复机理的裂缝修补方法，常见的技术包括以下几种类型：

图 3.2-6　混凝土裂缝修补技术

（1）表面封闭法。

利用混凝土表层微细独立裂缝（裂缝宽度 $w \leqslant 0.2mm$）或网状裂纹的毛细作用吸收低粘度且具有良好渗透性的修补胶液，封闭裂缝通道。对楼板和其他需要防渗的部位，尚应在混凝土表面粘贴纤维复合材料以增强封护作用。

（2）注射法。

以一定的压力将低粘度、高强度的裂缝修补胶液注入裂缝腔内；此方法适用于 $0.1 \leqslant w \leqslant 1.5mm$ 静止的独立裂缝、贯穿性裂缝以及蜂窝状局部缺陷的补强和封闭。注射前，应按修补材料产品说明书的规定，对裂缝周边进行密封。

（3）压力注浆法。

在一定时间内，以较高压力（按产品使刚说明书确定）将修补裂缝用的注浆料压入裂缝腔内；此法适用于处理大型结构贯穿性裂缝、大体积混凝土的蜂窝状严重缺陷以及深而蜿蜒的裂缝。

（4）填充密封法。

在构件表面沿裂缝走向骑缝凿出槽深和槽宽分别不小于 20mm 和 15mm 的 U 形沟槽，然后用改性环氧树脂或弹性填缝材料充填，并粘贴纤维复合材以封闭其表面；此法适用于处理 $w>0.5mm$ 的活动裂缝和静止裂缝。填充完毕后，其表面应做防护层。

决定上述裂缝修复技术适用性及效果的因素在于结构损伤状态、施工工艺、修补材料等，其中常见的修复材料类型包括：

（1）改性环氧树脂类、改性丙烯酸酯类、改性聚氨酯类等的修补胶液（包括配套的打底胶和修补胶）和聚合物注浆料等的合成树脂类修补材料，适用于裂缝的封闭或补强，可采用表面封闭法、注射法或压力注浆法进行修补。

（2）无流动性的有机硅酮、聚硫橡胶、改性丙烯酸酮、聚氨酯等柔性的嵌缝密封胶类修补材料，适用于活动裂缝的修补，以及混凝土与其他材料接缝界面干缩性裂隙的封堵。

（3）超细无收缩水泥注浆料、改性聚合物水泥注浆料以及不回缩微膨胀水泥等的无机胶凝材料类修补材料，适用于 $w>1mm$ 的静止裂缝的修补。

（4）玻璃或玻璃纤维织物、碳纤维织物组成的纤维复合材与其适配的胶粘剂，适用于裂缝表面的封护与增强。

3. 混凝土表面缺陷修复技术

混凝土在施工中可以采取各种措施避免混凝土表面缺陷的发生，但缺陷仍时有出现，如图 3.2-7 所示。主要原因是其影响因素复杂，混凝土浇筑后偶尔有缺陷产生，在既有结构检查后应及时对混凝土表面缺陷进行修复。

1）混凝土表面缺陷的类型和成因

（1）麻面。

麻面是混凝土表面局部缺浆粗糙或有小凹坑、气泡现象。其主要原因是：①模板表面不光滑，有硬水泥浆垢未清除干净；②脱模剂涂抹不均；③模板补缝不严密而轻微漏浆；④木模干燥吸水；⑤斜面模板混凝土振捣不充分，气泡未排出。

（2）露筋。

露筋是混凝土表面有钢筋露出，其主要原因是：①钢筋的垫块移位或漏放；②振捣棒或料罐等设备损坏了钢筋；③骨料粒径偏大，振捣不充分，混凝土与钢筋处架空造成钢筋与模板间无混凝土。

（3）蜂窝。

蜂窝就是混凝土结构中局部疏松，骨料集中而无砂浆，骨料间形成蜂窝状的孔穴。其主要原因是：①混凝土拌和不均，骨料与砂浆分离；②卸料高度偏大，料堆周边骨料集中而少砂浆，未作好平仓；③模板破损，漏浆严重；④振捣不充分，未达到返浆的程度。

（4）表面孔洞。

表面孔洞主要原因是：①振捣不充分或未振捣，特别是在仓面的边角和拉模筋、架立筋较多的部位容易发生；②混凝土中包有水或泥土。

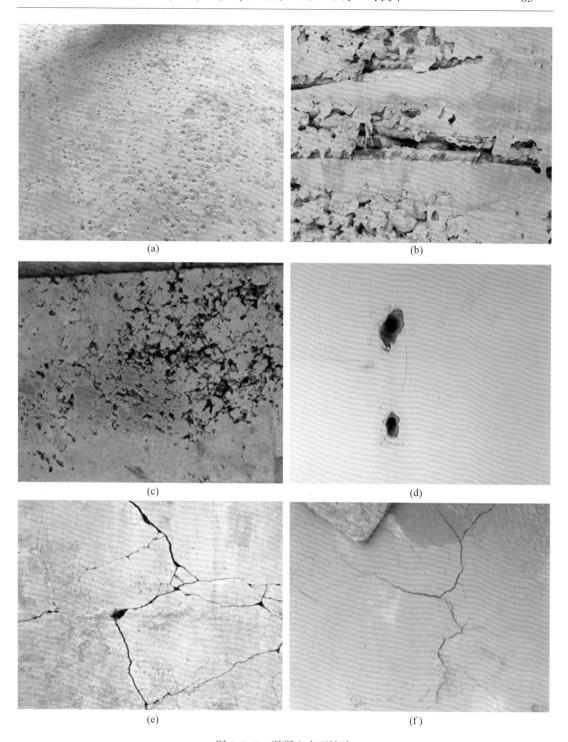

图 3.2-7　混凝土表面缺陷

（a）麻面；（b）露筋；（c）蜂窝；（d）表面打孔；（e）外力裂缝；（f）干缩裂缝

（5）裂缝。

裂缝分为干缩裂缝、温度裂缝和外力作用下产生的裂缝，其主要原因和修复方法可见前述内容。

2）混凝土表面缺陷的修复方法

混凝土表面修复技术示意如图 3.2-8 所示。混凝土表面不同的缺陷修复方法分别如下：

 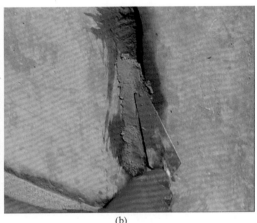

（a） (b)

图 3.2-8　混凝土表面修补技术

（a）刮涂环氧胶泥；（b）抹浆修复

（1）表面不平整、错台。

对表面不平整部位、错台的部位进行打磨处理，刮涂环氧胶泥。

（2）麻面、气泡和蜂窝。

采用抹浆修复的手段。修复时首先将缺陷部分清理干净，保持表面湿润而不能积水，然后用干净的麻布或橡胶海绵抹子在整个表面上擦抹砂浆，以填满所有的气孔和凹坑，所用的砂浆配比为 1：2，砂的最大尺寸小于 $600\mu m$，砂浆用水量要足以使其成为浓乳浆。开始擦抹前 24 小时，应采取遮蔽或喷雾的方法，保持待补表面局部周围环境温度不超过 10℃。当凹坑内的砂浆还具有塑性时，在表面上撒一层水泥和砂的干拌物后再打磨，配比与前述相同。

（3）局部架空、露筋。

先将缺陷部位凿成规则形状，用同一级配混凝土、预缩砂浆或环氧砂浆填补。凿除深度大于 4cm 或露筋的部位，需采用高强无收缩密实混凝土进行回填；对于凿除深度小于 4cm 的特殊缺陷，应采用聚合物砂浆进行喷涂处理。

（4）表面孔洞。

对包括膨胀螺栓孔、模板定位锥孔和冷却水管预留坑等在内的孔洞，可将混凝土基面凿毛，回填预缩砂浆或环氧砂浆。

（5）拉筋头。

采用角磨机将其磨除，且钢筋头低于周边混凝土 1~2mm，后采用环氧胶泥进行刮补。

3.2.2　钢筋混凝土构件加固技术

混凝土构件加固技术从构件加固原理大致可分为增大截面加固技术、粘钢加固技术、粘贴纤维增强复合材料加固技术、置换混凝土加固、体外预应力加固、预应力碳纤维复合板加固、预张紧钢丝绳网片-聚合物砂浆面层加固、绕丝加固等方法，其中前四种加固方法最为常用。

1. 增大截面加固技术

增大截面加固技术，也称为外包混凝土加固技术，是指在原混凝土构件外部增加构件配筋并叠浇新的钢筋混凝土，从而加大原构件的混凝土截面尺寸，用以提高构件的强度、刚度、稳定性和抗裂性，以期达到提高构件的承载力、提高构件抗裂性、降低柱子长细比等目的。该技术亦可也可用来修补裂缝。

增大截面加固技术适用范围较广，可加固板、梁、柱、基础和屋架等，如图3.2-9所示。根据构件的受力特点、加固目的、构件几何尺寸、施工方便等要求可设计为单侧、双侧或三侧加固，也可采用四侧包套加固方式。根据加固目的的不同，增大截面加固技术又可分为加大截面为主的加固、加配筋为主的加固以及两者兼备的加固。加大截面为主的加固，为保证补加混凝土正常工作，也需适当配置构造钢筋。加配筋为主的加固，为了保证配筋的正常工作，需按钢筋的间距和保护层等构造要求适当增大截面尺寸，加固中应将钢筋与原钢筋进行焊接，作好新旧混凝土的结合。

(a)　　　　　　　　　　　　　　　(b)

图3.2-9　增大截面加固技术

（a）柱增大截面加固；（b）梁增大截面加固

1）发展沿革

增大截面加固技术是一种传统的加固方法，最早的加固处理可以追溯到20世纪50年代（《混凝土结构加固技术规范》（CECS 25：90））。增大截面法加固框架梁、柱的研究开始较早且研究结果比较完善，早期的研究方向是对于各种不同的结构构件在采用增大截面加固后的承载力计算问题，主要在桥梁加固补修中应用较多（陈万春等，2002）。

我国最早的加固设计理念是在 1975 年根据前苏联相关文献资料发展而来，其中增大截面法加固后的结构构件采用叠合结构平截面假定的计算方法，实际强度与计算理论基本相符。1985 年大量土木工程领域研究学者对建筑结构加固技术的开展研究，在查阅总结国外对于框架结构梁、板、柱的加固研究成果的基础上，提出了对于不同类型的结构构件宜采用不同方法来增大构件的截面面积。随着研究的逐渐深入，研究学者在设计理论中考虑了应力超前的现象，在加固后梁的受压区面积的计算问题上提出应该按照二次受力的叠合梁来计算其承载力，使计算理论与实际更加贴近，并一直延续至今，保障了工程质量及安全，为施工提供了标准化的理论指导（邢海灵，2003）。

近年来，随着结构加固行业的迅速发展，加固方法层出不穷，相应的加固理论的研究也越来越多。经过数十年的发展，增大截面加固技术已经非常成熟。李惠强（2002）在《建筑结构诊断鉴定与加固修复》一书中阐述了混凝土结构加固原理和基本原则，介绍了增大截面加固法加固钢筋混凝土结构的受压、受弯、受剪承载力的计算方法；卜良桃等（2002）在《建筑结构加固改造设计与施工》中详细介绍了加大截面法加固梁、板、柱及节点等结构构件的具体方法和施工工艺；当采用加大截面加固钢筋混凝土结构或构件时，其承载力计算按照现行国家标准《混凝土结构设计规范》的基本规定，并考虑新混凝土与原结构协同工作进行计算。赵志方等（1999a、b）深入研究了新旧混凝土界面的受力性能，证明粘结面主要受拉、剪和折等力作用。增大截面法在原构件上加固，新增加的混凝土和钢筋应力与原构件不同步，在加固时要做好原钢筋的应力控制，尽量使原构件与加固部分协同工作（洪刚，2004）。王玉岭、肖续文等（2010）结合实际项目编写的《既有建筑结构加固改造技术手册》中介绍了加大截面加固法的特点、适用范围、加固形式和基本要求，详细介绍了其构造要求和施工工艺，并结合工程实例进行了分析。

2）技术特点

增大截面加固是一种传统的加固方法，优点是工艺简单、使用面广，可广泛用于一般梁、板、柱、墙等混凝土结构的加固。但缺点是现场湿式作业工作量非常大，养护时间长，对生产和生活有一定影响，截面增大对结构外观和使用空间也有一定的影响。此外，增大截面方法的加固效果在较大程度上受制于原结构在加固时的应力水平、结构面构造处理、施工工艺、材料性能以及加固时是否能够卸荷等因素。

3）施工流程

增大截面法加固混凝土结构的一般流程包括：测量放线、钢筋表面处理、混凝土基层表面处理、钻孔植筋、插入钢筋绑扎、模板支设以及混凝土浇筑等。详见附录 2.1 "增大截面加固技术施工流程"。

4）工程案例

（1）黑龙江某多层混凝土框架柱加大截面加固：

黑龙江某多层混凝土框架结构建筑原设计使用功能为交通系统运政指挥中心，因故改为职业教育中心教学楼。屋面增加消防水箱间，荷载增加引起柱承载力不足，采用加大截面法对部分混凝土柱进行加固处理。预加固柱因与混凝土墙相连，故采用单侧加固方式，原柱截面为 500mm×500mm，单侧加大 100mm。施工时，应对原柱截面进行凿毛处理，露出原有箍筋，新增部分箍筋与原箍筋搭边焊接，现场照片见图 3.2-10。

图 3.2-10　混凝土柱加大截面

（2）黑龙江某学校食堂采用增大截面法加固工程实例：

黑龙江某学校食堂内装饰工程，因平面功能重新划分后增加隔墙引起混凝土梁承载力不足，采用加大截面法对混凝土梁进行加固，增大截面加固梁钢筋绑扎及加固施工现场见图 3.2-11。

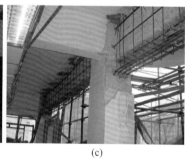

(a)　　　　　　　　　　(b)　　　　　　　　　　(c)

图 3.2-11　混凝土梁加大截面施工钢筋绑扎

（3）某高层建筑适用功能改变采用增大截面法加固工程实例（赵月明等，2022）：

某高层建筑设计于 1986 年，中部塔楼 11 层，两侧裙房 8 层。建筑平面长约 73.5m，宽约 50.6m，建筑高度 39m，主体结构采用框架-抗震墙结构形式。塔楼为筏板基础，两侧裙房为独立基础，根据业主要求该建筑改为康养用房。

经过对该建筑进行鉴定，主要问题为房屋总层数超出规范要求一层、部分框架梁、柱不满足抗震承载力要求、部分构件截面尺寸小于设计要求。根据鉴定结果，加固改造的主要内容为：原筏板基础截面加高；框架梁、柱截面增大、采用粘钢加固以及粘贴碳纤维加固。根据鉴定结果，改造后一至三层每层均存在框架柱轴压比不满足规范要求的情况，故采用增大截面法对其进行加固，如图 3.2-12 所示。

(a)　　　　　　　　　　(b)　　　　　　　　　　(c)

图 3.2-12　某高层建筑采用增大截面法加固部分柱

（a）绑扎钢筋；（b）支模、浇筑混凝土；（c）加固完成后的效果图

2. 粘钢加固技术

粘钢加固技术是应用较广泛的加固技术，按照所用钢材形状可分为粘贴型钢加固法和粘贴钢板加固法。其中：

外粘型钢加固法，是采用型钢外包于原混凝土构件，使原构件加固后的承载力得到较大提升的一种加固补强方法。加固后，外包钢构架可以部分或完全替代原构件进行工作，从而达到对原结构的加固补强目的。外粘型钢加固法按照施工工艺可分为干式外包钢加固及湿式外包钢加固。外粘型钢加固法经常用来对混凝土柱、梁进行加固，对于不同的截面其具体形式如图 3.2-13 所示。但不论是单面还是双面加固混凝土，均需在横向上设置采用角钢、扁钢或钢筋焊成的箍套。

粘贴钢板法，是将薄钢板用特制的胶粘剂粘贴在混凝土表面，使薄钢板与原混凝土在加固后整体协同工作，增强原结构的强度和刚度，相比外粘型钢来说是一种较新的建筑结构加固技术。该技术示意如图 3.2-14 所示。

1）发展沿革

在 1967 年，南非土木工程与建筑学院的弗莱明（Fleming）教授和金（King）教授开始了在素混凝土梁上外粘钢板加固补强的试验，试验的成功开启了建筑粘钢加固行业理论发展的序幕。1971 年美国加州的圣佛南多次发生地震，该地区的建筑物受到了严重的破坏，粘钢加固技术在震后修复加固工程中得到了实际应用。1983 年英国某一公路桥需要提高承载能力，英国赛菲尔大学结合前人的资料研究分析并成功应用粘贴钢板法提高了该桥梁的载重

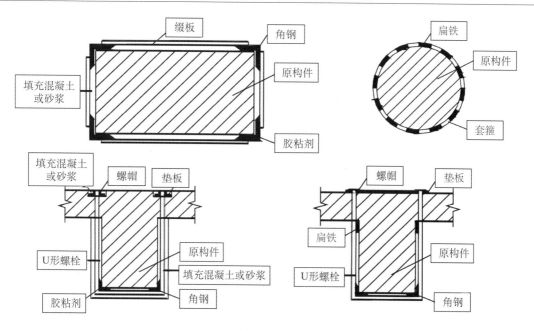

图 3.2-13 外包型钢加固混凝土示意

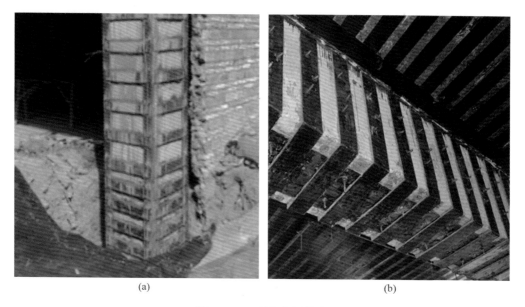

(a)   (b)

图 3.2-14 粘钢加固技术

（a）粘贴型钢加固技术；（b）粘贴钢板加固技术

量，同时也节省了材料，对桥梁自身的截面影响不大，粘钢加固技术成功地从实验室应用到实际工程，标志着粘钢加固技术发展的正式起步。在后续的十多年时间内，世界多国都开始了对粘贴钢板加固技术的研究。前苏联、美国、印度、德国等都对建筑物的加固方法（主要是粘贴钢板的加固方法）进行了大量的试验研究、理论分析和工程应用监测。1990 年

《钢板与钢板用粘接剂连接》（美国学者 Gus Trapani）发表后，人们开始对钢材与钢材间的粘接技术进行研究与应用。

国内对于粘钢加固技术的研究始于 20 世纪 70 年代，最初是在 1978 年辽阳石油化纤厂应用法国西卡杜尔–31 号胶对设计错误的钢筋混凝土梁进行粘钢加固补强。之后，随着中科院大连物化所和辽宁建筑科学研究所共同研制的 JGN–Ⅲ型建筑结构胶的成功，粘钢加固构件性能的研究与应用在我国迅速发展起来，成为建筑行业中一门重要的工程技术。

1985 年辽宁省建筑科学研究院首次编制了《钢筋混凝土受弯构件外部粘钢加固技术规定》。1989 年，由湖北省建研院牵头，联合清华大学、广西壮族自治区建研院、湖南省建研院、河南省建研院、武汉制漆二厂等六家单位组成中南地区粘钢加固技术课题研究协作组，对粘钢加固技术进行了较为全面的研究，内容包括钢板与混凝土粘结锚固、粘钢加固混凝土正截面和斜截面受力研究、受扭构件研究等，并在此基础上编写了相应规定（王淞生，1991）。

1990 年，四川省建筑科学研究院、清华大学、西安建筑科技大学、同济大学等多家科研院所对粘钢加固的方法、原理进行了更深次的研究，并完善了《混凝土结构加固技术规范》（CECS 25：90）中相应内容。在标准化方面美国已制定了建筑结构胶粘剂质量标准，日本已有建筑胶粘剂质量标准，我国也已将此法收入《混凝土结构加固技术规范》中，这对粘钢加固法在我国推广应用发挥了重大作用。

2）技术特点

（1）粘贴型钢加固法。

粘贴型钢加固法中型钢一般采用角钢、槽钢，加固后的构件承载力可在对原构件的截面尺寸增加不大的情况下大幅提高，原构件的承载力及延性也因混凝土在加固后受到外包钢的约束得以改善。同时该加固方法因湿作业少，具有工期较短和施工简便等特点，能够广泛地应用于如梁、柱等各种钢筋混凝土结构构件的加固。

（2）粘贴钢板加固法。

粘贴钢板法粘贴的钢板一般为 2～6mm 厚，结构胶厚度为 1～3mm，加固后构件增加的厚度一般不超过 10mm，与加固后构件的截面尺寸相比原构件的截面尺寸几乎不增加，不影响构件加固后的外形。此外，该技术还具有坚固耐用、简洁轻巧、灵活多样、施工快速、经济合理等特点。

尽管如此，该加固技术仍存在一些不足与局限性，例如：使用该技术进行加固后除应按我国现行有关标准的规定采取相应的防护措施外，尚应采用耐环境因素作用的结构胶粘剂，并按专门的工艺要求进行粘贴，相对而言防护工作较为繁琐；施工过程对建筑物外观影响较大，用钢量较大，耐高温性能差，受外部条件限制较多；外加的钢构件在工作过程中常处于压弯的受力状态，常出现应力滞后现象，难以充分发挥其承载能力。

3）施工流程

外包型钢加固混凝土结构的一般流程包括：表面处理、焊接钢骨架、灌胶粘结、固化、检验以及防护处理等。详见附录 2.2 "A. 外包型钢加固技术施工流程"。

粘贴钢板加固混凝土结构的一般流程包括：表面处理、卸荷、配胶、涂敷胶及粘贴、固定和加压以及固化。详见附录 2.2 "B. 粘贴钢板加固技术施工流程"。

4) 工程案例

（1）湿式外包型钢加固混凝土柱案例：

黑龙江某学校办公楼内装饰工程，因平面功能重新划分后增加隔墙引起混凝土柱承载力不足，采用外包角钢法对混凝土柱进行加固，加固施工照片见图 3.2-15。

（2）湿式外包型钢加固混凝土梁案例：

哈尔滨市松北区某别墅工程，业主装修改造后在局部大厅区域中间增加混凝土板，引起原混凝土梁承载力不足，经过设计分析确定采用梁底粘钢方法进行加固，加固施工照片见图 3.2-16。

（3）粘贴钢板加固工程案例：

哈尔滨市某体育馆办公区，因平面功能改变后活荷载增加引起梁承载力不足，采用粘贴钢板法对混凝土梁进行加固，加固施工后照片见图 3.2-17。

图 3.2-15　柱加固现场照片

图 3.2-16　梁加固现场照片

图 3.2-17　粘钢加固梁施工后图

3. 粘贴纤维增强复合材料加固技术

粘贴纤维增强复合材料结构加固技术是指在混凝土结构表面用高性能粘接剂粘贴纤维布，使两者共同工作以提高结构构件的抗弯、抗剪承载力，达到加固、补强建筑物的目的，如图 3.2-18 所示。

粘贴纤维增强复合材料结构加固技术所采用纤维增强材料（Fibre Reniforced Polymer，FRP）具有抗拉强度高、材质轻、抗高温、施工简便，可以弯折为任何形状粘贴于各种断面上对结构进行补强。按照材料组成的不同纤维增强聚合物可大致分为三种：玻璃纤维（Glass Fiber）、碳纤维（Carbon Fiber）、凯夫拉纤维（Kevlar Fiber，美国杜邦公司研制的一种芳纶纤维材料）。

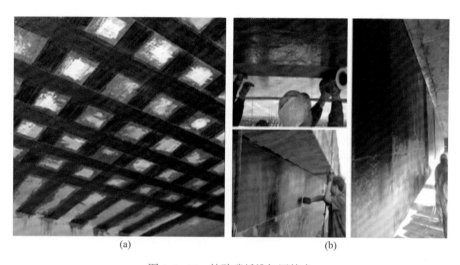

(a)　　　　　　　　　　　　　　　(b)

图 3.2-18　粘贴碳纤维加固技术

1）发展沿革

纤维增强聚合物的应用已有多年历史，其性能优异，早在 1950 年由美国制造，最初在航空航天和防御工业领域得到认同并被广泛应用。在 20 世纪 70 年代末期，由于 FRP 材料的价格的大幅下降，瑞典联邦实验室的 Meier 开始在实际工程中对 FRP 进行研究和应用，采用粘贴 CFRP 板的方法对 Ebach 桥进行加固，开创了 FRP 在建筑工程界应用的先河。随后，日本和美国也将这项技术较广泛地应用于混凝土结构加固工程中，FRP 在土木工程中的应用成为国内外研究的热点。1995 年日本发生阪神地震以后，碳纤维加固技术在日本及西方发达国家得到迅猛发展。

目前碳纤维加固技术的应用已日趋广泛，国外对碳纤维加固技术已经进行了大量的研究并编写了相应的加固规范或规程。日本编制的《连续纤维材料补强加固混凝土结构的设计及施工规范》极大地推动了日本 CFRP 加固技术在土木工程领域应用的步伐。在 1997 年欧洲斥巨资设立"高性能纤维复合材料—加固混凝土结构设计指南"项目，开始对 CFRP 加固混凝土结构做深入研究。美国混凝土协会（ACI）已成立了专业委员会（ACI Committee 440）来大力开展对碳纤维的研究。加拿大等国也相继成立了碳纤维的研究开发基地，并编制了碳纤维的有关加固技术规程。

中国国家工业建筑诊断与改造工程技术研究中心于 1997 年开始对 CFRP 加固混凝土结构进行研究与开发。2000 年 6 月中国土木工程学会在北京成立了"纤维增强材料（FRP）及工程应用专业委员会"，召开了首届纤维增强塑料混凝土结构学术交流会，碳纤维加固技术的研究与应用成为热点并在结构加固行业得到了迅猛发展。在 2003 年，中国标准化委员会编制并颁布了《碳纤维片材加固修复混凝土结构技术规程》（CECS 146：2003），为碳纤维在工程界的广泛应用奠定了坚实基础。2010 年我国《纤维增强复合材料建设工程应用技术规范》（GB 50608—2010）发布，FRP 加固技术的最新成果也被归纳于 2013 年发布的《混凝土结构加固设计规范》（GB 50367—2013）。

2）技术特点

纤维增强复合材料结构加固技术因其施工方便、布置灵活、适用性强等优点，已被广泛应用于钢筋混凝土结构的加固工程中。

但是，由于纤维复合材料和混凝土两种材料的性质不同，纤维复合材料加固法加固的关键在于保证加固后的纤维材料和原构件能够协调受力共同工作。根据国内外目前的研究结果，要充分发挥纤维材料的加固效果，必须保证纤维复合材料和原构件有足够的锚固措施，这对施工提出了较高的要求，需严控施工质量。另外对纤维复合材料施加适当的预应力可使材料强度的利用率得到一定的提高。

3）施工流程

粘贴碳纤维复合材加固混凝土结构的一般流程包括：放设施工线、基面处理、抹刷漆底胶、刮腻子、粘贴碳纤维布、养护以及涂刷碳纤维专用漆。详见附录 2.3 "粘贴碳纤维复合材加固技术施工流程"

4）工程案例

（1）哈尔滨某印刷厂办公楼采用粘贴碳纤维加固工程实例：

哈尔滨市某印刷厂办公楼，因平面功能重新划分后活荷载增加引起板承载力不足，采用粘贴碳纤维法对混凝土板进行加固，板加固施工照片见图 3.2-19。

（2）黑龙江某办公楼采用碳纤维加固工程实例：

黑龙江某办公楼，因平面功能改变后活荷载增加引起梁承载力不足，采用粘贴碳纤维法对混凝土梁进行加固，施工后照片见图 3.2-20。

4. 置换混凝土加固技术

置换混凝土加固技术，主要是针对既有混凝土结构或在建混凝土结构，由于结构出现裂损或混凝土存在蜂窝、孔洞、夹渣、疏松等缺陷以及混凝土强度（主要是压区混凝土强度）偏低等问题，而采用挖补的方法，用优质的混凝土将存在问题的混凝土置换掉，以达到恢复结构基本功能的目的，如图 3.2-21 所示。常用的置换材料有：普通混凝土或水泥砂浆、聚合物或改性聚合物混凝土或砂浆。使用该方法加固后能使结构恢复至原貌，不会改变使用功能。

置换混凝土加固法主要适用于承重构件受压区混凝土强度偏低或有严重缺陷的局部加固，也可以适用于新建混凝土结构质量不合格的返工处理，还可以用于既有混凝土结构受火灾烧损、腐蚀以及地震、强风和人为损伤后的修复。

图 3.2-19　板加固施工后照片

图 3.2-20　梁粘贴碳纤维加固后照片

图 3.2-21　置换混凝土加固施工作业

1）发展沿革

与其他加固技术相比，置换混凝土加固技术是一种相对较新的加固方法，其发展历史相对于增大截面法等传统加固方法较短。1992 年我国编制并发行实施的第一本加固规范《混凝土结构加固技术规范》（CECS 25：90）中还没有置换混凝土加固法的条文规定，直至 2006 年《混凝土结构加固技术规范》（GB 50367—2006）的发布实施，置换混凝土加固法才作为一种主要的加固技术被编写入该规范。

我国学者在查阅总结了国外置换混凝土加固法的实例和文献的基础上，提出了许多观点以丰富置换混凝土加固法的内涵。陆洲导等（1997）通过对 12 根混凝土框架柱试件进行静载实验获得了混凝土加固柱新旧混凝土共同工作的规律，并提出按照置换深度不同的两种截面设计计算方法。姚志刚等（2004）在一栋办公楼的改造中提出了一种区别于既有加固也不同于托换技术的方法，将原有的框架梁用新的框架梁进行置换，改变梁的位置，该方法设计简单，施工造价低，施工周期短。傅淑娟等（2005）以实验为基础，以试点工程为例提出采用合适的工艺，用 PC 材料置换低强度混凝土梁中的部分混凝土的方法，以此形成一种新的加固方法"PC 材料置换法"。

刘跃华（2008）结合工程实例，采用置换混凝土法置换柱内全部含氯离子的混凝土；潘立（2012）应用高强度材料置换混凝土墙体表层，提高其组合截面的折算平均强度，以增大墙体受压与受剪承载力。除此之外，诸多专家与学者也开始将置换混凝土加固技术与其他加固技术结合使用。李红兵（2018）将置换混凝土加固技术与外包型钢加固法联合使用对框架柱进行加固，加固后的构件承载能力与性能良好。

从对柱的某一部位的加固到对整根柱的置换，再到对混凝土梁、板以及墙体采用置换混凝土法进行加固，从普通的混凝土材料到高强的混凝土材料以及 PC 材料的置换，从单一的置换混凝土加固方法到置换混凝土与其他加固方法的结合使用，置换混凝土加固方法越来越成熟，应用范围越来越广泛。

2）技术特点

置换混凝土加固技术优点是结构加固后能恢复构件原貌，基本不改变使用空间，对原使用空间不产生压缩影响。特别的是，该加固技术常用于强度等级低于 C10 的混凝土结构加固中，能够有效地解决承重构件受压区混凝土强度偏低的问题。

尽管如此，该加固技术仍有一些不足。例如：加固前后的新旧混凝土的粘结能力较差；对混凝土结构构件进行局部加固处理时，需将损坏的混凝土剔除，然后再置换新的混凝土或其他材料，挖凿过程中对原结构有轻微的扰动，且作业工期长。

3）施工流程

以构件截面尺寸较小时，采用托梁换柱的方法对全截面断开置换整个构件为例加固混凝土结构的一般流程包括：支撑卸荷、凿除不合格混凝土、置换混凝土的截面处理、支模、浇筑混凝土或加固性灌浆料以及养护等。详见附录 2.4 "置换混凝土加固技术施工流程"。

4）工程案例

（1）广西钢筋混凝土柱厂房改造美术馆加固实例（赵清聪，2022）：

广西钢筋混凝土柱厂房位于自治区柳州市柳北区，建于 20 世纪 70 年代，原用途为砖机加工车间，结构形式为单层双跨（高低跨）钢筋混凝土排架结构，根据业主要求将其改造为美术馆，且该房屋被规划部门及文物管理部门指定为历史保护建筑。经鉴定，该结构部分柱间支撑缺失，传力路径不明确，结构体系混乱，综合抗震能力不满足抗震要求，对排架柱采用了置换混凝土的加固方法。如图 3.2-22 所示。

（2）某在建写字楼置换混凝土加固实例（罗文佑等，2016）：

某在建写字楼为地下 2 层，地上 20 层的框架-剪力墙结构，建筑总高度为 83.35m，抗震设防烈度 6 度，该建筑由于管理和操作上的失误，当施工至第 10 层时，技术员检查发现个别混凝土框架柱外观色泽异常，且个别柱存在开裂现象，后经专业技术人员检测发现该混凝土柱的实际强度降低非常严重，采取置换混凝土措施对柱进行加固。如图 3.2-23 所示。

图 3.2-22　广西钢筋混凝土柱厂房改造美术馆加固
(a) 厂房改造前（高跨）；(b) 厂房改造前（低跨）；(c) 改造后厂房情况

5. 体外预应力加固技术

体外预应力是用预应力对结构构件施加预压应力或预拉应力来进行加固的方法，如图 3.2-24 所示。通过施加预应力，改变结构内力重分布，并降低原结构的应力水平，因为后加的预应力部分与原结构能很好地协同工作，可完全消除其他部分加固方法中存在的应力、应变滞后现象，使结构的承载力有很大的提高，同时可减小结构的变形、裂缝宽度，甚至可使裂缝完全闭合。也可以减小混凝土构件截面尺寸，减轻结构自重，方便更换预应力筋，便于检测和维护等优点，因而在加固工程中得到了广泛的应用。

体外预应力加固法适应性较强，对单跨梁、连续梁、框架梁、井字梁、单双向板、偏心受压柱等构件均能起到加固作用，这是其他加固方法不易做到的。

体外预应力加固法因加固构件的不同，可分为预应力拉杆加固和预应力撑杆加固。预应力拉杆加固主要用于受弯构件加固，而预应力撑杆加固法适用于提高轴心受压钢筋混凝土柱的承载能力。体外预应力加固技术又因不同的加固材料可适用于不同的加固工程中：以无粘结钢绞线为预应力下撑式拉杆时，适用于连续梁和大跨简支梁的加固；以普通钢筋为预应力下撑式拉杆时，适用于一般简支梁的加固；以型钢为预应力撑杆时，适用于柱的加固。

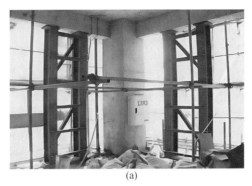

(a)

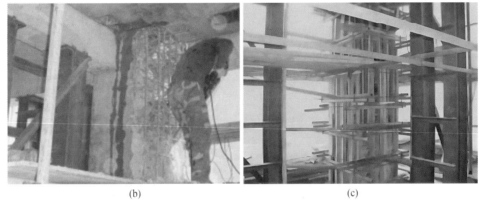

(b)   (c)

图 3.2-23 在建写字楼置换混凝土加固
（a）支撑施工；（b）凿除混凝土；（c）浇筑新混凝土

图 3.2-24 体外预应力加固技术

1）发展沿革

体外预应力加固法发展历史悠久，法国结构工程师弗雷西内（Eugene Freyssinet）于 1924 年就在拱桥项目上首次运用较为完整的预应力混凝土技术。1934 年德国高级工程师弗朗茨（Franz Dischinger）申请了体外预应力专利，并提出了体外预应力的转向块和锚固构造的设计方案。20 世纪 40 年代，前苏联将体外预应力方法应用于工业厂房的加固与补强，延长了许多工业厂房的寿命，取得了良好的使用效果。

由于早期的工程中没有解决耐腐蚀、防护性能和构造措施等问题，使得该方法未能在实际工程应用中体现出优越性。到了 20 世纪 60 年代末期，无粘结预应力的出现使得体外预应力技术得到了发展。70 年代，美国和法国在体外预应力筋的耐久性及构造设计方面取得了突破性进展，这为体外预应力技术的进一步发展奠定了良好的基础。到 80 年代，体外筋的防腐技术得到进一步提高，美国和法国利用该技术修建和加固了大量的桥梁。

我国在 20 世纪 70 年代末，由于公路交通量和车辆载重的增加，同时原有的公路桥梁设计标准偏低，体外预应力技术被广泛应用到了公路桥梁的加固，创造了良好的经济效益和社会效益。在 90 年代，国内学者李延和、陈贵、吕志涛等开展了众多关于体外预应力加固的试验研究与数值模拟研究。

经过 30 余年的发展，体外预应力加固技术理论已经非常成熟。2011 年由中冶建筑研究总院有限公司牵头编制的《建筑结构体外预应力加固技术规程》（JGJ/T 279—2012）颁布实施，系统性地对预应力设备、技术质量做出规范。2021 年，在 GJ/T 279—2012 的基础上，通过对建筑结构体外加固技术在混凝土结构、钢结构和砌体结构领域的最新研究成果与工程实践经验的总结，并借鉴了国外先进标准与国内加固领域有关技术标准，新版规范补充了钢结构和砌体结构体外预应力加固技术内容，完善了混凝土梁、板体外预应力加固的构造措施，并补充了碳纤维等高性能材料用于体外加固的技术规定。

2）技术特点

体外预应力加固方法为后张法预应力施工方法，具有作业工期短，自重构件轻，对加固的原结构损伤较小，加固后结构刚度、强度以及承载力都有较为明显的提升，加固件后期维修保护工作量小等突出的优点。并且加固后能够与原结构共同承担荷载，属于一种主动加固法。在现代建筑工艺的帮助下，存在于结构体外的加固构件诸多问题，譬如长度限制，构件自身重力，承载性能以及延性要求也都得到了有效的解决和改善。

3）施工流程

体外预应力技术加固混凝土结构的一般流程包括：制作加工、楼板开洞、植入固定钢节点的化学锚栓、安装张拉节点和预应力索转向节点、体外预应力索的防火处理、体外预应力索、锚具的安装、张拉、防火防锈处理以及楼板封堵等，详见附录 2.5 "体外预应力加固技术施工流程"。

4）工程案例

（1）某办公楼改建为书库采用体外预应力加固法工程实例（邓宁等，2010）：

某办公楼项目建于 20 世纪 90 年代末期，6 层框架结构，建筑功能是办公楼，楼面活荷载设计值为 $2kN/m^2$，因发展需要，拟将第 4 层改为书库，楼面活荷载增大至 $9kN/m^2$。经有关单位检测鉴定，楼面和框架柱可满足书库的承载力要求，而主、次梁则需加固。经验算，次梁需要加固的幅度在 20% 以内，采用碳纤维布进行加固；主梁因载荷面积较大，需要较大幅度地提高抗弯和抗剪承载力，经方案比较，决定采用体外预应力加固，如图 3.2-25 所示。

（2）杭州第二棉纺织厂车间 272 根严重开裂的风道大梁的加固（项剑锋等，2013）：

杭州第二棉纺织厂车间建于 1958 年，风道大梁（兼作屋架托梁）在混凝土龄期不足的

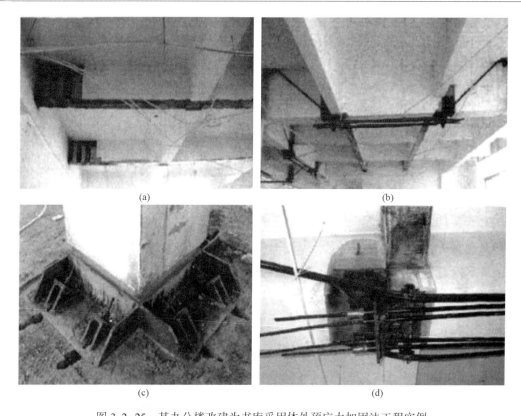

(a)　　　　　　　　　　　　　　(b)

(c)　　　　　　　　　　　　　　(d)

图 3.2-25　某办公楼改建为书库采用体外预应力加固法工程实例

（a）次梁碳纤维加固外观；（b）主梁体外预应力加固外观；（c）端节点外观；（d）体外预应力张拉及转向节点外观

情况下就进行安装，混凝土强度低，大梁长期处于高应力状态。厂房建成后不久大梁便出现裂缝，而且逐年增加。20 世纪 80 年代曾对屋面构造做过减重措施但裂缝仍继续发展。1990 年被鉴定为危房，由于资金困难需做加固处理。

1991 年，采用高强钢绞线体外预应力加固法对这 272 根大梁进行了加固，如图 3.2-26 所示。加固后，对钢绞线的应力做了四年的长期测试，应力变化很小，梁的裂缝经封闭以后再也没有出现过，至今使用良好。

图 3.2-26　杭州第二棉纺织厂南纺车间风道大梁的加固

（3）浙江上虞天丰粮食有限公司面粉厂仓库楼面梁加固（项剑锋等，2013）：

浙江上虞天丰粮食有限公司面粉厂仓库因楼面荷载过大，而大梁混凝土强度很低，大梁严重开裂。用无粘结钢绞线体外预应力加固法对大梁进行了加固，如图 3.2-27 所示。加固以后大梁的承载能力大幅增加，裂缝封闭以后不再出现。

图 3.2-27　浙江上虞天丰粮食有限公司面粉厂仓库楼面梁加固

6. 预应力碳纤维复合板加固技术

预应力碳纤维复合板加固技术，是一种应用于大跨度受弯构件的主动加固技术，该技术通过预应力碳纤维板的张拉，以提升构件的承载能力，同时减小挠度变形，减少封闭构件裂缝。

CFPP 预应力碳纤维板系统组成由预应力碳板、配套碳板粘结剂、张拉锚固单元三部分组成，如图 3.2-28 所示。预应力碳板张拉锚固单元由固定端锚具、张拉端锚具、固定端支座、张拉端支座、压条、锚栓、配套螺母垫片、张拉工装等组成。其中张拉工装含张拉杆、张拉端挡板、千斤顶、手压泵，用于配合进行张拉施工。

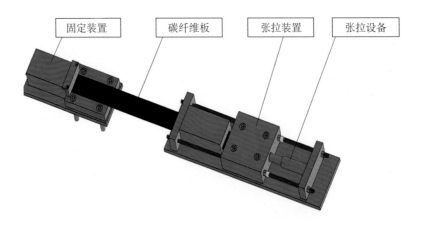

图 3.2-28　预应力碳纤维板张拉锚固单元、系统锚固端、系统张拉端

预应力碳纤维复合板加固技术的应用范围：钢筋混凝土桥梁的控制裂缝加固；钢筋混凝土桥梁的板梁、箱梁、T 梁抗弯加固；民用建筑、工业厂房等大跨度建筑的梁、板的抗弯加固、控制裂缝加固等；大跨度钢筋混凝土桥梁提高承载力的加固等。预应力碳纤维复合板加固技术应用示意见图 3.2-29。

图 3.2-29　预应力碳纤维复合板加固技术

1）发展沿革

关于纤维复合材料在混凝土结构加固中的研究与应用的发展沿革，已在本节"技术 3：粘贴纤维增强复合材料加固技术"的"发展沿革"中进行了详细介绍，此处不再赘述。

2）技术特点

（1）充分利用材料特性，加固效果好。

预应力碳纤维板最大的优点为主动加固，使 CFRP（碳纤维增强复合材料）在二次受力之前就有较大的应变，能够充分发挥 CFRP 的高强抗拉特性，从而有效减小甚至消除 CFRP 片材应变滞后的现象，进而达到更好的加固效果。该加固技术能够减小结构变形、有效提高结构承载能力、并能充分发挥碳纤维抗拉强度。

（2）施工简便，扰动性小。

使用预应力碳板进行加固时，几乎不增加自重，且可不卸载的情况下便可进行加固。碳纤维板本身材料轻质，单条预拉力小，锚固座轻且简单，无需大型的施工设备，施工难度小，施工速度快，质量容易控制。

（3）适用性良好，耐久性强。

粘贴预应力碳纤维板可以与原结构一起工作，预应力产生的反向弯矩，可抵消一部分初始荷载的影响，提高使用阶段的承载力，使构件中原有裂缝宽度减小甚至闭合，并限制新裂缝的出现。并且碳纤维材料本身具备轻质、高强、耐老化的特点，加固后也能够提高构件的耐久性，是非常理想的梁板加固解决方案。

尽管如此，该技术仍存在一些不足与局限性，例如：目前关于纤维增强复合材料预应力筋混凝土结构的研究仍不充分，而且以前主要用在桥梁结构中，对于建筑结构中的工程实践更少；同时，纤维增强复合塑料筋受压强度显著低于其受拉强度，且并不可靠，因此纤维增强复合塑料筋只应被设计为承受拉力，不能被设计为承受压力。

3）施工流程

预应力碳纤维复合板材技术加固混凝土结构的一般流程包括：放线、混凝土梁表面清理、钻孔并植入锚栓、安装张拉端和固定端支座、碳板粘贴面清理并涂抹碳板胶、安装碳板、锚具和张拉工装、张拉作业涂装防护碳板和锚具。详见附录2.6"预应力碳纤维复合板材加固技术施工流程"。

4）工程案例

民用建筑地下室预应力碳纤维板加固施工（赵淳，2022）：

某民用建筑因承载力不满足要求对地下室顶板采用预应力碳纤维板加固（图3.2-30）。

图 3.2-30　预应力碳纤维板加固施工现场图

7. 钢丝网复合砂浆面层加固技术

钢丝网复合砂浆面层加固技术，是在原构件表面绑扎钢丝网或钢筋网作为增强材料，再往钢筋上抹一层用作保护和锚固的高性能复合砂浆层，使加固层与原结构协同工作，以此提高结构承载能力（尚守平等，2005）。该方法实质上是一种原结构体外配筋技术，用提高原构件的配筋用量的方式提高结构的承载能力和刚度，该方法与增大截面法相似，但其截面增大程度小，对建筑物结构净空和结构外观影响小。

该方法可适用于梁、柱、板、墙等混凝土结构构件的加固，根据构件加固要求和受力特点的不同，可以选择四面外包、三面加固、双面加厚、单面加固等做法（郭俊深等，2016）。该加固方法中钢丝网也可以用其他合适的金属材料（钢筋网、预应力钢绞线网、预张紧钢丝绳、高强钢丝布等）代替（吴刚，2007a、b）。采用钢丝绳网片或钢绞线网作为增强材料时，需要对钢丝绳网片或钢绞线网用专用张拉设备进行"预张紧"处理，并采用专用固定板和固定节固定（危晓丽等，2010；熊璇，2022）。钢丝网复合砂浆面层加固技术应用示意如图3.2-31所示。

图 3.2-31 钢丝网复合砂浆面层加固

1) 发展沿革

钢丝网水泥砂浆加固技术是一种古老的加固方法，随着增强材料的发展以及高性能复合砂浆的诞生，该传统技术有了巨大的应用潜力，众多专家和学者对此进行了一系列的研究和实践。

Logan 等（1973）等进行了钢丝网水泥受弯结构构件的试验，实验结果表明钢丝网水泥试件的极限荷载、裂缝间距等能按普通混凝土结构模式进行计算。美国在 1980 年首先将水泥基复合材料用于结构加固改造，因复合材料可以发挥各种不同材料的优越性且节约成本，于是得到迅速的推广和应用，之后 ACI（美国混凝土协会，1998）便发布了 549 号文件，介绍了钢丝网水泥的修复、建造和设计等方法；Paramasivam 等（1998）等对已有的文献进行分析和回顾，讨论了钢丝网薄层与原结构之间的剪力传递等，并就循环荷载作用对钢丝网水泥砂浆加固梁的影响进行了研究与探讨。

我国在借鉴国外经验的基础上，也对钢丝网水泥砂浆加固了一系列研究，熊光晶（1997）等提出了基于钢丝极限强度和矩形应力分布假设的弯曲承载力计算方法，并在同年提出基于横截面矩形应力分布建设的计算钢丝应力的方法。卜良桃等（2006）等基于复合砂浆钢筋网加固混凝土梁的实验研究结果，利用非线性有限元方法，研究探讨了加固梁高宽比、配筋率、纵向配筋率等对试件极限荷载的影响，并研究了该加固方法对混凝土构件约束梁抗剪能力的作用及影响，得出了基于加固梁的抗剪承载能力计算公式。

近年来，湖南大学土木工程学院为开发和研究高性能复合砂浆钢筋网加固技术成立了专门的科研研究小组，并对此进行了一系列系统的实验和研究，并取得了一定成果。随着研究的深入，钢丝网水泥砂浆加固法得到了很好的运用。

21 世纪初，韩国爱力坚公司研发了高强钢绞线-聚合物砂浆加固技术，在此之后，由清华大学引进国内，并开展了一系列研究，随后国内许多高校和科研所都对此展开了研究。聂建国等（2005）对高强钢绞线网-聚合物砂浆加固钢筋混凝土梁的抗弯、抗剪及抗弯疲劳性能进行了试验研究，试验结果表明该技术能有效提高梁的承载力、刚度及抗疲劳性能，给出了加固梁的抗弯、抗剪计算公式，提出了梁疲劳刚度的计算方法。王亚勇等（2007）采用高强钢绞线网片-聚合物砂浆复合面层对一根经抗弯加固后的钢筋混凝土梁进行耐火试验，证明了该加固技术的耐火性能。

2021年，辽宁省住房和城乡建设厅组织编制了《高强钢丝布聚合物砂浆加固技术规程》为钢丝网复合砂浆面层加固技术的发展开拓了新的领域。

2）技术特点

钢丝网（钢筋网）复合砂浆面层及预应力钢绞线（预张紧钢丝绳）聚合物砂浆加固技术，具有如下特点：

（1）施工便捷、效率高，施工质量易于保证。

该加固技术施工便捷、湿作业较少，施工效率高、施工设备要求低、施工占用产地少、无需现场固定设施等。据相关文献显示，与粘贴钢板法相比，钢丝网聚合物砂浆加固法施工效率是前者的2~4倍。由于钢筋网十分柔软，在各类不平整的结构表面上，能够保证其施工质量。

（2）耐久性、耐腐蚀性较好。

研究表明，经高强复合砂浆钢筋网加固后，混凝土结构具有良好的耐久性能和耐腐蚀性能，可有效抵御各类盐、碱、酸对结构造成的伤害。使用该法对结构进行加固后，可节省工程的维修成本，而且其加固层还对原混凝土构件有保护作用。

（3）适用面广，对结构影响小。

高强复合砂浆钢筋网加固混凝土结构可以广泛应用于各种结构构件（如梁、板、柱等），各种结构截面形状（如矩形截面、圆形截面等），各种结构类型（如住宅、桥梁等）的加固修复，适用面广。除此之外，高强砂浆钢筋网加固混凝土构件，复合砂浆层厚度一般只有40mm左右，对原结构的重量及几何尺寸影响不大。

（4）经济效益好，价格便宜。

相比较粘贴碳纤维复合材加固法，每平方米高强复合砂浆钢筋网加固的单价约为前者的1/10~1/15。钢筋网水泥砂浆加固具有明显的优势，是一种具有巨大发展空间的加固技术。

尽管如此，该加固技术仍存在一些不足和局限性，例如：该技术的现场施工的湿作业时间长，养护周期长，对生产和生活有一定的影响，并且加固后使用空间有一定的减少。

3）施工流程

预张紧钢丝绳网片-聚合物砂浆面层技术加固混凝土结构的一般流程包括：原墙面清底、钻孔并用水冲刷、待孔干燥后铺设钢筋网并安设锚筋、浇水湿润墙面、抹砂浆并养护以及墙面装饰等。详见附录2.7"预张紧钢丝绳网片-聚合物砂浆面层加固技术施工流程"。

4）工程案例

厦门乐安花园"烂尾楼"项目的加固改造实例（周剑辉，2015）：

集美乐安花园是位于厦门集美石鼓路221~247号的烂尾楼项目，该工程于1995年停建，2015年开工续建。乐安花园由3个8层砖混结构单元、3个底部2层框架上部5层砖混结构单元、2个2层框架结构单元组成。由于长时间的搁置，未采取有效保护措施，致使楼板、阳台梁、梯段板等构件的钢筋锈蚀严重，如图3.2-32所示。厦门市工程检测中心对楼板、阳台梁、梯段板锈蚀钢筋等情况，砖墙承载力以及楼板变形等进行了查勘检测，对砂浆强度不足或承载力不满足要求的砖墙采用钢筋网水泥砂浆加固，部分墙体采用板墙加固；对 7 层底框-砖混结构底部框架部分采用新增少量抗震墙的方法进行加固；对砌体结构的楼板采用钢筋网-聚合物砂浆进行加固；对加密区构造不满足规范的框架梁采用钢丝绳网片-聚合物砂浆进行加固。

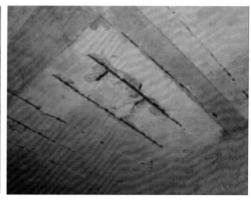

图 3.2-32　板底钢筋锈蚀现状

8. 绕丝加固技术

绕丝加固技术，是通过缠绕退火钢丝使被加固的受压构件混凝土受到约束作用，从而提高其极限承载力和延性的一种直接加固方法（《混凝土结构加固设计规范》（GB 50367—2013））。绕丝加固法具有经济效果好，在构件尺寸改变较小的情况下，变形能力增加明显、延性提高，该方法适用于提高钢筋混凝土柱顶位移延性加固，主要用于混凝土结构构件斜截面承载力不足时的加固，或者需对受压构件施加横向约束力的情况（李兆桢，2005）。这种方法实际上是一种体外配筋，通过提高构件配筋率从而达到提高构件承载能力，被广泛地应用在钢筋混凝土建筑物的加固处理及水中钢筋混凝土结构的防渗漏、防腐蚀加固处理（罗绍仟、熊咏梅，2009），如图 3.2-33 所示。

图 3.2-33　绕丝加固技术

1）发展沿革

绕丝加固法技术来源于钢管混凝土和螺旋箍筋柱对核心混凝土的约束作用，可以改善混凝土的力学性能，既提高了柱极限强度又提高其延性，利用核心混凝土的约束原理对混凝土柱进行缠绕包裹取得较好的加固效果，外围材料可以采用 FRP、钢板（管）、钢筋、钢绞线网等。

20 世纪 80 年代末，Priestly 等对钢管约束钢筋混凝土构件进行了比较系统的研究，并指导了加利福尼亚等地区大量桥梁的加固工程；1903 年，Considere 首次指出利用螺旋箍能有效约束轴心受压柱；1997 年哈尔滨工业大学土木工程学院在对某电厂锅炉钢构架立柱因焊缝撕裂导致纵向屈曲的事故处理和 2001 年奥维斯大厦部分结构改造中均采用了钢管约束混凝土的加固方法，并取得了良好的效果。

随着加固工程在土木工程领域的普及以及材料的发展，特别是 FRP 加固方法出现以后，人们热衷于利用 FRP 约束原理加固混凝土柱，但其粘结剂的耐高温性不足、代价高、经济指标欠佳等缺点（王用锁、潘景龙，2007），具备造价低、经济性好、强度高、柔性好且容易设计成型等特点的钢绞线开始广泛用于加固工程中。

之后，国内很多学者便对绕丝加固法进行了相关研究，同济大学（朱伯龙，1995）对截面梁进行了绕丝加固实验，研究表明加固梁与对比梁相比强度有所提高且具有良好的变形能力。1998 年，同济大学老图书馆的混凝土柱采用绕丝法加固并取得了良好的加固效果（刘曙等，1998）。其后，肖建庄等（1999）进行了混凝土梁斜截面加固的实验，通过包玻璃钢法、粘钢板法和绕丝法三种不同的方法进行比较，认为绕丝法经济性最好。赵侃（2019）提出了预应力钢绞线-外包型钢复合加固方法，并且为了能够准确控制钢绞线预应力的施加，自主设计了一套钢绞线预应力施加装置。

国外很多学者也对绕丝加固法进行了研究，A. M. Wahuddinls（1994）等通过研究 144 个素混凝土钢丝砂浆加固试验，试验结果表明现浇钢丝网砂浆加固要比预制编织钢丝网砂浆套筒、焊接钢丝砂浆和预制焊接钢丝砂浆套筒等加固效果好。Al-Kubaisy 等（2000）和 Paramasivam（1994）通过钢丝砂浆加固方柱的轴心受压与偏心受压的对比实验研究，总结出来钢丝砂浆加固方柱的极限承载力计算公式。Basaunbul 等（1990）研究了梁二次受力下的钢丝加固，实验表明只用钢丝网加固和混凝土与钢丝网之间涂环氧树脂胶层加固两种加固方式都有很好的约束效果，但是对构件延性性能影响不大。

绕丝加固采用高强钢丝作为增强材料经济效果好，因其具备造价低、经济性好、强度高等特点，广泛应用于加固工程中，且该加固技术的相关理论基础相对较为完善，具有广阔的推广应用前景。

2）技术特点

采用绕丝加固法构件加固后自重增加较少、外形尺寸变化不大、施工简单、施工质量容易保证；与外包钢法相比，绕丝加固可以仅进行局部加固，加固受力明确；与碳纤维加固法相比，耐火耐高温、经济效益良好；从抗震的角度看，绕丝加固法不增加地震作用，不改变构件的动力特性，而且大大增加了变形能力，甚至能改变混凝土脆性破坏的性质。

但是，绕丝加固法对矩形截面混凝土构件承载力提高不显著，限制了其应用范围，且绕丝加固受力不均匀。

3）施工流程

绕丝加固混凝土结构的一般流程包括：卸载、原结构表面处理、焊接、绕丝以及混凝土施工等。详见附录 2.8 "绕丝加固技术施工流程"。

4）工程案例

同济大学老图书馆结构加固案例（刘曙等，1998）：

同济大学老图书馆大楼建于 1965 年 7 月，如图 3.2-34 所示。总建筑面积 6402m²，随着学校的发展，原图书馆不能满足需要，故于 1982 年开始在原图书馆庭院内扩建一栋双塔型 11 层的新馆，由于新楼的建造，使得新老图书馆之间的地基发生了超量的不均匀沉降，致使老图书馆墙面出现斜裂缝，最大沉降量达到 32mm，需要对老图书馆进行加固修复。

考虑到既要节省经费又要施工周期短的要求，采用以下修复方案：对于混凝土立柱，裂缝较小时可以直接灌注环氧树脂修复，对于裂缝较大、柱顶压碎的立柱，采用先绕丝加固，然后在灌注环氧树脂补缝。在加固后经过近三年的观察和使用实践，被加固的房屋没有发现异常，房屋无新的裂缝产生，该加固工程取得了良好的社会效益和经济效益。

图 3.2-34　同济大学老图书馆混凝土立柱的修复方法

3.2.3　钢筋混凝土结构体系加固技术

钢筋混凝土结构在实际工程中，因竖向荷载增大、建筑功能改变引起的抗震设防类别变化、抗震设防烈度调整等原因造成的结构抗震承载力、结构变形能力不能满足规范要求时，可以采用改变结构体系加固的方法，例如：增设支点加固技术、增加消能构件加固技术、隔震加固技术等。

1. 增设支点加固技术

增设支点加固技术，该方法是用增设支点来减小结构计算跨度，达到减小结构内力和提高承载力的加固目的。按支承结构的受力性能，又分为刚性支点和弹性支点两种方法。刚性支点法是通过支撑构件的轴心受压将荷载直接传给基础或柱子的一种加固方法（图 3.2-35a），弹性支点法是以支承结构的受弯或桁架作用来间接传递荷载的一种加固方法（图3.2-35b）。

增设支点加固法的立柱（或支撑）所受的外力，应根据被加固梁、板是否预加支撑力进行计算。对于有预加力时，支承预加力可视作外力计算；对于无预加力时，梁（板）所能传递给支点的力，一般只是加固后使用中所增加的荷载（万墨林，1991a、b）。增设支点加固法简单可靠，该技术可以在提高建筑承载力的同时，在一定程度上对建筑结构的内力进行调整与控制，使建筑的受力更加合理，改善建筑的稳定性和安全性（曹少剑，2019）。增设支点加固后建筑外貌如图 3.2-35c 所示。

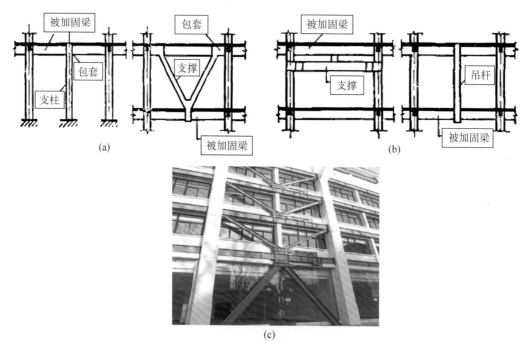

图 3.2-35　增设支点加固法
（a）刚性支点；（b）弹性支点；（c）加固后建筑外貌

1）发展沿革

相对于直接加固方法，目前增设支点加固技术的研究相对较少（王涛，2019）。陈云程、李慧强（2001）采用空间杆系有限元软件计算，对某楼盖结构加固项目采取增设支点加固法，利用原有结构的梁、柱与新增的支承梁结合形成新的传力体系，取得了良好的加固效果，不仅实现了新增荷载在结构中有效传递，而且减少在转换过程中新裂缝的出现；荀勇（1998）对预应力增设支点加固法中顶升量和收缩量计算公式展开讨论，推导出了更准确的公式，并将其与现有经验公式中的异同进行比较；王天稳（2002）通过实验研究采用弹性支点法如何有效加固钢筋混凝土梁，并得出最佳支点刚度的计算方法，供加固计算参考。

2）技术特点

增设支点加固技术受力明确，简便可靠，且易拆卸、复原，具有文物和历史建筑结构加固要求的可逆性；加固方法较为方便，对建筑物的结构破坏很小，且加固后建筑结构的承重力分布更加均匀，使得整体承重效果好，比较适用于较大跨度的构件。

尽管如此，该加固技术仍存在一些不足与局限性，例如：适用该加固技术加固后建筑的空间适用会受到一定影响，对建筑的原貌有一定的改变，扰动性相对较大。

3）施工流程

增设支点加固技术加固混凝土结构的一般流程包括：下料图单、放样、号料、下料、成型、焊接、制孔、端头切割、除锈、油漆、包装与运输以及施工质量验收等。详见附录 2.9"增设支点加固技术施工流程"。

4）工程案例

西安市某大型活动舞台工程加固实例（王涛，2019）：

该大型活动舞台工程位于陕西西安市，主体结构形式为钢筋混凝土结构，活动舞台为钢结构，混凝土框架结构与钢结构大型活动舞台批次之间通过锚栓刚节点连接起来，在活动舞台长期升降过程中，作为活动舞台支承结构的一些框架柱顶及周边出现明显的开裂损坏现象，更为严重的是出现混凝土剥落，内部钢筋锈蚀，存在重大安全隐患，必须及时采取有效加固措施处理。经过检测鉴定，该建筑的损坏部位比较集中，本工程采用了增设支点加固技术提高结构的抗剪承载力，如图 3.2-36 所示。

(a)　　　　　　　　　　　　　　(b)

图 3.2-36　西安市某大型活动舞台工程加固实例

（a）活动舞台现场图；（b）柱现场加固做法

2. 增加消能构件加固技术

消能减震技术，是在建筑某些特定位置增设消能装置，与主体结构共同工作组成减震结构体系，当遭遇突发地震时代替主体结构消耗输入的地震能量，有效减小结构地震反应的抗震加固方法。

此类技术具有加固修复高效、后期方便维护替换、对主体结构及建筑使用功能影响小等优势，目前作为一种积极有效的抗震加固手段，已成功扩展应用于各类住宅房屋和中高层民用建筑工程中。其中，粘滞阻尼加固技术历经数次大地震的考验，已被证实成为一种有效可靠的抗震加固手段，已大量应用于我国各类建筑结构中，如图 3.2-37 所示。

图 3.2-37　增加消能减震加固实景

1）发展沿革

消能减震控制理论于 1971 年由美国华裔学者姚治平（Yao James T P）首次引入土木工程领域，之后在日本、美国等国家快速兴起、飞速发展。消能减震加固技术自 1998 年我国推行的"首都圈大型公共建筑防震减灾示范工程"引入工程领域，标志性建筑如北京饭店、人民大会堂等。2001 年 7 月颁布的《建筑抗震设计规范》以国家规范的形式对消能减震技术进行了具体界定，并在新版抗规（GB 50011—2010）中进行了补充与完善，2013 年更是颁布了专门的《建筑消能减震技术规程》（JGJ 297—2013），标志着消能减震技术在我国的应用将越来越广泛。

国内采用消能减震技术较多的地区主要有北京、云南、新疆、海南、山东、甘肃、山西等。消能减震技术在云南省工程中的应用更是走在全国前列，在 2016～2017 年云南省先后颁布实施了《云南省隔震减震建筑工程促进规定》和《云南省隔震减震建筑工程促进规定实施细则》，规定明确：特定规模和抗震设防类别的新建建筑应当采用隔震、减震技术。为进一步提高建设工程的抗震防灾能力，减小地震时的危害，保障人民生命安全及降低其财产损失。2018 年 2 月 1 日，住房和城乡建设部起草了《建设工程抗震管理条例》。条例中的第十八条至第二十一条中明确指出："位于高烈度设防地区的新建学校、医院、应急指挥中心等应当采用减震、隔震技术；鼓励地震灾后重建或位于地震重点监视防御区的学校、医院、应急指挥中心和其他人员密集公共建筑等采用减震隔震技术。"

2021 年 9 月 10 日正式施行的《建设工程抗震管理条例》，从立法层面对建设工程抗震设防做出了明确规定，为加强建设工程抗震管理工作提供有力的法律支持；条例的推广标志着消能减震技术在国家政策支持下正逐步走向成熟，在全国范围内将大力发展。

目前，采用屈曲约束支撑（BRB）、粘滞阻尼器、防屈曲钢板剪力墙等消能减震技术对既有钢筋混凝土结构进行加固，已经发展成为前期设计规范规程明确、中期分析计算方法多样和后期产品施工检验技术完备成熟的一整套系统。

2）技术特点

（1）技术合理，消能效果显著。

区别于传统以"抗"为主的加固方式，消能减震技术是在合理位置布置一定数量的阻尼器来耗散地震能量的新型加固技术。地震来临时，采用该加固技术能有效地分担结构内部能量，减小损伤，保护主体结构。

（2）扰动性小，经济效益好。

据国内研究资料及以往相关工程案例表明，传统加固技术费钱费力，对原结构损伤大，工期长，难以满足社会发展需求。增加消能构件加固方法现场湿作业少，可有效缩短工期，且消能减震加固方法可比传统抗震加固方法节约 10%～50% 的造价。

（3）形式多样，适用性强。

增加消能构件加固工程中最常用的消能器有以屈曲约束支撑为代表的位移相关型和以粘滞消能器为代表的速度相关型（田照琰，2021），可适用于不同条件的加固工程中。屈曲约束支撑是一种可应用于增强多、高层既有钢筋混凝土结构抗侧力刚度的一种支撑形式，又称 BRB 或防屈曲约束支撑。粘滞消能器是一种速度相关型结构耗能构件，构件本身无刚度，工程中常用的的粘滞消能器有：缸式粘滞消能器、粘滞阻尼墙和圆筒式粘滞消能器，其中缸式粘滞消能器得工作性能出色稳定，可靠性好，被广泛应用到加固工程中，其构件组成如图 3.2-38 所示。

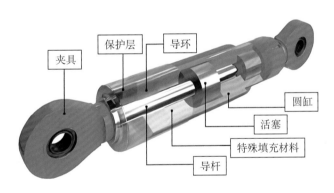

图 3.2-38　缸式粘滞消能器构件组成

3）施工流程

消能减震加固技术加固混凝土结构的一般流程包括：承台/吊柱定位及钢筋绑扎、阻尼器耳板预埋件定位、预埋件焊接、预埋件定位校核、承台/吊柱模板安装、承台/吊柱混凝土浇筑、预埋件位置复核以及预埋件验收、耳板定位、焊接耳板、焊缝探伤、阻尼器拼装、阻尼器的防腐防锈漆处理等。详见附录 2.10 "增加消能构件加固技术施工流程"。

4）工程案例

（1）北京昌平区某钢筋混凝土框架-剪力墙结构加固（陈越等，2020）：

北京昌平区某建筑，于 2012 年竣工，属于 C 类建筑，经改造加固后的设计使用年限采用 50 年。结构体系为钢筋混凝土框架-剪力墙结构，地下 2 层，地上 4 层，长 93m，宽 59m。

为节约工程造价，减小施工难度，缩短工期，本工程采用设置粘滞阻尼器和屈曲约束支撑（BRB）的方法改善结构的抗震性能，如图 3.2-39 所示。时程分析结果显示，在大震工况下随着时程加速度峰值的提高，屈曲约束支撑和粘滞阻尼器耗能能力进一步加大，消耗了输入结构中的大量地震能量，有效保护了主体构件。

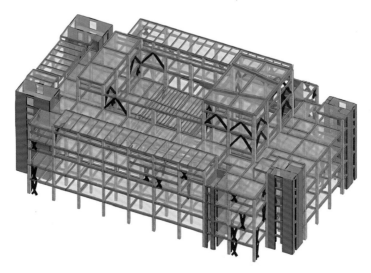

图 3.2-39　典型层阻尼器布置

（2）减震技术在优秀近代建筑更新中的应用研究（夏仕洋等，2023）：

南京某剧场建筑建于 1936 年，地下局部 1 层，地上 4 层，由前厅、观众厅及楼座、舞台、休息厅等组成，建筑面积 7576m²，为全国重点文物保护单位。主体结构采用钢筋混凝土框架结构，抗震设防类别为重点设防类，更新改造设计后续工作年限为 30 年（A 类建筑）。

对该结构抗震验算结果表明，多数梁柱不满足抗震要求，且抗震构造、构件承载力、综合抗震能力指数、结构变形均不满足规范要求。经过多方案比较，本着"最小干预、可逆性、经济性"的文物建筑结构加固原则，提出采用壁式黏弹性阻尼器对原结构进行抗震加固，如图 3.2-40 所示。原结构仅承担结构竖向荷载，新增壁式粘弹性阻尼器与加固后的周边框架形成的消能子结构承担水平地震作用，通过控制不同地震水准下的结构侧移，从而使结构能够满足规范要求的抗震性能。

（3）抗震性能化设计在某医院改造加固中的应用（邬险峰等，2022）：

重庆某仓储建筑项目 22 号仓储综合楼为框架-剪力墙结构单体建筑，建筑高度 86.1m，2017 年主体结构完工后停建。现由于使用功能发生变化（医药仓库改为现代化的三级专科医院），抗震设防类别由标准设防类升级为重点设防类。项目实景、模型图及结构平面布置图见图 3.2-41 粘滞型阻尼器布置图。经过加固方案比较，此工程采用增加速度型粘滞阻尼器的加固方案对其进行加固，通过提高结构抗震性能以达到抗规要求。

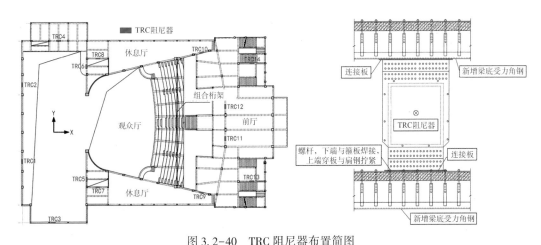

图 3.2-40　TRC 阻尼器布置简图

（a）TRC 阻尼器布置方案；（b）TRC 阻尼器与主体结构楼层梁连接方案

3. 隔震加固技术

基础隔震技术，是在建筑上部结构与地基之间采用柔性连接，并设置足够安全的隔震系统，由于隔震层的"隔震、吸震"作用，地震时上部结构作近似平动，结构反应相当于不隔震情况下的 1/4～1/8（强震观测结果可达 1/2～1/16），进而达到"隔离"地震的作用，该方法不仅能够减轻地震对上部结构造成损坏，而且对建筑装修及室内设备也起到了有效的保护。隔震示意见图 3.2-42。

1）发展沿革

20 世纪 60 年代以来新西兰、日本、美国等多地震的国家对建筑隔震系统开展系统的理论、试验研究。现代最早的隔震建筑是前南斯拉夫的贝斯特洛奇小学，于 1969 年建成，它采用了纯天然橡胶制成的隔震支座。70 年代起，新西兰学者 W. H. Robinson 等率先开发出了可靠、经济、实用的隔震元件——铅芯橡胶支座，大大推动了隔震技术的实用化进程。1985 年，美国建成了美国的第一座隔震建筑——加州圣丁司法事务中心，这也是世界上第一座采用高阻尼橡胶隔震支座的建筑。从 90 年代初开始，国外的工程科研人员开始把目光转到了采用隔震技术对既有建筑物抗震加固改造的研究上，美国采用隔震技术对既有建筑物进行抗震加固，如：1991 年的金刚石研究中心和旧金山海军总部；1995 年的长滩医院和奥克兰政府大厦。

在 20 世纪 80 年代，国内逐渐重视其建筑的隔震研究，开始时集中在以砌体结构为主要应用对象的价格较低的摩擦滑移隔震机构，并且在摩擦材料选择、分析方法探讨、参数优化、模型试验研究和试点工程方面取得一系列成果。80 年代后期至 90 年代则处在采用摩擦元件与阻尼限位元件或复位元件复合体系为主导地位的研究，研究重点是解决增加阻尼器，抑制高振型影响，增加限位或复位元件以限制滑移量，提高隔震建筑的可靠性。进入 90 年代后，橡胶支座隔震技术的研究逐渐趋于成熟，随着隔震橡胶支座的国产化生产，此项技术已成为工程应用的主流。1993 年，唐家祥和刘再华编著出版了国内第一部建筑隔震专著

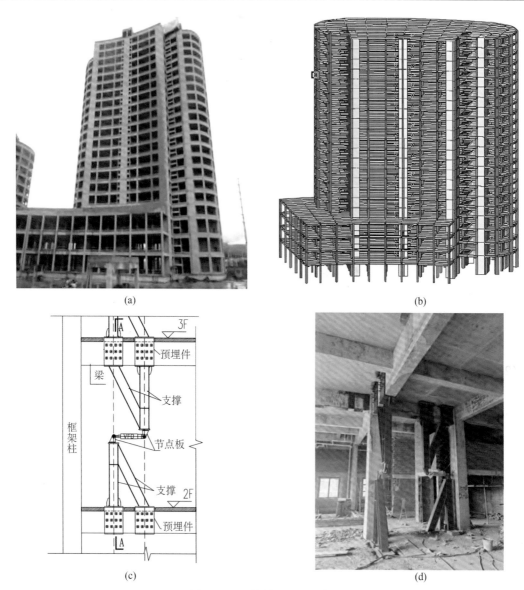

图 3.2-41　粘滞型阻尼器布置图
（a）项目实景；（b）模型图；（c）安装布置示意；（d）现场布置照片

《建筑结构基础隔震》。1994 年周锡元等学者在广东汕头设计了中国首个采用隔震支座的建筑；2000 年，国家颁布实施了《建筑隔震橡胶制作》（JG 118—2000）。2001 年，建筑隔震设计作为单独章节被纳入了《建筑抗震设计规范》（GB 50011—2001）中。

2）技术特点

（1）扰动性小，经济性好。

对原建筑装修档次较高且对建筑外观有较高要求的建筑，采用隔震技术加固可以减少对上部装修的破坏，能够保证结构物内部的装修和精密仪器不被损坏，尤其是对于功能特殊管

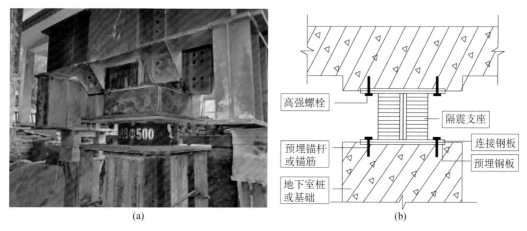

(a)　(b)

图 3.2-42　隔震加固示意图

(a) 隔震加固实景图；(b) 隔震加固简图

线较多设备安装复杂的既有建筑更为合适，比如实验室功能的楼房、医院、电力或电信指挥中心等项目尤为适宜。除此之外，相较于传统加固技术，该加固技术造价上更占优势，施工更加便捷。

（2）形式多样，适用性强。

目前研究开发出的隔震方案主要有橡胶垫隔震、滑移隔震、滚珠（轴）隔震、摆动隔震、悬吊隔震、螺旋钢弹簧隔震等，可适用于不同情况的加固改造工程中。

尽管如此，但隔震技术并不是适宜所有建筑结构的加固，需要综合考虑造价、施工周期、结构合理性等因素。通常来讲，该加固技术对多层、高层建筑具有更好的效益，且层数越高越显著。

3）施工流程

隔震加固技术加固混凝土结构的一般流程包括：下支墩钢筋绑扎、定位板、下预埋组件安装固定、隐蔽验收、下支墩模板支护混凝土浇筑、拆除定位板下支墩顶面收面找平、支座安装及上预埋组件安装、制作安装检查验收、上支墩及隔震层梁板施工以及专项验收等。详见附录 2.11"增设隔震装置加固技术施工流程"。

4）工程案例

（1）土耳其 Basibüyük 培训研究医院加固：

Basibüyük 培训研究医院（Basibüyük Training and Research Hospital），位于伊斯坦布尔，由 16 个 2~13 层的建筑组成。该医院于 1991 年建成，当时采用 1975 年颁布的抗震设计规范。但是到 1998 年新规范颁布后，其设计就不满足当前的设计要求了，所以在 2002 年采用增设剪力墙和柱截面增大法对其进行加固。在整个加固期间，医院停止运营，造成了一定的损失。

2011 年，对该医院再次进行抗震性能评估时，发现该结构不满足 2007 年新规范的抗震性能化设计的要求，无法实现震后立即使用的目标，需要再次进行抗震加固。这次选用了688 个铅芯橡胶支座和 154 个滑板支座相结合的隔震加固方案，加固现场如图 3.2-43 所示。

图 3.2-43　Basibüyük 培训研究医院隔震加固

（2）昆明某老建筑的隔震加固设计（梁佶等，2019）：

昆明橡胶厂一栋老旧建筑的商业建筑建于 20 世纪 80 年代，主楼平面呈 C 形，其连廊部分建筑长 48m、宽 42m，地上 4 层，局部 7 层，如图 3.2-44 所示。在对其加固工程中，采用隔震加固技术，施工周期和工程造价相较于常规加固技术约减少 10% 左右。隔震加固降低了地震输入到上部结构的水平地震作用达到 50% 以上，使得上部结构加固量大为减少，甚至可不加固，较好的保持原建筑风貌，施工期间可以不中断上部功能。

图 3.2-44　原建筑实物图

（3）上海南京东路 179 号街坊成片保护改建工程结构设计（于琦等，2022）：

该工程中，计划通过异形钢结构网壳屋盖将 4 栋建筑相连。针对 4 栋单体结构动力特性差异较大的问题，提出了一种特殊的隔震支座，支座和主体结构的整体分析表明，该隔震支座减小了主体结构和柔性网壳在水平荷载作用下的相互影响，也满足了屋盖在风载作用下的抗拉性能要求。改造后效果如图 3.2-45 所示。

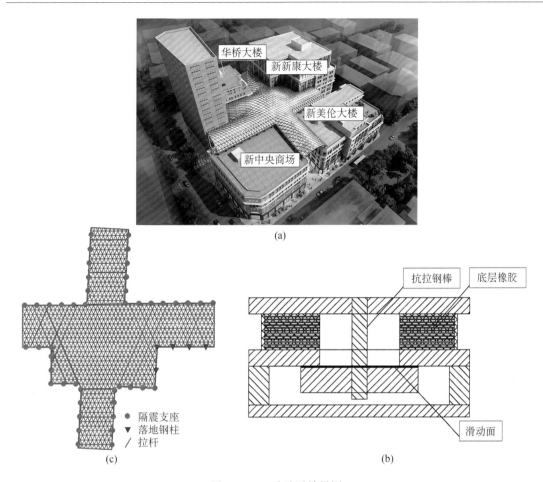

图 3.2-45　改造后效果图

（a）加固改造效果图；（b）屋盖与主体结构的连接示意图；（c）隔震支座

参　考　文　献

卜良桃，2006，高性能水泥复合砂浆钢筋网加固 RC 梁抗剪性能研究［D］，湖南大学

卜良桃、王济川，2002，建筑结构加固改造设计与施工［M］，湖南大学出版社

卜良桃、王月红、尚守平，2006，复合砂浆钢筋网加固抗弯 RC 梁的非线性分析［J］，工程力学，09：
　　125~130

曹少剑，2019，结构加固技术在房屋建筑施工中的运用［J］，工程技术研究，4（07）：27+31

陈大川、李华辉，2010，地震后某中学综合楼的加固设计与施工方法［J］，世界地震工程，26（02）：
　　212~216

陈华，2010，合肥旧城更新的进程回顾与调研思考［J］，山西建筑，36（26）：38~39

陈磊、简政，2008，高强砂浆钢丝网加固钢筋砼柱的试验研究［J］，湖南工程学院学报（自然科学版），
　　（01）：88~91

陈瑞锋，2012，基于增大截面的抗震加固设计参数的确定与应用研究［D］，华中科技大学

陈万春、王涛、黄平明、王国清，2002，碳纤维加固与增大截面加固技术的比较［C］//第一届全国公路

科技创新高层论坛论文集新技术新材料与新设备卷，530~536

陈越、刘雪冰、何相宇，2020，北京某既有公共建筑的消能减震设计［J］，建筑结构，50（S1）：391~395

陈云程、李惠强，2001，增设弹性支点加固技术在某车间楼盖中的应用［J］，建筑结构，（03）：34~35

陈章，2007，抗震加固改造施工技术在建设部大院旧楼改造工程中的应用与研究［J］，建筑结构，37（S1）：572~578

邓宁、钟翔、金凌志、曹霞、梁东青，2010，体外预应力加固实例分析［J］，建筑技术，41（03）：270~272

丁晓辉、崔涛，2009，混凝土结构加固裂缝修补技术设计方法［J］，科技信息，（23）：897+1166

范晓、屈妍，2007，混凝土梁增大截面加固设计［J］，山西建筑，（26）：114~116

傅淑娟、李敬业、赵崇恒、刘涛，2005，用"PC材料置换法"加固钢筋混凝土梁［J］，建筑科学，（02）：44~48

顾祥林等，2011，建筑混凝土结构设计［M］，上海：同济大学出版社

郭俊平、邓宗才、卢海波、林劲松，2014，预应力钢绞线网加固钢筋混凝土柱恢复力模型研究［J］，工程力学，31（05）：109~119

郭俊深，2016，高性能复合砂浆钢筋网加固梁抗震性能试验研究［D］，广州大学

洪刚，2004，增大截面法加固混凝土结构的应用［J］，国外建材科技，（06）：73~74

胡惠荣、朱伯龙，1995，对称加大截面加固混凝土柱的偏心距增大系数［J］，同济大学学报（自然科学版），（05）：493~498

蒋隆敏、尚守平、赵成奇，2007，水泥复合砂浆钢筋网二次受力加固RC偏压柱试验研究［J］，建筑结构，37（S1）：322~326

金晓晨、陈盈，2018，钢筋混凝土框架结构抗震加固研究现状及展望［J］，建筑结构，48（S1）：603~606

康光宗、戚跃然、刘军，2002，对钢筋混凝土轴心受压柱增大截面加固中强度折减系数取值的进一步分析［J］，工业建筑，（12）：83~85

李成、邬险峰、胡伟、张兴，2022，基于性能的抗震加固方法在既有结构加固改造中的应用［J］，建筑结构，52（S1）：2079~2083

李红兵，2018，框架柱局部混凝土置换联合外包钢板加固技术的应用［J］，建筑技术开发，45（13）：78~79

李惠强，2002，建筑结构诊断鉴定与加固修复［M］，华中科技大学出版社

李金国，2016，混凝土裂缝修复技术研究［J］，湖南城市学院学报（自然科学版），25（01）：23~24

李生根、王涛，2019，土木工程建筑中混凝土结构的施工技术［J］，四川水泥，（09）：144

李延和、陈贵、秦新刚、忻建，1995，预应力拉杆横向收紧加固法试验研究［J］，江苏建筑，（03）：10~14

李延和、李树林、吴元，2007，高效预应力加固技术发展综述［J］，建筑结构，37（S1）：173~177

李兆桢，2005，浅谈现代建筑加固施工技术［J］，广东建材，（007）：54~56

梁佶、文兴红、杨铭钊、李昆，2019，昆明某老建筑的隔震加固设计［J］，工程抗震与加固改造，41（01）：132~136+131

刘曙、胡裕恒、陆洲导，1998，同济大学老图书馆结构加固［J］，结构工程师，（04）：24~27+49

刘跃华，2008，置换混凝土加固含氯离子框架柱［J］，工业建筑，（09）：117~118

陆洲导、郑昊、杨劲松，1997，混凝土框架柱的加固试验研究［J］，结构工程师，（02）：20~26

罗绍仟、熊咏梅，2009，浅析钢筋混凝土结构加固方法［J］，林业建设，（2）：4

罗文佑、胡建平，2016，置换混凝土在高层框架柱加固中的应用实例［J］，山西建筑，42（23）：101~102

马跃、李红卫、陈华，2008，弹性支点法在预应力锚索桩板墙计算中的应用［J］，中外公路，28（06）：50~53

聂建国、王寒冰、张天申等，2005，高强不锈钢绞线网-渗透性聚合砂浆抗弯加固的试验研究 [J]，建筑结构学报，(02)：1~9

牛斌，1999，体外预应力混凝土梁弯曲性能分析 [J]，土木工程学报，(04)：37~44

潘立，2012，高强材料等截面置换表层加固混凝土墙体试验研究 [J]，建筑结构，42 (10)：139~143+123

潘明远，2005，钢筋混凝土矩形截面柱绕丝加固试验研究 [D]，西安建筑科技大学

彭晖、尚守平、张建仁、万剑平，2009，预应力碳纤维板加固受弯构件的疲劳性能研究 [J]，土木工程学报，42 (08)：42~49

屈文俊、熊焱、郭莉，2008，碳化混凝土再碱化影响因素及其耐久性研究 [J]，建筑材料学报，(01)：21~27

尚守平、曾令宏、戴睿，2005，钢丝网复合砂浆加固 RC 梁二次受力受弯试验研究 [J]，建筑结构学报，(05)：74~80

施卫星、朱伯龙、张琨联，1995，两种加固钢筋混凝土 T 型吊车梁方法的抗疲劳性能试验研究 [J]，建筑结构学报，(03)：69~75

田照琰，2021，消能减震技术在既有混凝土结构加固工程中的应用研究 [D]，济南大学

万墨林，1991a，钢筋混凝土结构加固设计计算（上）[J]，建筑科学，(04)：3~9

万墨林，1991b，《混凝土结构加固技术规范》简介 [J]，建筑科学，(03)：63~66

王宝顺、蔡履沐、潘鹏、闫维明，2022，消能减震技术在北京工业大学图书馆加固中的应用 [J]，工程抗震与加固改造，44 (04)：104~111+45

王恒华、康信江、张重阳，2003，某商场楼盖体系的加固设计 [C] //第十二届全国结构工程学术会议论文集，第Ⅲ册，429~432

王淞生，1991，外部粘钢加固技术推广应用简介 [M]，钢筋混凝土结构粘钢加固课题组研究资料汇编

王涛，2019，大型活动舞台支承结构加固性能研究 [D]，长安大学

王天稳，2002，弹性支点加固混凝土梁最佳支点刚度的计算 [J]，建筑技术开发，(03)：8~9

王亚勇、姚秋来、王忠海等，2007，高强钢绞线网片-聚合物砂浆复合面层加固钢筋混凝土梁的耐火试验研究 [J]，建筑结构，(01)：112~113+119

王永彪，2010，混凝土裂缝的检测及修补技术 [J]，科技资讯，(12)：79~80

王用锁，2006，钢丝绳绕丝约束混凝土轴心受压短柱试验研究 [D]，哈尔滨工业大学

王用锁、潘景龙，2007，体外绕丝约束混凝土轴压特性的试验研究 [J]，工业建筑，(01)：104~106

王玉岭，2010，既有建筑结构加固改造技术手册 [M]，中国建筑工业出版社

危晓丽、宁海永、卢海波，2022，预张紧钢丝绳网片-聚合物砂浆外加层加固技术在工程中的应用 [C] //《建筑结构》杂志社，《施工技术》杂志社，中国建筑设计研究院，第二届全国工程结构抗震加固改造技术交流会论文集，《建筑结构》编辑部，3

魏洋、吴刚、张敏，2014，绕丝加固混凝土柱轴压性能试验及承载力计算 [J]，建筑结构，44 (11)：20~24

邬险峰、李成、胡伟，2022，抗震性能化设计在某医院改造加固中的应用 [J/OL]，建筑结构，11：1~7

吴刚、魏洋、吴智深、张敏、蒋语榍，2007a，常用加固方法的比较以及预应力高强钢丝绳加固（P-SWR）新技术的优势 [J]，建筑结构，37 (S1)：305~308

吴刚、吴智深、魏洋、蒋剑彪、崔毅，2007b，预应力高强钢丝绳抗弯加固钢筋混凝土梁的理论分析 [J]，土木工程学报，(12)：28~37

夏仕洋、孙逊、方立新、袁晶晶，2023，减震技术在优秀近代建筑更新中的应用研究 [J]，建筑结构，53 (02)：55~61

项剑锋、陈微，2013，无粘结钢绞线体外预应力加固法的几种工程应用 [J]，建筑结构，43 (S1)：799~802

肖慧坚，2013，预应力碳板加固混凝土结构工程应用研究 [J]，四川建材，39 (03)：36~37

肖建庄、秦灿灿、刘祖华、朱伯龙，1999，钢筋混凝土梁抗剪加固试验研究［J］，同济大学学报（自然科学版），（04）：407～411

邢海灵，2003，钢筋混凝土框架节点加固试验及理论分析研究［D］，湖南大学

熊璇，2022，预应力钢绞线-聚合物砂浆加固框架结构抗震性能分析［D］，华东交通大学

熊光晶，1997，焊接钢丝网水泥弯曲极限承载力的计算［J］，建筑结构学报，（01）：33～40

熊焱、屈文俊，2008，混凝土结构耐久性病害的诊断与修复［C］//中国土木工程学会混凝土及预应力混凝土分会混凝土耐久性专业委员会，第七届全国混凝土耐久性学术交流会论文集，104～114

徐浩、贺敏、谢卫峰，2016，浅谈建筑钢结构防腐和防火涂装的施工质量控制［C］//第六届全国钢结构工程技术交流会论文集，515～517

荀勇，1998，增设支点加固法预加应力参数讨论［J］，四川建筑科学研究，（01）：12～14

杨建明、吕志涛，1992，预应力混凝土框架顶层边柱的合理设计［J］，东南大学学报，（01）：43～50

姚志刚、傅智海，2004，办公楼改造中置换框架梁的设计［J］，合肥学院学报（自然科学版），（01）：60～63

于琦、张耒、芮明倬，2022，上海南京东路179号街坊成片保护改建工程结构设计［J］，建筑结构，52（09）：68～73

袁陵，2009，钢筋混凝土框架节点加固试验研究［D］，兰州理工大学

张东明，2019，结构加固技术在房屋建筑施工中的运用分析［J］，工程建设与设计，（24）：10～11

张继文、吕志涛，1995，预应力加固钢筋混凝土连续梁的试验研究［J］，建筑结构，（03）：20～25

张龙飞、陶忠，2016，隔震技术在云南某办公楼加固工程中的应用与分析［J］，建筑结构，46（05）：24～28

张少艺、李煜、苏文央、周锦福，2017，既有钢筋混凝土结构的修复技术研究［J］，四川建材，43（10）：33+36

赵淳，2022，民用建筑地下室预应力碳纤维板加固施工技术［J］，四川建材，48（01）：91～92

赵国栋、段世薪、司伟、李窈、宋杰，2021，体外预应力加固技术在大跨度结构改造中的应用［J］，施工技术，50（09）：45～47

赵侃，2019，预应力钢铰线-外包钢复合加固混凝土柱轴心受压试验研究［D］，西安理工大学

赵清聪，2022，某钢筋混凝土排架厂房的加固设计［J］，建筑结构，52（S1）：2062～2066

赵瞳，2007，增大截面加固法在奥体中心体育场加固中的应用［J］，建筑结构，37（S1）：592～594

赵月明、刘乐乐，2022，某既有建筑改造工程结构加固措施分析［J］，中国建筑装饰装修，（22）：173～175

赵志方、赵国藩、黄承逵，1999a，新老混凝土粘结的拉剪性能研究［J］，建筑结构学报，（06）：26～31

赵志方、赵国藩、黄承逵，1999b，新老混凝土粘结的劈拉性能研究［J］，工业建筑，（11）：56～59+50

周剑辉，2015，乐安花园加固工程项目研究［D］，华侨大学

朱伯龙，1995，房屋结构灾害检测与加固，同济大学工程结构抗灾研究室

ACI Committee, 1998, A Guide for the Design, Construction and Repair of Ferrocement［J］, ACI Structural Journal, 85（5）：323-351

Al-Kubaisy M A, Jumaat M Z, 2000, Ferrocement laminate strengthens RC beams［J］, Concrete International, 22（10）：37-43

Basunbul I A, Gubati A A, Al-Sulaimani G J et al., 1990, Repaired reinforced concrete beams［J］, Materials Journal, 87（4）：348-354

Fleming C J, King G E M, 1967, The Development of Structural Adhesives for Three Original Use in South Africa［J］, Materials and Structures, 37：42-55

Jones R, Swamy R N and Ang T H, 1982, Under and over Reinforced Concrete Beams with Glued Steel Plates［J］,

The International Journal of Cement Composites and Light Weight Concrete, 4（1）：19-32

Logan D, Shaw S P, 1973, Moment Capacity and Cracking Behavior of Ferrocement in Flexure ［J］, Journal Proceedings, 70（12）

Oehles, Deric John, 1994, Reinforced Concrete Beams with Plates Glued to Their Soffits ［J］, Journal of Structural Engineering

Paramasivam P, Lim C T E, Ong K C G, 1998, Strengthening of RC beams with ferrocement laminates ［J］, Cement and Concrete Composites, 20（1）

Paramasivam P, Ong K C G, Lim C T E. 1994, Ferrocement laminates for strengthening RC T-beams ［J］, Cement & Concrete Composites, 16（2）：143-152

Robert T M, 1989, Approximate Analysis of Shear and Normal Stress Concentrations in the Adhesive Layer of Plate RC Beams ［J］, The Structural Engineer, 67（12）：229-223

Solomon S K, Smith D W and Cusens A R, 1976, Flexural Test of Steel-concrete-steel Sandwich ［J］, Magazine of Concrete Research, 28（94）：13-20

Swamy R N, 1999, Strengthening for Shear of RC Beams by External Plate Bonding ［J］, The Structural Engineer, 77（12）：119-130

Swamy R N, Jones R and Bloxham J W, 1987, Structural Behavior of Reinforced Concrete Beams Strengthened by Epoxy Bonded Steel Plate ［J］, The Structural Engineer, 65（2）

Waliuddin A M, Rafeeqi S F A, 1994, Study of the behavior of plain concrete confined with ferrocement ［J］, Journal of Ferrocement, 24（2）：139-151

第4章　钢结构加固技术

4.1　钢结构基本概述

4.1.1　钢结构定义

钢结构（Steel Structure）是由钢制材料组成的结构，是近几十年涌现的较为常见的建筑结构类型之一。钢结构主要由型钢和钢板等制成的钢梁、钢柱、钢桁架等构件组成，并采用硅烷化、纯锰磷化、水洗烘干、镀锌等除锈防锈工艺。各构件或部件之间通常采用焊缝、螺栓或铆钉连接。钢材强度高，在保证为稳定性的前提下，钢材截面比其他材料要小，空间利用率高且其自重较轻，施工简便，在建筑工程中使用逐渐扩大，广泛应用于大型厂房、场馆、超高层等领域。

钢材与其他材料比，有以下优势：

（1）钢材具有强度高、容重与强度比低、抵抗变形能力及塑性韧性强等特点，在同样受力条件下钢结构的构件截面小，自重轻，便于运输和安装，适用于建造跨度大、高度高、荷载重的建筑物。

（2）钢材具有良好的韧性、塑性，材料均匀，结构可靠性高，且钢构件的耗能性能也较好，可以通过变形来吸收和消耗地震输入的能量，可以有效减轻地震反应。

（3）钢结构的构件便于在工厂加工，且成品精度高、生产效率高，易于工地拼装，所以钢结构的建筑工期短，符合国家"低碳、绿色、环保、节能"的可持续发展战略。

4.1.2　钢结构发展

最早在建造房屋中使用的金属结构可以追溯到 18 世纪末的英国。由于当时棉纺厂经常发生火灾，因而在厂房结构中采用了铁框架。100 年后，美国的芝加哥学派建造了一批钢结构摩天大楼，法国工程师埃菲尔建造了著名的铁塔，金属建筑从此进入了第一个光辉时代。在那个时代，人们也建造金属结构的独户住宅，有些金属住宅，至今状态良好。然而，在此后的半个多世纪里，由于钢筋混凝土结构兴起，金属在建筑领域里失去了它的名声和魅力，主要用于建造工厂、飞机库等。

20 世纪 60 年代，钢结构建筑再次开始了新的发展。建筑钢材性能获得了突破性进展，计算机也开始早期应用于结构的设计，金属建筑的各种结构体系日趋成熟。70 年代初，法国采用钢结构体系建造的蓬皮杜文化中心的建成，标志了钢结构应用于建筑的高科技潮流开始出现（图 4.1-1）。到 80、90 年代，雷诺汽车零件配送中心、香港汇丰银行、法国里昂机场 TGV 铁路客运站、日本关西国际机场等标志性建筑物的建成又把钢结构推向了一个新的高度。

图 4.1-1　蓬皮杜文化中心

此时，西方发达国家已经提出了"预工程化"金属建筑概念，"预工程化"金属建筑是指将建筑结构分成若干模块在工厂加工完成，从而使钢结构建筑的设计、加工和安装得以一体化，这就大大降低了建筑成本（比传统结构型式低 10%~20%），缩短了施工周期，使钢结构的综合优势更加明显。

随着科技进步及钢材品质提高，钢结构愈来愈被人们所重视，在欧洲、美洲、日本等地，厂房的兴建广泛采用钢结构。而在一些先进城市，大楼、桥梁、大型公共工程，亦多采用钢结构建筑。

现在人类已具有建造跨度超过 1000m 的超大型穹顶与高度超过 1000m 最高可至 4000m 的超高层建筑的能力。各种类型的大跨空间结构发展愈来愈快，建筑物的跨度和规模越来越大，发展了许多新的空间结构形式。1975 年建成的美国新奥尔良"超级穹顶"（Superdome），直径 207m，长期被认为是世界上最大的球面网壳；后来这一地位被 1993 年建成的直径为 222m 的日本福冈体育馆所取代（沈世钊，1998）。2008 年，为迎接第 29 届北京夏季奥运会，我国建成了鸟巢国家体育场，其主体结构建筑是由一系列钢桁架围绕碗状座席区编制而成的椭圆鸟巢外形，南北长 333m、东西宽 296m，是我国现有最大的大跨结构体育场馆（图 4.1-2）。

图 4.1-2　鸟巢国家体育场

　　20 世纪 70 年代以来，由于结构用织物材料的改进，膜结构或索膜结构（用索加强的膜结构）获得了发展（沈世钊，1998）。1992 年在美国亚特兰大建成的奥运会主馆"佐治亚穹顶"，平面尺寸为 240m×193m，是当时世界上最大跨度的索网与膜杂交结构屋顶。2008 年，我国建成的"水立方"国家游泳中心，主体尺寸为 177m×177m，是世界上最大的膜结构工程，也是唯一一个完全由膜结构来进行全封闭的大型公共建筑（图 4.1-3）。2016 年，我国建成的"FAST 天眼"的主动反射面是由上万根钢索和 4450 个反射单元组成的球冠型索膜结构，是目前世界上跨度最大、精度最高的索膜结构（图 4.1-4）。

图 4.1-3　水立方国家游泳中心　　　　　　　图 4.1-4　FAST 天眼

　　我国钢结构的研究和应用相较于国外起步较晚，根据我国钢材产量的变化情况，其发展历程大致可分为四个阶段。这四个阶段国家对于发展钢结构的产业技术政策分别是节约钢材、限制使用、合理使用和大力推广使用。（岳清瑞等，2017）

　　第一阶段为新中国成立初期至 20 世纪 60 年代中期，这一阶段以前苏联援建项目为背景，我国钢结构的研究和应用开始起步发展。第一个五年计划期间的建设事业中，很多厂房都采用了规模较大的钢结构。在此期间，我国第一本钢结构设计规范通过审查，钢结构技术队伍得以成长，技术水平有所提高，工业建筑和体育馆等大跨民用建筑也开始使用钢结构。但由于钢材匮乏，节约钢材是这一时期的国策。

　　第二阶段为 20 世纪 60 年代中期到改革开放初期，这一阶段钢材短缺，因而不得不限制建筑用钢，钢结构的利用与发展被限制。在此期间，我国钢结构工程严重减少。限制使用钢材是这一时期的产业技术政策。

　　第三阶段为改革开放初期到 20 世纪 90 年代中后期，在改革开放的大潮和以经济建设为中心的背景下，伴随着国外先进技术的引进，我国钢材产量稳步提升，建筑钢结构得到了飞速发展。我国钢材产量在 1996 年突破 1 亿吨，并且自 2000 年起稳居世界第一的位置。从限制使用转变到合理使用钢材是这一时期产业技术政策的一大特征。

　　第四阶段为 20 世纪 90 年代中后期至今，随着我国钢材产量的快速增加，我国开始大力推广使用钢结构。2006 年，在"双碳"背景下，国家开始鼓励节能省地型绿色建筑，并鼓励建筑工业化的发展和新型建筑结构系统的开发。钢结构具有能耗低及污染排放量少、绿色施工等优点，且可以再生利用、减少建筑垃圾排放，是符合循环经济特征的节能环保绿色建筑，因而得到了推广应用。

4.1.3　钢结构分类

钢结构按照结构可分为四个类型：

1. 门式钢结构

门式刚架为一种传统的结构体系，该类结构的上部主构架包括刚架斜梁、刚架柱、支撑、檩条、系杆、山墙骨架等。门式刚架轻型房屋钢结构具有受力简单、传力路径明确、构件制作快捷、便于工厂化加工、施工周期短等特点，因此广泛应用于工业、商业及文化娱乐公共设施等工业与民用建筑中。门式刚架轻型房屋钢结构起源于美国，经历了近百年的发展，已成为设计、制作与施工标准相对完善的一种结构体系（图4.1-5）。

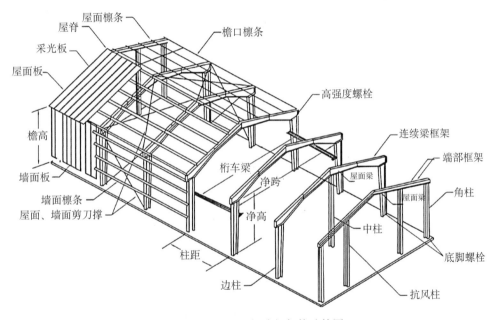

图 4.1-5　门式钢架构造简图

2. 框架钢结构——纯框架、中心支撑框架、偏心支撑框架、框筒（密柱框架）

钢框架是由钢梁和钢柱组成的能承受垂直和水平荷载的结构。用于大跨度或高层或荷载较重的工业与民用建筑。民用高层建筑和大跨度厅堂等的钢框架，其杆件可为实腹式也可为构架式。工业用的跨度较大和重型桥式吊车的厂房，刚架的钢柱为单阶和双阶柱，以支承吊车梁。吊车轨道以上部分的柱多为实腹式截面，以下部分为格构式截面，格构式下柱也可为钢筋混凝土格构式柱。横梁一般用钢桁架与钢上阶柱作成刚性连接。钢杆件的连接一般用焊接，也可用高强螺栓或铆接（图4.1-6）。

3. 网架结构——网架、网壳

网架结构根据外形可分为平板网架和曲面网架。通常情况下，平板网架称为网架；曲面

图 4.1-6　框架钢结构简图

网架称为网壳。网壳结构是曲面形的网格结构，兼有杆系结构和薄壳结构的特性，受力合理，传力途径简捷，覆盖跨度大，是一种颇受国内外关注、半个世纪以来发展最快、有着广阔发展前景的空间结构。由于网壳曲面的多样化，结构设计人员可以通过精心的曲面设计使网壳受力均匀；施工上采用较小的构件在工厂预制，实现工业化生产，现场安装简便快速，不需要大型设备，综合技术经济指标较好（图 4.1-7）。

图 4.1-7　网架钢结构简图

4. 索膜结构——悬索结构、膜结构

索膜结构也称为张拉膜结构，是膜结构三种常见形式之一，其以膜材、钢结构支柱、拉索等共同作用，使膜面形成一定的张力从而形成承受外载荷的某种稳定的空间结构，与骨架式、充气式结构相比索膜结构是最能体现膜结构精髓的形式。其中，膜结构又包括张拉式、骨架式和充气式膜结构。由于其强度决定于受拉构件的承载能力而不是结构的稳定性，所以

能够充分发挥钢索和膜材受拉工作时强度高、自重轻的特点，更加适合于大跨度结构中（图 4.1-8）。

　　钢结构也可根据用途分为四个类型：高耸钢结构、板壳钢结构、工业厂房钢结构、轻型钢结构。

图 4.1-8　索膜结构外观图

4.1.4　钢结构常见损伤和破坏

　　钢结构在长期使用及环境作用影响下，通常会出现以下损伤：钢结构构件表面发生锈蚀、腐蚀而导致构件截面削弱；结构产生具有扩展性或脆断倾向性裂纹损伤；钢结构拉压杆件发生弯曲变形；钢结构焊缝出现裂纹、气孔、夹渣等缺陷；螺栓连接松动而发生滑移、脱落等。

　　除上述损伤外，钢结构通常在地震作用下亦会产生以下破坏现象：节点连接的破坏、构件的破坏以及结构的整体倒塌（周卉等，2009）。

　　1. 节点连接的破坏

　　钢结构节点连接破坏的主要表现形式为节点处的裂缝。主要原因是存在大的弯矩，加上焊缝金属冲击韧性低，焊缝存在缺陷，特别是下翼缘梁端现场焊缝中部，因腹板妨碍焊接和检查，出现不连续焊缝，梁翼缘端部全熔透坡口焊的衬板边缘形成人工缝，在弯矩作用下扩大，梁端焊缝通过孔边缘出现应力集中，引发裂缝，向平材扩展，造成节点部位强度不足。裂缝主要出现在下翼缘，是因为梁上翼缘有楼板加强，且上翼缘焊缝无腹板妨碍施焊（尹保江等，2011）。钢结构典型梁柱节点连接部位破坏如图 4.1-9a 所示。

　　2. 构件的破坏

　　钢结构构件的破坏通常表现为钢结构支撑杆件的失稳和断裂破坏，钢柱的脆性断裂。其中，钢结构中抗侧力的支撑属于循环拉压的轴力构件，在较大的地震作用下，中心支撑构件会受到巨大的往复拉压作用，一般都会发生整体失稳现象并进入塑性状态，伴随整体失稳往往又会出现板件的局部失稳，进而引发低周疲劳和断裂破坏（周卉等，2009）。而钢柱的脆断破坏则可能与高速往复地震作用伴随的竖向地震拉弯破坏有关（尹保江等，2011）。钢结构典型构件破坏如图 4.1-9b~d 所示。

3. 结构的倒塌破坏

地震中发生倒塌的钢结构房屋，往往是由于建造年代较早，所依据的设计及建造规范较为老旧，在抗震设防及加固等方面缺乏一定的必要措施。除此之外，在结构布置或构造上存在缺陷往往也会造成钢结构房屋的严重破坏甚至倒塌，例如：1985 年墨西哥大地震中，墨西哥市的 Pino Suarez 综合大楼的三个 22 层的钢结构塔楼，其中一栋发生倒塌，其余二栋也发生了严重破坏，这三栋塔楼的结构体系均为框架支撑结构，主要原因之一是由于纵横向垂直支撑偏位设置，导致刚度中心和质量重心相距太大，在地震中产生了较大的扭转效应，致使钢柱的作用力大于其承载力（周卉等，2009）。钢结构典型倒塌破坏如图 4.1-9e 所示。

(a)

(b)

(c)

(d)　　　　　　　　　　(e)

图 4.1-9　钢结构典型震害示例

（a）梁柱节点连接部位破坏；（b）柱间支撑失稳；（c）柱间支撑断裂破坏；

（d）钢柱脆断破坏；（e）轻钢框架整体倾斜

4.2 钢结构常用加固技术

伴随钢结构数量的持续增长，既有钢结构服役安全问题引起广泛关注，主要存在以下问题（王元清等，2022）：

（1）不当设计或施工导致新建结构存在安全隐患。

（2）由于偶发灾害、长时间服役环境影响或人为作用，使既有钢结构性能显著退化。

（3）使用功能、承载需求或设计标准改变，需对在役钢结构进行性能提升。

（4）结构接近或达到设计使用寿命，但仍计划继续使用、延长使用寿命等。

在面临钢结构的上述问题时，往往需要对其进行检测鉴定后，进而采取一定的措施进行加固改造，从而提高房屋安全性能并满足业主需求。通常做法如下：

（1）对于钢结构构件或连接出现局部缺陷或损伤，通常应遵循"先修复后加固"的原则，在加固前应先对其既有损伤进行修复处理，即"钢结构构件修复"。

（2）当钢结构主要承重构件、连接或节点不满足承载力或抗震需求时，可直接对构件、连接或节点进行加固，从而提升构件、连接或节点处的局部承载力、延性与耗能能力，即"钢结构构件加固"。

（3）当仅通过构件、连接与节点加固无法达到安全使用要求或抗震设防目标时，则应对结构采取整体加固措施，以提高结构的整体性，即"钢结构整体加固"。

在实际加固工程中，应基于既有建筑现状，结合检测与鉴定结论，制定多手段并行的综合加固方案。本章拟讨论的砌体结构常见加固技术框架如图4.2-1所示。

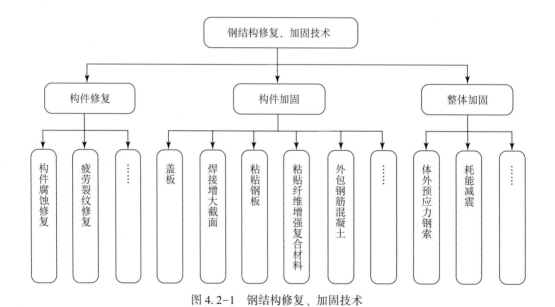

图 4.2-1　钢结构修复、加固技术

4.2.1　钢结构构件修复技术

钢结构构件常见损伤主要有：构件腐蚀、疲劳裂纹等表面缺陷，螺栓缺失、松动以及焊缝缺陷等，其中，螺栓缺失或松动通常仅需对其进行补栓、更换等处理；焊缝缺陷通常需对其清除补焊。这两种缺陷的修复技术较为简便，不再对其进行详细描述。本节主要针对钢构件的腐蚀、疲劳损伤的表面缺陷问题，介绍其成因，并总结了几种常见的修复技术。

1. 钢结构构件腐蚀修复技术

通常情况下，钢材料受氧气、空气中水分以及结构表面污物、锈层、焊渣等因素影响，出现锈蚀和腐蚀情况。空气湿度低于 60% 时，钢结构受轻微腐蚀，如图 4.2-2a 所示；空气湿度超过钢材最大极限时（临界湿度为 60% ~ 70%），腐蚀情况比较严重，如图 4.2-2b 所示。

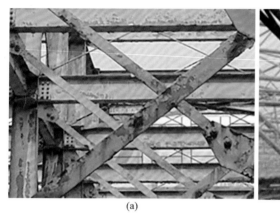

(a)　　　　　　　　　　　　　(b)

图 4.2-2　钢结构构件腐蚀示意图
（a）钢结构轻微腐蚀；（b）钢结构严重腐蚀

钢结构出现腐蚀问题未及时解决，随着使用时间延长，会对钢结构的强度、稳定性等造成破坏使其承载能力无法满足项目要求。随着时间推移受自然环境影响，钢筋的疲劳程度进一步加剧，将埋下巨大的安全质量隐患。

1）构件腐蚀的类型和成因（张启富等，2006）

（1）大气腐蚀。

钢结构的大气腐蚀主要是由空气中的水和氧气等的化学和电化学作用引起的，是一种常见的腐蚀现象。大气中水汽形成金属表层的电解液层，而空气中的氧溶于其中作为阴极去极剂，二者与钢构件形成了一个基本的腐蚀原电池。当大气腐蚀在钢构件表面形成锈层后，腐蚀产物会影响大气腐蚀的电极反应。

（2）化学腐蚀（张恩旺等，2022）。

化学腐蚀是指钢结构和外界介质接触发生化学反应而造成结构破坏的腐蚀。根据外界接触环境不同，钢结构化学腐蚀分为高温气体腐蚀和氢腐蚀。

高温气体腐蚀指在高温条件下的钢结构和空气中的氧气、水、二氧化碳、硫介质等发生高温氧化、脱碳、硫化等反应，造成钢结构的力学性能下降，影响工程结构的使用。相对于高温气体腐蚀，钢结构发生氢腐蚀对环境的要求比较高。氢腐蚀要求外界环境温度一般要高于232℃，氢分压大于0.7MPa，使环境中的氢原子能够与钢结构发生反应，进而让钢结构中的碳脱离，对钢结构的强度造成永久的损坏，使钢结构的强度和塑性大幅度下降。工程中氢腐蚀一般发生在石油加氢、裂解等钢制装置中。

（3）局部腐蚀。

局部腐蚀是钢结构最常见的破坏形态，主要包括电偶腐蚀、缝隙腐蚀。电偶腐蚀主要发生在钢结构不同金属组合或者连接处，其中电位较负的金属腐蚀速度较大，而电位较正的金属受到保护，两种金属构成了腐蚀原电池。研究表明，接触金属的电位差为电偶腐蚀的驱动力，两种金属的电极电位差愈大，电偶腐蚀愈严重。

当钢结构的不同结构件之间、钢构件与非金属的表面间存在缝隙，并有介质存在的时候就会发生局部腐蚀。所以腐蚀发生的条件：首先应存在一定具备腐蚀条件的缝隙，缝隙中必须有一定的液体；其次构件的缝隙宽度必须窄到可以使得液体在缝内停滞。钢结构最常见的缝隙腐蚀形式有铆接、衬垫和颗粒沉积等，由于这些连接中的缝隙在工程中是不可避免的，所以钢结构的缝隙腐蚀也是不可完全避免的，它的发生会导致钢结构整体强度降低，减少吻合程度。

（4）应力腐蚀。

由于钢结构既要承受拉伸、压缩、弯曲和扭转等各种应力的作用，又要受到腐蚀介质的作用，所以其采用的低碳钢、低合金钢、高强钢等在水介质、$CO-CO_2-H_2O$ 中极易发生应力腐蚀。在腐蚀环境中，钢结构受力作用会使腐蚀加速，即在某一特定的介质中，钢结构不受到应力作用时腐蚀甚微，但是受到拉伸应力后，经过一段时间构件会发生突然断裂。由于这种应力腐蚀断裂事先没有明显的征兆，所以往往造成灾难性后果，如桥梁坍塌、管道泄漏、建筑物倒塌等，带来巨大的经济和人员伤亡。

钢结构应力腐蚀主要受到力学、电化学、构件材料三个方面的影响。环境因素和构件材料通过影响钢结构腐蚀的电化学行为决定了裂纹的形成、发展，并在应力的作用下导致构件失稳断裂。同时力学行为也受到构件材料和应力因素的影响，其对于裂纹的不同成长阶段都具有一定作用，并最终与电化学行为一同决定了构件的失稳断裂。

2）常见的构件腐蚀修复技术

钢结构构件表面腐蚀修复的方式主要有手工及动力工具除锈、火焰除锈以及喷砂除锈等。其中（刘晓珂，2014）：

手工及动力工具除锈和火焰除锈均为传统修复方式。手工及动力工具除锈，设备简单，施工快，成本低，但是往往受空间位置限制大，除锈质量低；火焰除锈，除旧防腐层效果突出，成本较低，但是施工效率低，除锈不彻底，危险性大，易造成母材损伤。

喷砂除锈是一种新兴的除锈方式，是在一定空气压力的作用下，将具有一定粒径的除锈磨料直接喷射到钢材的表面进行除锈。其基本原理是利用磨料的不规则形状、硬度、和冲击能量等，运用物理方法进行钢结构表面除锈的一种方式。喷砂除锈工艺比起传统的除锈方式有除锈质量高、表面光滑平整等优点，尤其对于大面积、大体量的除锈工作有着更高的除锈效率。在许多对除锈效果要求较为严格的工程中，只有喷砂除锈方式才能达到预期的除锈要求。

2. 钢构件疲劳裂纹修复技术

1）钢结构疲劳裂纹成因

当结构中的钢构件承受往复循环荷载作用时，可能由于疲劳而产生裂纹，疲劳裂纹的扩展将导致构件因脆断而失效，如图 4.2-3 所示。这种源于疲劳的钢结构脆断事故由于发生突然，没有明显的塑性变形，往往将造成极大的经济损失甚至人员伤亡。恶劣的工作环境如低温、腐蚀及冲击荷载等将进一步削弱钢结构的疲劳性能（尹越等，2004）。

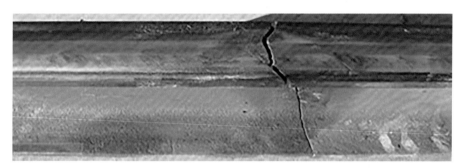

图 4.2-3　钢结构构件疲劳脆断

普遍认为疲劳破坏的过程为：零部件在循环载荷作用下，在局部的最高应力处及应力最大的晶粒上形成微观裂纹，然后发展成宏观裂纹，裂纹继续扩展，最后导致疲劳破坏。疲劳破坏经历了裂纹萌生、裂纹扩展和瞬时断裂三个阶段。其中第一和第三阶段裂纹发展速率较快，而第二阶段裂纹扩展速率相对稳定，因此在裂纹扩展阶段采取相应的措施进行裂纹修复以延长扩展期的寿命，将有利于延缓或消除疲劳破坏现象的发生（杨俊芬等，2022）。

2）常见的疲劳裂纹修复技术

（1）拉力超载法。

拉力超载法是延缓疲劳裂纹扩展的最简单的方法，其基本原理是通过简单拉力超载在裂纹尖端形成较大的塑性区，卸载后，该塑性区在周围的弹性区域作用下，产生残余压应力，从而延缓疲劳裂纹的扩展。使用拉力超载法延缓钢构件疲劳裂纹扩展时，应确保超载拉力不会引起构件的脆性断裂。

（2）钻孔止裂法。

钻孔止裂法是延缓钢结构构件疲劳裂纹扩展的常用应急技术。钻孔止裂法通过在疲劳裂纹尖端处钻孔，消除裂纹尖端严重的应力集中，阻止疲劳裂纹的扩展，钻孔止裂后，疲劳裂纹只有在孔边应力集中处再次萌生后才能继续扩展，因此，钻孔止裂法的止裂效果取决于疲劳裂纹在止裂孔边的再生寿命。钻孔止裂法示意图见图 4.2-4a。

（3）裂纹焊合法。

裂纹焊合法是一种常用的疲劳裂纹修复方法，一般可采用碳弧气刨、风铲等将裂纹边缘加工出坡口直至裂纹尖端，然后用焊缝焊合。裂纹焊合法虽然可以修复疲劳裂纹，消除裂纹尖端的应力集中，但焊接过程将恶化焊缝金属及热影响区内钢材的断裂韧性，且使该区域具有较大的焊接残余应力，更大的问题是焊缝中的气孔、夹杂、裂纹等焊接缺陷将可能造成新疲劳裂纹的萌生和扩展，其疲劳寿命甚至可能低于原有疲劳裂纹。裂纹焊合法的修复效果在很大程度上取决于焊缝质量的好坏，因此采用裂纹焊合法修复疲劳裂纹时，必须采用合理的焊接工艺，确保焊缝质量。裂纹焊合法示意图见图 4.2-4b。

（4）钢板补强法。

钢板补强法是另一种常用的疲劳裂纹止裂手段，补强钢板通过焊接或爆栓连接覆盖在开裂板材开裂区域之上，疲劳荷载通过补强钢板传递，大大减小了原有疲劳裂纹尖端的循环应力，从而达到止裂的目的。新的疲劳裂纹可能在连接焊缝焊趾或爆栓孔孔壁等应力集中部位萌生并扩展，因此为达到更好的止裂效果，应保证焊接质量，减少焊接缺陷，保证螺栓孔钻孔质量，进行冷扩孔以提高孔边疲劳裂纹萌生寿命。补强钢板应尽量在开裂钢板的两侧对称设置。钢板补强法示意图见图 4.2-4c。

（5）渗透填充法。

渗透填充法通过向裂纹尖端填充环氧树脂、铝粉末等物质，使裂纹产生闭合效应，从而延缓疲劳裂纹的扩展，延长开裂板件疲劳寿命。渗透填充法的止裂效果取决于填充物的性质及填充物是否有效地渗透到了疲劳裂纹的尖端，填充物渗透到疲劳裂纹尖端的深度取决于实施渗透填充法时的荷载水平及填充方法。渗透填充法示意图见图 4.2-4d。

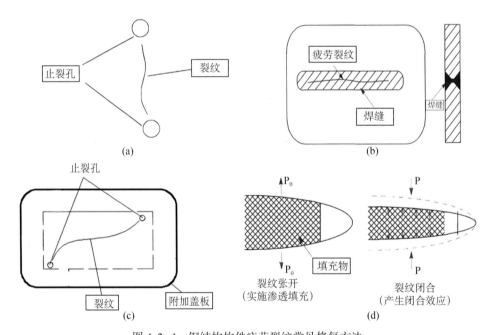

图 4.2-4　钢结构构件疲劳裂纹常见修复方法

（a）钻孔止裂法；（b）裂纹焊合法；（c）钢板补强法；（d）渗透填充法

4.2.2　钢结构构件加固技术

钢结构构件的加固技术，主要包括连接与节点的加固和钢构件的加固两方面。其中：

（1）钢结构连接的加固，常优先选用以原连接方式为主的加固方法：当原结构焊缝连接需加固时，通常选择增大原焊缝长度和有效厚度；对于螺栓连接或者铆钉连接，采取增加孔数、扩大栓钉孔径、更换原有连接件等方法进行加固。除此之外，由于焊接施工的便利性和可靠性，焊接加固也成为螺栓或铆钉连接的常用加固方法，典型代表为栓焊并用连接（王元清等，2022）。

钢结构节点的加固，主要思路是把容易破坏的部位从节点区往外移，在梁上合适的位置形成塑性铰（杨文等，2005）。FEMA 267 提出的钢结构节点常用的加固方法主要有以下五种：腋板加固、肋板加固、侧向盖板加固、高强螺栓加固以及盖板加固（曹辉，2017）。其中，盖板加固技术因其施工较为便捷在钢结构节点的加固工程中应用广泛。

（2）钢构件的加固技术，主要分为增大截面加固法和预应力加固法等两种。其中：增大截面加固法是通过焊缝连接、螺栓连接、铆钉连接、粘贴钢板和粘贴碳纤维增强复合材（CFRP）等对截面进行增大，在承载需求提高较大的情况下也可借助混凝土材料进行组合加固，采用外包钢筋混凝土或内填混凝土加固法；而预应力加固法是一种更"主动"的加固方式，对于被加固件有卸载、改变传力路径等多重效果，可通过预应力水平的调整实现加固件和被加固件的协同受力、减小加固件应力滞后效应（王元清等，2022）。其中，采用螺栓连接或铆钉连接进行增大截面加固，在输电铁塔等电力行业中广泛应用，而在钢结构建筑的应用和研究则较少；钢管内填混凝土加固技术在既有结构的加固工程中应用较少，更多作为钢管混凝土组合构件较多地应用于新建钢结构工程中；构件的预应力加固技术则被广泛用于钢桥的梁式构件加固中，对于既有的轴压和压弯构件，其研究和实践则相对较少。因此本节不再针对这三种加固技术进行详细介绍。

本节重点介绍钢结构节点和构件几个常见的加固技术，主要包括：针对钢结构节点的盖板加固技术，针对钢构件的焊接增大截面加固技术、粘贴钢板加固技术、粘贴 CFRP 加固技术以及外包钢筋混凝土加固技术。

1. 盖板加固技术

盖板加固技术，是指在梁翼缘上与柱连接的一段长度上贴焊钢板，加厚节点区域的梁翼缘，从而对钢结构节点进行加固。盖板形状可采用矩形或梯形，如图 4.2-5。一般需要在梁上下翼缘同时贴焊盖板，但由于楼板的存在导致施工不便，上部盖板也可焊于梁翼缘下部。采用该种加固方法可以加入盖板的屈服弯矩，从而增大了节点连接的抗弯承载力，并使得塑性铰外移至盖板外，节点具有良好的抗震性能和塑性变形能力（赵昱璐等，2022）。

1）发展沿革

1988 年，美国 Tsai 与 Popov 对盖板加固节点的雏形进行了试验研究，这次试验初步论证了盖板加强型节点在试验中的有效性（高翔，2012）。

1994 年美国北岭地震之后，关于盖板加固节点的试验研究和工程应用被逐渐重视和运用。Engelhardt 等通过对 12 个不同盖板加固节点在循环荷载试验作用下的试验分析，指出应

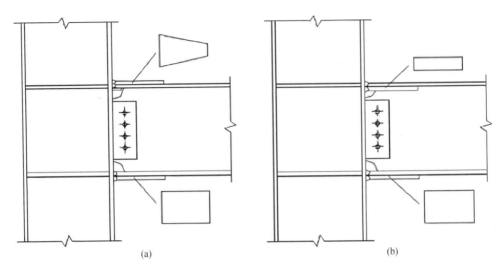

图 4.2-5　钢结构节点的盖板加固技术示意图
(a) 梁上下翼缘贴焊盖板；(b) 上部盖板焊于梁翼缘下部

选择合理形式的盖板加固方式，并在需要的时候进行试验和理论分析，以期达到实际的要求（曹辉等，2016）。

早期的盖板加固节点，形式比较简单，上下盖板对称，宽度和梁翼缘相同，盖板与梁柱翼缘的焊接连接也相对简单。但是盖板两侧的部分熔透焊缝的施工质量很难保证，特别是对于下翼缘的焊缝，需要仰焊完成。针对这种情况，研究人员提出了不同形状的便于施工的盖板。上翼缘盖板现在一般均为梯形，这样盖板两侧的也可以通过角焊缝焊接，而下翼缘盖板一般宽于梁翼缘，这样可以从上面用角焊缝和下翼缘连接，而盖板端部的角焊缝取消（杨文等，2005）。

国内许多学者通过研究美国北岭地震和日本阪神地震中钢结构的震害，总结相关数据，分析并归纳了钢结构节点的破坏特征以及破坏原因（曹辉等，2016）。结合这两大实际震例，采用试验研究、理论分析以及模型模拟等手段，对钢结构节点的盖板加固展开了研究，相关研究成果也为我国钢结构相关加固规范中对于节点盖板加固的设计计算、构造要求以及施工等方面提供了一定参考依据。

2) 技术特点

钢结构节点的盖板加固技术采用焊接手段，施工往往比较简便，相较于其他节点加固技术，在实际工程中的应用更为广泛。此外，在受到楼板等其他构件的限制时，梁上翼缘的盖板可以灵活地加在翼缘的上部或下部，这是相较于其他节点加固技术最为显著的优势（罗睿奇等，2013）。

尽管如此，该技术仍存在一些不足与局限性。例如：对于施工控制不当造成的焊接缺陷，以及焊接加固产生的焊接残余应力对节点加固的受力性能造成的影响目前还不太清楚，需要进一步的深入研究。此外，节点加固带来的局部的刚度和强度提高，不仅会改变加固部分的内力分布状态，而且其对于结构整体内力分配造成的影响还缺乏研究，这也是众多节点加固技术所面临的共性问题（曹辉等，2016）。

3）施工流程

盖板加固技术的施工流程为：制作加固件、焊前准备、焊接、焊后检测。详见附录 3.1
"盖板加固技术施工流程"。

4）工程案例

山西某电厂改造中钢结构节点的加固（王元清等，2014）：

该电厂由于环保要求，需对其锅炉进行烟气脱硝改造，在安装脱硝设备后，将改变其部
分使用功能，因此需对其中钢结构进行检测鉴定以及加固，以满足要求。其中在对其斜支撑
节点加固时，采用了焊接盖板加固技术，在斜撑支点的上缘焊接了加固钢板，如图 4.2-6
所示。

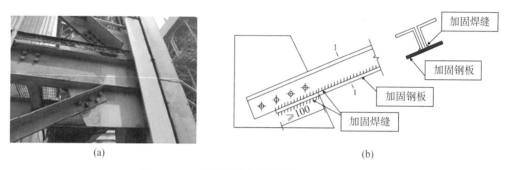

(a)　　　　　　　　　　　　　　　　(b)

图 4.2-6　钢结构斜支撑节点加固工程概况
（a）斜支撑节点现场照片；（b）斜支撑节点板焊接节点加固示意

2. 焊接增大截面加固技术

钢结构构件的焊接加固技术，是指采用焊接钢板或型钢对构件进行加固，是钢结构一种
常见的传统增大截面加固技术（祝瑞祥等，2014）。钢结构的焊接加固技术一般分为原构件
卸荷和负荷状态下的焊接加固，其中：

卸荷下焊接加固钢构件就是通过合理的方法将原本受有荷载的待加固钢构件上的荷载转
移开来，使带加固钢构件不承担任何作用，然后才对钢构件进行焊接加固。负荷下焊接加固
钢构件指被加固构件在加固过程中仍然在结构中发挥作用，需要承担外部荷载（王元清等，
2013）。考虑到经济效益、施工便捷程度以及尽量不影响现有生产活动等因素，构件的焊接
加固往往是在负载下完成的（祝瑞祥等，2014）。

该加固技术可用于钢结构受弯、受压、压弯构件的加固（王元清等，2016）。钢结构焊
接增大截面加固技术示意图见图 4.2-7。

1）发展沿革

国外学者最先展开了对焊接加固技术的相关研究。1935 年，Wilson 和 Brown 首先展开
了焊接加固试验研究，他们将钢板焊接到了原有的构件上，对一座高架桥钢柱进行了加固
（王元清等，2013）。1944 年 Spraragen 等发现在加固过程中由于焊接热、冷却过程的收缩应

图 4.2-7　钢构件焊接增大截面加固技术示意图

力、焊接缺陷、疲劳以及超预期的不良的荷载重分布等因素，可能造成结构的失效（王元清等，2022）。1962~1963 年，前苏联工业建筑期刊上发表的钢构件补焊加固试验结果，表明了在负载状态下采用焊缝连接加固件与被加固件的可能性（董晓彤，2019）。国外虽然对于负载下焊接加固技术的研究开展较早，但除了前苏联《改建企业钢结构加固计算建议》给出了个别限值规定，国外其他相关技术标准中均无具体规定或只有一般性提示（王元清等，2016）。

国内相关研究起步则较晚。1966 年，我国一冶建设公司杨建平等完成了高荷状态下桁架加固补焊试验，试验结果表明构件挠度大小与构件截面、初始应力大小、焊接时间等因素有关，这些结果也为 96 版冶标提供了编制依据（张亚伟，2019）。

1996 年，我国由清华大学土木工程系主编制定了协会标准《钢结构加固技术规范》（CECS 77：96）正式批准实施，这是我国第一部钢结构加固规范，同年冶金工业部建筑研究总院也主编完成了冶金行业标准《钢结构检测评定及加固技术规程》（YB 9257—96）。两本标准都借鉴了前苏联的研究成果，而后很长的时间里，国内的钢结构加固工作均按照CECS 77：96 和 YB 9257—96 这两本 96 版标准来进行设计和施工。两本标准都对负载下焊接加固钢结构作了若干设计计算及施工构造方面规定，但存在一定程度的差异（王元清等，2016）。

为了解决这一问题，在国家标准《钢结构加固设计标准》编制管理组专项研究中，王元清等分别开展了轴心受压构件、受弯构件、偏心受压构件的焊接加固试验研究和热-力耦合数值分析，研究了初始负载水平和焊接热输入的影响，为标准编制提供了重要的数据支撑（王元清等，2022）。

基于前两本行业标准以及上述的研究成果，我国于 2019 年正式颁布了《钢结构加固设计标准》（GB 51367—2019），在这部国家标准中对不同受力类型构件的焊接加固的设计计算和施工要点作了详细的规定，这也为今后国内钢结构焊接加固等工程提供了统一的指导依据。

2）技术特点

焊接增大截面加固技术，因具有耐久性好、经济效益好、施工便捷等优点而成为钢结构加固工程中应用最普遍的方法之一（王元清等，2015）。从钢结构中拆下钢梁进行加固不仅不经济，而且影响生产活动，因而钢梁的加固通常是在负载下完成的，而钢构件在负载下加固能够保证生产活动的正常进行，且通常施工简便（王元清等，2013）。

但是，采用焊接加固时，高温作用使焊接部位的组织及性能劣化、焊缝缺陷及焊接结构内部存在残余应力以及焊接使结构形成连续的整体，裂缝一旦失稳扩展，就有可能一断到底，引发重大事故。

3）施工流程

焊接增大截面加固技术的施工流程为：搭设脚手架、焊前检查、焊接、焊后检测。详见附录 3.2 "焊接增大截面加固技术施工流程"。

4）工程案例

天津国际贸易中心高层框架-支撑钢结构加固（杜颜胜等，2016）：

天津国际贸易中心属于续建项目，其主塔楼于 1996 年 4 月开始施工，并在 2000 年 7 月因故停工。天津国际贸易中心工程概况如图 4.2-8 所示。停工时地上结构部分已完成 25 层，主塔楼在停工 10 余年后进行续建和改建，构件已有不同程度的损伤，加上施工条件复杂，且有设计变更，因此需要对原有结构进行加固。

(a)   (b)

图 4.2-8　天津国际贸易中心工程概况

（a）天津国际贸易中心停工图；（b）天津国际贸易中心续建图

天津国际贸易中心主塔楼原设计地上 57 层，续建设计地上 60 层，其结构形式为框架-支撑结构，其中柱采用方钢管柱和 H 形截面钢柱，梁全部采用 H 形截面钢梁，斜撑采用 H 形截面钢支撑原有结构进行加固。各构件的加固方式采用传统的焊接增加构件截面的加固方式，钢柱的加固方法是在原钢柱表面的四角处焊接补强角钢，并在各角钢之间焊接若干块缀板；钢梁的加固方式主要是在梁下翼缘焊接补强的 T 形钢；斜撑的加固方式是通过焊接钢板来连接 H 形截面支撑的两翼缘，使之形成"日"字形截面。具体见图 4.2-9。

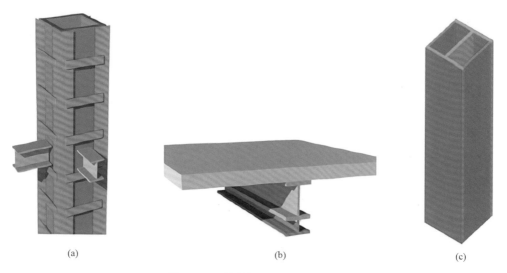

(a)　　　　　　　　　　　(b)　　　　　　　　　　　(c)

图 4.2-9　构件加固方式示意图

（a）钢柱加固方式；（b）钢梁加固方式；（c）斜撑加固方式

在施工过程中，对加固柱和未加固柱进行了现场监测，监测结果表明，加固效果良好，能够保证施工的安全。

3. 粘贴钢板加固技术

钢结构构件的粘贴钢板加固技术，又叫粘钢加固技术，是利用胶粘材料在原有构件上粘贴钢板等，增大原有构件截面，从而提高原有构件强度、刚度、稳定性及耐久性能的加固方法（李轶鹏等，2017）。粘贴钢板加固技术示意图见图 4.2-10。

图 4.2-10　钢构件粘贴钢板加固技术示意

该加固技术可用于钢结构受弯、受拉、受剪实腹式构件的加固以及受压构件的加固（《钢结构加固设计标准》（GB 51367—2019））。

1）发展沿革

粘钢加固技术法始于 20 世纪 60 年代的南非，1967 年，南非的科学家 King、Fleming 和 Lerchenthal 率先将粘钢加固技术用于素混凝土梁的加固，从而开启了国内外对粘钢加固技术的探索之路。粘钢加固技术于 20 世纪 70 年代传入中国，80 年代以后才开始进行广泛深入的研究。后来的几十年时间里，国内外对粘钢加固技术在钢筋混凝土结构方面的作用机理进行了详细研究，并在实际工程中广泛应用。

进入 21 世纪，研究人员才开始尝试将粘钢加固技术运用于钢结构加固工程。2001 年，清华大学王元清等采用粘钢加固技术对北京某乳品厂轻钢结构厂房进行了加固，在工字形钢翼缘内侧粘贴钢板，此工程实践表明：粘钢加固技术具有节省时间、经济、安全，对生产影响小的优点，并且加固后经长期使用表明一切正常，加固效果显著（王元清等，2001）。同样在 2001 年，方耀晖等采用粘贴钢板对中国长城铝业公司碳素压型厂房进行加固，钢屋架与粘钢结合紧密，48 小时后达到强度要求，施加荷载后屋架变形极小，受力良好，完全达到了设计要求（方耀晖等，2001）。而后，国内学者采用理论分析、数值模拟以及试验研究等手段，分别对粘钢加固技术在加固受压、受弯以及受拉的钢结构构件方面开展了部分研究，这些也为该技术在实际工程中的应用和推广提供了一定的参考。

目前，该技术已在实际工程中取得了广泛的应用，在结构损伤修复、桥梁工程、道路工程、房屋建筑以及节点加固等领域都取得了良好的加固效果。

2）技术特点

粘钢加固技术具有高强、高效、成本低、操作方便的特点（卜良桃等，2020）。并且，该技术适用范围较广，在外部环境满足要求的情况下，当选取了适用于相应工作温度的粘结材料时，粘钢加固技术均可在钢结构受弯、受拉、受剪实腹式构件的加固、受压构件的加固中进行应用。此外，同样作为传统的增大截面加固技术，与焊接钢板加固技术不同的是，粘钢加固技术在现有构件上冷作业避免了高温焊接，尤其适用于不宜拆卸原位、需要避免高温、局部施焊施工困难的钢结构构件。

然而，该技术也存在一定的不足和局限性，例如：采用了粘钢加固技术加固后钢结构构件的使用年限、耐久性问题、动力特性、疲劳强度等目前仍无确定的理论或试验成果，需要进一步研究解决（李轶鹏等，2017）。

3）施工流程

根据现有《钢结构加固设计标准》（GB 51367—2019），并结合相关研究文献，粘钢加固技术的施工流程通常为：定位钻孔、表面处理、配制结构胶并涂胶、粘贴钢板、固定与加压。详见附录 3.3 "粘贴钢板加固技术施工流程"。

4）工程案例

（1）北京某乳品厂轻钢结构厂房加固（王元清等，2001）：

该工程于 1998 年 4 月建成，在竣工验收中发现：由于实际使用的需要，建设单位擅自改变了原设计要求，增大了使用荷载，导致了一部分梁的强度无法满足安全要求，但是刚度尚可；以美观为由，建设单位取消了靠夹层一侧的三个柱间支撑，导致装饰墙面开裂。

对于由于增大了使用荷载所引起的应力过大，可以考虑采用"加大原结构构件截面"的方法加以解决。但由于此时厂房内设备已处于试生产状态，变电器和变电设备处于工作状态，不许停电。因此上部结构加固不允许动火（包括焊接和火焰切孔），而且工作面（在吊顶以上的部分）只有 0.8m，所以最后采用粘钢加固技术。

本次加固耗费钢材约为 300kg，工期仅一周多，省去了更换整个刚架梁的资金与时间，效果是很显著的。

（2）中国长城铝业公司碳素压型厂房加固（方耀晖等，2001）：

碳素压型厂房系 1969 年设计、次年投产的排架式厂房，根据车间要求，准备为该厂房增设钢砼天窗。在设计中经计算发现该厂房的钢屋架承载力严重不足，为了厂房的安全和增设天窗的需要，必须立即对该厂房的钢屋架进行加固处理。但是如果采用常规的焊接加固方法，就必须将屋架卸下后，在地上焊接加固，这将花费拆除、安装、措施等费用 25.2 万余元，还影响了正常生产。因此，最终选择了粘钢加固技术，加固后钢屋架与粘钢结合紧密，受力良好，满足要求，且加固用钢量仅 1t，花费 1.8 万元，直接节省工程费用 23.4 万元。

4. 粘贴 FRP 加固技术

钢结构构件的粘贴 FRP 加固技术，是采用 FRP 板（或布）粘贴到钢结构构件的表面，从而提高或改善其受力性能。其主要适用范围及作用机理如下：

（1）在梁的受拉面粘贴 FRP 片材，提高其抗弯承载力和抗弯刚度，这种加固形式在国内外研究应用的比较多，也比较有效，如图 4.2-11a。

（2）在梁的腹板粘贴 FRP 片材，提高其抗剪承载力，如图 4.2-11b。

（3）对疲劳损伤钢结构进行加固，提高剩余疲劳寿命，如图 4.2-11c。

（4）FRP 布环向缠绕钢管柱，避免钢管的局部失稳，提高柱的抗压承载能力（郑云等，2005）。

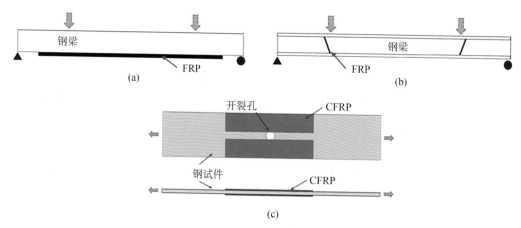

图 4.2-11　钢构件粘贴 FRP 加固技术常见形式（刘杰等，2020）

（a）受拉加固；（b）抗剪加固；（c）损伤加固

1）发展沿革

FRP 材料自 20 世纪 40 年代问世以来，已经在航空航天、汽车、能源、体育用品等领域得到了广泛应用。到了 80 年代，FRP 开始逐渐应用于土木工程领域，1995 年日本阪神大地震后，FRP 在土建交通领域的应用成为研究的热点之一，受到了各国研究者和工程人员的广泛关注，并推动了 FRP 在土木工程领域的大量应用。

在既有结构的加固补强方面，研究最早、应用最广泛的是 FRP 外贴加固混凝土结构，一些国家编制了设计规范来指导在混凝土结构加固中的应用，我国也在 2011 年颁布实施了国标《纤维增强复合材料建设工程应用技术规范》（GB 50608—2011）。

FRP 作为一种新型的加固材料，在钢筋混凝土加固领域的研究和应用已取得了较大的进展，然而 FRP 在钢结构加固领域的研究应用相对较晚。FRP 最先应用于航空航天领域的铝合金加固，至 20 世纪 90 年代末，国外开始 FRP 用于钢结构的加固研究。相对国外而言，国内对 FRP 用于钢结构加固的研究更晚，直至 21 世纪初，我国学者才开始开展 FRP 加固钢结构的研究。虽然国内外已有一些 FRP 加固钢结构的工程应用，但目前仍没有成熟的国家标准设计规范。

2016 年，行业标准《纤维增强复合材料加固修复钢结构技术规程》（YB/T 4558—2016）正式发布，并于 2017 年开始实施。该标准从纤维材料、设计方法、施工及验收等方面，对钢结构的纤维增强复合材料加固作了较为详细的规定，其中详细介绍了钢结构受拉构件加固、轴心受压构件加固、简支工字钢梁受弯加固、内压钢管加固及抗疲劳加固的设计方法。该规范为 FRP 在钢结构加固修复中的应用提供了一定的参考价值和指导意义。

2）技术特点

与传统的钢结构构件增大截面加固技术相比，FRP 加固技术具有以下明显优势（郑云等，2005）：

（1）复合材料比强度和比刚度高，要达到同样的加固效果，复合材料的尺寸明显小于钢板尺寸，加固后基本不增加原结构的自重和原构件的尺寸。

（2）由于复合材料的可设计性，可以根据损伤结构的应力应变场来设计 FRP 的性能，从而适应钢结构的要求，最大限度提高结构的加固效果。

（3）采用柔性的纤维增强复合材料织物，对于复杂曲面钢结构（如压力容器、管道、安全壳等）的加固具有极高的适应性。

（4）复合材料具有良好的抗疲劳性能和耐腐蚀性能。

（5）施工过程中无明火，安全可靠，对生产影响小，适用于特种环境，如燃气罐、储油箱、井下设备（具有爆炸危险）、电缆密集处或化工车间、炼油厂等环境。

尽管如此，该技术仍存在一些不足和局限性，例如：对 FRP 材料耐久性的研究目前还不够充分，有待时间的验证。此外，FRP 材料防火性能往往较差，需要做相应的防火处理；在高温环境下，容易老化、脱层。

3）施工流程

参考《纤维增强复合材料加固修复钢结构技术规程》（YB/T 4558—2016），FRP 加固技术施工流程主要包括：表面处理、配制并涂刷底层树脂、配制找平树脂并修复平整、配制粘贴树脂并粘贴 FRP 布或板、表面涂抹及防火处理等。详见附录 3.4 "粘贴 FRP 加固技术施工流程"。

4）工程案例

宝钢某炼钢主厂房钢结构加固（郑云等，2005）：

该厂房钢结构由新日本制铁株式会社设计、制造，由上海市机械施工公司负责施工安装，于 1985 年 9 月投产使用。为了保持不同跨度吊车梁顶面标高一致，对于各种类型的吊车梁，日方在支座处的设计采用了当时国内尚未用过的圆弧过渡变截面端头，这种端头制作比较简单、省工、省料且外形美观。1999 年 12 月到 2000 年初宝钢委托 "国家工业建筑诊断与改造工程技术研究中心" 对主厂房全部吊车梁进行安全度检查，发现有 16 根吊车梁圆弧端焊缝出现不同程度的疲劳开裂，裂纹基本出现在腹板与下翼缘的连接焊缝附近。根据检测鉴定结果，吊车梁圆弧端开裂是圆弧处应力集中、疲劳强度不足所造成的。宝钢要求吊车梁加固修复不能使生产停机时间超过 48 小时，但传统的加固工艺远不能满足此项要求，因此决定采用粘贴碳纤维布进行加固，根据钢结构加固规程的有关规定对裂缝进行修补处理，然后粘贴碳纤维进行加固修复，见图 4.2-12。

图 4.2-12　粘贴碳纤维布加固修复实例

5. 外包钢筋混凝土加固技术

钢结构构件的外包钢筋混凝土加固技术，是指在已有结构不卸载或不完全卸载的情况下，将钢构件四周包裹混凝土，内配一定的竖向纵筋及水平箍筋，从而近似形成型钢混凝土构件，以达到提高承载力、解决构件稳定性的目的（杨文强等，2018）。外包钢筋混凝土加固技术示意图见图 4.2-13。

型钢混凝土构件，通常被称为钢骨混凝土（Steel Reinforced Concrete，SRC）构件，是指在钢骨周围配置钢筋并浇筑混凝土的构件，而当用型钢作为钢骨时，则称为型钢混凝土构件（叶列平等，2000）。

该加固技术适用于实腹式轴心受压、压弯和偏心受压的型钢构件加固（《钢结构加固设

图 4.2-13　钢结构外包钢筋混凝土加固示意图

计标准》（GB 51367—2019））。

1）发展沿革

20 世纪 20 年代，西方国家的工程设计人员为满足钢结构的防火要求，在钢柱外面包上混凝土，称为包钢混凝土（Encased Concrete）结构。起初，包钢混凝土柱仍按钢柱设计。20 年代，日本在一些工程中开始采用 SRC 结构。1923 年在东京建成的 30m 高全 SRC 结构的兴业银行，在关东大地震中几乎没有受到什么损坏，引起日本工程界的重视。40 年代后，研究人员开始意识到外包混凝土对提高钢柱刚度的有利作用，考虑折算刚度后仍继续沿用钢柱设计方法。该方法一直沿用，并编入了 1985 年欧洲统一规范 EC4《组合结构》。1951 年，日本研究人员开始对 SRC 结构进行了全面系统的研究，1958 年制订了《钢骨混凝土结构设计标准》，此后到 1987 年又经过三次修订，基本形成较为完整的设计理论和方法。日本持续研究和发展 SRC 结构，主要是由于日本是多地震国家。SRC 结构以其优异的抗震性能，在日本得到广泛的应用（叶列平等，2000）。

我国因 SC 结构的用钢量较大，20 世纪 80 年代以前未进行广泛的应用和研究。80 年代后期，随着我国超高层建筑的发展，SRC 结构也越来越受到我国工程界的重视，开始进行较为系统的研究，取得了一系列研究成果，并在一些高层建筑工程中采用。经过几年来研究和工程应用实践，参考日本钢骨混凝土设计标准，1998 年我国冶金工业部颁布了我国第一部《钢骨混凝土结构设计规程》（YB 9082—97）（叶列平等，2000）。

实际上，外包钢筋混凝土加固既有钢构件与钢骨混凝土虽然在破坏形式上大致类似，但是两者的具体受力过程有着很大的差别。研究人员发现，钢骨混凝土在承受荷载时，内部型钢与外部混凝土以及纵筋部件都会分布一些荷载；既有加固柱中型钢具有初始荷载，外用钢筋混凝土在外部进行包裹后，并不能马上投入到承载一部分力的工作中而是稍稍有些滞后（王克尧，2017）。此外，相关学者通过试验研究还发现，既有加固柱中若结合面的混凝土出现裂纹两者将发生出现分离的现象，这时混凝土所提供的承载力将大幅降低（廖卫东，2010；解敏，2001）。

通过对近些年的试验研究和理论分析进行总结，外包钢筋混凝土加固法以单独一章被纳入了《钢结构加固设计标准》（GB 51367—2019）中，该标准将其作为一项较为成熟的加固技术，详细规定了该技术的设计计算要点和构造措施规定，这对钢结构外包钢筋混凝土加固技术在实际工程中的应用具有一定的指导意义。

2）技术特点

外包钢筋混凝土加固技术可有效地增加原有钢构件的截面面积和承载力。同时，外包的钢筋混凝土对于核心型钢形成一种天然的保护层，使得内部型钢不直接与外界环境接触，延缓并阻止了腐蚀现象的产生。并且外包的钢筋混凝土也起到隔热的作用，使得核心钢构件在高温时，不至于承载力下降过多（周乐等，2017）。

尽管如此，该项技术仍存在一些不足和局限性。例如：对于需要进行卸荷的加固构件，往往施工难度较高，且对于柱结构来说，达到百分之百的卸荷也是一件困难的事情。此外，由于该技术需要支设模板、绑扎钢筋以及浇筑混凝土等必要工作，往往会占用较大空间，且对现场既有结构存在一定的扰动性（周乐等，2018）。

3）施工流程

钢构件的外包钢筋混凝土加固技术通常包括以下步骤：观测结构可否卸载、表面处理、绑扎钢筋、支设模板、浇筑混凝土。详见附录 3.5 "外包钢筋混凝土加固技术施工流程"。

4）工程案例

某钢结构电厂厂房加固（朱贵刚，2021）：

该厂房为某电厂厂房，原结构为钢框架结构，设计层顶标高 32.750m，因需要在标高 17.120m 位置新增低温省煤器，因此，原有 H 形钢柱的承载力无法满足要求，必须进行加固处理。经各单位协商之后，决定采用钢柱外包混凝土技术进行加固处理，即在完全不卸载的前提下将钢柱包裹上混凝土，并配备受力钢筋，从而形成类似于型钢混凝土结构的支撑结构。该工程加固前与加固后的部分结构对比如图 4.2-14 所示。

(a)　　　　　　　　　　　　(b)

图 4.2-14　厂房加固前后对比

（a）加固前；（b）加固后

4.2.3　钢结构体系加固技术

钢结构的体系加固，主要包括预应力加固法和改变结构体系加固法。其中，预应力加固法主要应用于刚度和稳定性存在问题的单跨刚架、拱架及某些桥跨结构，通过改变结构计算图形或者改善结构边界条件的方式，提高结构的刚度和稳定性。在某种程度上，预应力加固法也属于改变结构体系加固法的一种，而后者可采取的措施更多，包括改变荷载分布方式、传力路径、节点性质、边界条件等，适用对象包括框架、框架支撑、框架剪力墙结构等，应用更加广泛（王元清等，2022）。

本文主要介绍两种基于上述思路对钢结构体系进行加固的技术，分别为：体外预应力钢索加固技术和耗能减震技术。

1. 体外预应力钢索加固技术

钢结构的体外预应力钢索加固技术，是将体外预应力钢索通过转向块与被加固的钢结构相连，并保证端部的锚固，从而通过施加预应力改变原钢结构的内力分布，并降低原钢结构应力水平（陈宇伦，2010）。

该技术可使结构或构件产生与设计荷载作用下的应力符号相反的应力，从而间接提高构件或结构的承载力；同时可有效改善结构的变形性能，减少其跨中挠度，提高结构的刚度和稳定性（孙云，2004）。

该加固技术适用于大跨度及空间结构体系，如图 4.2-15a、b 所示。此外，使用该技术时，有时也需要配合以撑杆共同发挥作用，如图 4.2-15c 所示（《钢结构加固设计标准》（GB 51367—2019））。

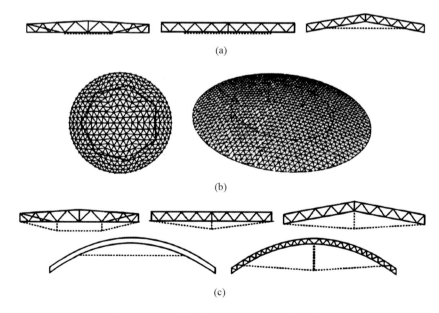

图 4.2-15　体外预应力钢索加固技术示意图

（a）网架结构预应力钢索加固；（b）空间网络结构预应力钢索加固；（c）预应力钢索加撑杆加固

1）发展沿革

预应力加固钢结构与预应力钢结构的出现和发展都始于二次大战后恢复生产与经济建设时期。20世纪50年代，英国曾有两座旧钢桥采用沿下弦外侧布置圆钢筋加固的方法迅速恢复交通（图4.2-16）。但是限于当时的条件，加固方案比较简陋，采用了局部预应力的方案及笨重的锚固设备，尽管如此，其仍具有一定的优点：施工快捷，省工、省料（陆赐麟，2001）。

(a)　　　　　　　　　　　　　　　　　　　　(b)

图4.2-16　英国采用预应力加固的钢桥
（a）英国某加固钢桥之一；（b）英国某加固钢桥之二

20世纪50年代，预应力钢结构技术传入我国，为我国钢结构技术的发展和应用带来了良好的经济效益，在钢结构领域中，预应力技术极大地缩减了用钢量。虽然受限于20世纪我国的经济条件，钢结构工程建造进程受阻，预应力钢结构技术曾一度停滞不前，但近年来伴随着经济高速发展，预应力钢结构技术再次得到了人们的重视并投入到工程应用中。20世纪90年代以前，早期钢结构的预应力加固技术长期被用于桥梁的加固。近年来，在钢结构加固方面，人们探求一种既可以在不卸荷或少部分卸荷状态下进行快速施工，又可在施工完毕后对建筑使用空间影响不大的钢结构加固方案。预应力技术为解决对既有钢结构建筑加固的问题提供了新思路（陈瑞生等，2019）。

近年来研究人员对钢结构预应力加固技术的相关试验和理论分析，该技术在钢结构的实际加固工程中也得到了越来越多的应用。该项技术也被写入《钢结构加固设计标准》（GB 51367—2019），从设计计算、构造措施和施工要点等方面作了详细规定，进一步为该技术的应用提供了参考依据和指导。

2）技术特点

体外预应力钢索加固技术主要有以下优势：

（1）施工便捷，扰动性低。

该技术可大量减少现场施工焊接量，施工难度低，且在施工时可以在不卸载、不停产的条件下进行加固工作，扰动性小。

（2）加固效率高。

预应力构件与原结构协同变形，不存在滞后性，可有效提高加固效率。此外，该技术可充分利用高强钢材，大幅增加结构负荷能力并可降低结构自重。

（3）经济效益好。

与其他钢结构的加固技术相比，该技术往往不需要大量的加固零配件及连接，省工、省料，在有效加固的同时也可以保证其经济性。

尽管如此，该技术仍存在一定的不足和局限性。例如：对体外索的防腐、保护相对较困难；锚固及转向区域容易产生应力集中，锚固施工要求高；体外索张拉力较小，不能充分发挥体外索强度高的优点等（王金花等，2013）。

3）施工流程

体外预应力钢索加固技术通常包括以下步骤：张拉端部和转向块的安装、体外预应力钢索的固定、体外预应力钢索的张拉、监测。详见附录 3.6 "体外预应力加固技术施工流程"。

4）工程案例

（1）浙江某高压电缆钢结构车间加固（陈瑞生等，2019）：

该车间属于传统钢结构门式刚架工业厂房。现根据使用需求，该车间需在屋面增设太阳能光伏板，沿屋面同屋面相同坡度铺设。由于门式刚架结构体系对荷载变化极为敏感，考虑到厂房净空使用要求，通过运用体外预应力加固技术，采用预应力钢索加支承体系对该门式刚架进行加固补强，如图 4.2-17 所示。体外预应力钢索采用 7 根高强钢丝绞合而成，拉索下弦与屋面钢梁之间有特制钢支撑杆，支撑杆端与钢梁铰接。该加固工程避免了对原有屋面及墙面系统的破坏，并保证了行车的正常工作，实现了有效加固。

图 4.2-17　车间钢索+撑杆加固

（2）浙江某游泳馆屋面网架结构加固（陈瑞生等，2019）：

该游泳馆屋面采用正放四角锥网架结构，采用上弦结构。该工程因屋面网架及维护系统锈蚀严重，结构内部为确保结构安全，在原结构设计图纸及现场荷载试验基础上，在保证原结构体系不变及美观经济的条件下对原结构进行加固。

利用边柱两侧的框架梁作为索的支撑点，在每榀边柱两侧梁内开孔，开孔位置及角度由索布线要求确定，张拉 2 道预应力拉索，钢索采用 7 根高强钢丝绞合而成，预应力拉索通过与网架相连的特质平衡梁传递竖向应力，大大提高了整体结构的承载能力，如图 4.2-18 所示。

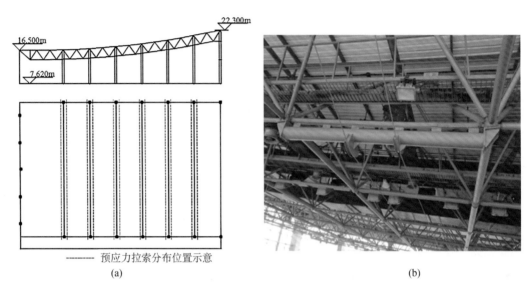

图 4.2-18　游泳馆钢索加固

（a）游泳馆加固方案图；（b）网架结构钢索加固

2. 耗能减震加固技术

钢结构的耗能减震技术主要通过在钢结构的某些部位增设耗能器或耗能部件，为结构提供一定的附加刚度或附加阻尼，在地震作用下主要通过耗能部件来耗散输入结构的能量以减轻结构的动力反应，从而更好地保护主体结构的安全（周云等，2006）。该加固技术尤其适用于需要大幅提高结构抗震能力的钢结构建筑。钢结构增设耗能减震装置示意见图 4.2-19。

对于位移相关型摩擦耗能构件及金属耗能构件，主要是通过附加耗能构件的滞回耗能来消耗地震输入能量，缓解结构地震的影响。对于速度相关型材料的粘弹性耗能和液体阻尼耗能而言，耗能构件作用在结构上的阻尼力一直都是与结构速度方向相反，因而让结构在运动的过程中耗散能量，实现耗能减震（孙敏洁，2017）。

1）发展沿革

早在 1972 年，粘弹性阻尼器就已经在建成的美国纽约世界贸易中心的 2 栋大楼中得以应用，该大楼属于钢结构建筑，层高为 110 层，总共设置了 10000 多个粘弹性阻尼器，从大楼的第 10 层到第 110 层的每一层都安放了 100 个粘弹性阻尼器，安放后的结构阻尼比从原来的不足 1% 上升到 2.5%~3%，符合结构对抗风舒适度的条件。后来，外国学者对使用了阻尼器的纽约世贸中心大厦进行了试验研究和理论分析，研究结果指出，粘弹性阻尼器能够显著减小高层建筑风振响应。

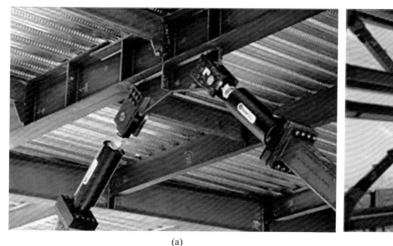

(a)　　　　　　　　　　　　　　　　　(b)

图 4.2-19　钢结构增设耗能减震装置图

(a) 阻尼器；(b) 屈曲约束支撑

2003 年，北京银泰中心开始建造并于 2007 年竣工。我国学者（沈国庆等，2007）针对其主塔楼展开了抗风抗震相关理论研究和模型分析，该建筑为一座高 248m 的 60 层纯钢结构。此主塔楼在大的横风向脉动风荷载作用下，结构顶部的加速度响应超过规范规定的关于人体舒适度的要求，因此共设置了 164 个粘滞流体阻尼器。分析结果表明，相比于未增设阻尼器的建筑，增设了阻尼器之后，结构地震反应减小了 10% 左右；罕遇地震作用下，单个阻尼器最大耗能可达到多遇地震作用下最大耗能的 20 倍以上。

近 40 年来，我国耗能减震技术的发展和在实际工程中的成功应用，有效提高了建筑结构的"抗震韧性"以及"城市韧性"，取得了较为显著的经济效益和社会效益（周云等，2019）。

2）技术特点

同传统抗震结构体系相比，钢结构的耗能减震技术主要有以下显著优势（周云等，2000）：

（1）减震效果明显，安全性高。

相较于传统抗震结构体系，耗能减震结构体系因为设置了非承重耗能构件（例如耗能支撑、耗能剪力墙等）或耗能装置，它们拥有非常大的耗能能力，在强震中能比较迅速的先进入耗能阶段，消耗地震能量和减弱结构的地震响应，保障主体结构和构件免受损坏，进而保证在强震发生时结构的安全性。除此之外，耗能构件（或装置）属于"非结构构件"，也就意味着非承重构件，其功能只不过是在结构变形时展现出耗能的作用，对结构的承载力及安全性影响较小。因此，耗能减震结构体系是一种极其安全可靠的结构减震体系。

（2）节约成本，经济性好。

传统抗震结构体系运用"硬抗"地震的方式，通过强化结构、增加断面、多加配筋等方法来增加结构的抗震能力，因而让结构的造价显著增加。耗能减震结构体系是利用"柔性耗能"的原理来降低结构地震反应的，比如减小结构中剪力墙的数量，缩小构件断面，降低配筋量等，反而会提高其抗震的性能。

（3）技术合理性高。

传统抗震结构体系是由加强结构侧向刚度来满足抗震要求的，然而结构刚度增加，地震作用（荷载）也随着增加。耗能减震结构体系则是由设置耗能构件或装置，使结构在显现变形的时候，快速耗散地震产生的能量，保障主体结构在强震发生时的安全性。而且结构越高、越柔，跨度越大，消能减震的影响效果就越明显。

（4）适用范围广，维护费用低。

除此之外，该技术仍存在一定不足和局限性。例如：目前消能减震技术研究和消能减震结构设计大多仅基于消能器平面内方向受力与变形，忽略了平面外方向的力学特性与破坏模式，与结构实际受力与变形情况不符，这给实际工程埋下安全隐患（周云等，2019）。

3）施工流程

以屈曲约束支撑的安装为例，耗能减震技术加固钢结构的一般流程包括：安装前准备、测量加工、吊装、临时固定与校正、焊接、涂装。详见附录3.7"耗能减震加固技术施工流程"。

4）工程案例

北京工人体育场结构改造加固（盛平等，2021）：

北京工人体育场于1956年设计，1958年建成，为新中国成立10周年的十大建筑之一，是新中国体育史的见证者，如图4.2-20所示。原北京工人体育场为综合体育场，由于2023年亚洲杯足球赛将在此举行开、闭幕比赛，因此需将其改造为专业足球场。为此，体育场内将不设田径跑道，而将原椭圆形场地改为矩形足球场地，看台座位的设置也需满足专业足球场的要求。与此同时，北京工人体育场原设计未考虑抗震设防，结构材料的强度也相对较低，基础为木桩加毛石基础。对这一已使用超过60年的标志性建筑，要使其满足高等级国际足球比赛的需求，其改造设计工作面临着巨大的挑战。

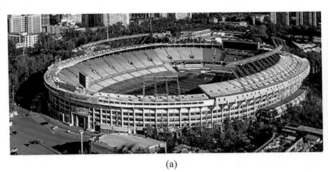
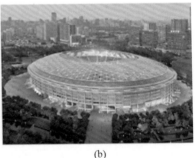

（a）　　　　　　　　　　　　　　　　（b）

图4.2-20　北京工人体育场
（a）原北京工人体育场实景图；（b）改造后效果图

加固方案中，对其大跨屋盖钢结构采用了减隔震设计。本项目在每根拱肋底部设置摩擦摆隔震支座，摩擦材料采用超高性能聚四氟乙烯，为减小大震作用下的屋盖结构水平位移，在墩柱与外环梁间设置粘滞阻尼器。大跨屋盖结构减隔震装置连接示意图如图4.2-21所示。

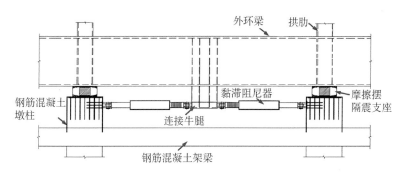

图 4.2-21　减隔震装置连接示意图

参 考 文 献

GB 51367—2019　钢结构加固设计标准［R］

YB/T 4558—2016　纤维增强复合材料加固修复钢结构技术规程［R］

卜良桃、刘华刚，2020，粘贴钢板加固型钢梁受弯试验研究［J/OL］，公路工程，45（3）：38~43

曹辉，2017，负载下钢框架梁柱节点盖板法加固承载性能研究［D］，沈阳建筑大学

曹辉、王元清、张延年等，2016，负载下钢框架梁柱节点盖板法加固承载性能试验研究［J］，天津大学学
　　报（自然科学与工程技术版），49（S1）：55~63

柴喜伟，2016，谈屈曲约束支撑安装施工［J/OL］，山西建筑，42（32）：125~127

陈瑞生、张楷、周凤中等，2019，预应力技术在钢结构加固中的工程应用［J/OL］，建筑结构，49（S1）：
　　934~937

陈曦，2020，纤维增强复合材料加固钢结构构件力学性能研究［D/OL］，沈阳大学

陈宇伦，2010，体外预应力在钢结构加固工程中的设计和施工［J］，福建建筑，（9）：22~23

董晓彤，2019，负载下焊接加固方管钢柱轴压力学性能研究［D/OL］，天津大学

杜颜胜、陈志华、赵中伟等，2016，天津国际贸易中心高层框架-支撑钢结构加固效果分析［J/OL］，建筑
　　结构，46（5）：8~12

方耀晖、杨瑞青，2001，粘钢加固的新领域［J］，矿冶，（2）：93~96

高翔，2012，钢框架梁端翼缘盖板加强型节点力学性能研究［D］，青岛理工大学

胡黎俐，2020，预应力碳纤复材板增强钢柱的整体稳定性研究［D/OL］，清华大学

蒋立，2015，钢结构负载下焊接加固压弯构件研究［D］，重庆大学

李轶鹏、王元清、王秀丽等，2017，钢结构的粘钢加固技术及其工程应用［J/OL］，工业建筑，47（11）：
　　202~206+154

廖卫东，2010，加大截面法加固轴心受压柱的理论研究与应用［D/OL］，西南交通大学

刘杰，2020，基于 FRP 的钢桥箱梁疲劳损伤加固方法研究［D/OL］，东南大学

刘晓珂，2014，天津国际贸易中心钢结构加固技术研究［D/OL］，天津大学

刘振新，2019，粘钢加固 H 形截面压弯钢柱受力性能试验研究［D/OL］，湖南大学

陆赐麟，2001，预应力钢结构技术讲座（7-2）预应力技术加固钢结构［J］，钢结构，（5）：61~64

罗睿奇、王元清、肖建春等，2013，负载下钢结构梁柱节点加固技术及其工程应用［C/OL］，天津大学，
　　945~952

沈国庆、陈宏、王元清等，2007，带粘滞阻尼器高层钢结构的抗震抗风性能分析［J］，中国矿业大学学报，
　　（2）：205~209

沈世钊，1998，大跨空间结构的发展——回顾与展望 [J]，土木工程学报，(3)：5~14

盛平、张翼华、甄伟等，2021，北京工人体育场结构改造设计方案及关键技术 [J/OL]，建筑结构，51 (19)：1~6

孙璠、谢志滔、常昆等，2021，既有异形建筑钢结构焊接加固施工技术 [J]，河南科技，40 (8)：90~92

孙敏洁，2017，带粘弹性阻尼器高层钢框架结构的减震性能研究 [D/OL]，昆明理工大学

孙云，2004，预应力加固钢结构的理论分析与设计计算研究 [D/OL]，东南大学

唐伟明，2015，负载下外包钢筋混凝土加固轴压钢柱的承载性能研究 [D/OL]，沈阳建筑大学

王海涛，2016，CFRP 板加固钢结构疲劳性能及其设计方法研究 [D/OL]，东南大学

王金花、张晓光，2013，体外预应力加固钢结构的研究与发展 [J]，低温建筑技术，35 (10)：46~49

王克尧，2017，外包钢筋混凝土加固在役轴压钢柱的力学性能研究 [D/OL]，沈阳大学

王庆辉，2019，粘钢加固门式刚架节点锚固方法研究 [D/OL]，郑州大学

王元清、蒋立、戴国欣等，2016，负载下钢结构工字形压弯构件焊接加固试验 [J]，哈尔滨工业大学学报，48 (6)：30~37

王元清、王喆、石永久等，2001，门式刚架轻型房屋钢结构厂房的加固设计 [J]，工业建筑，(8)：60~62

王元清、祝瑞祥、戴国欣等，2013，负载下焊接加固钢柱截面应力分布有限元分析 [J]，沈阳建筑大学学报（自然科学版），29 (04)：577~583

王元清、祝瑞祥、戴国欣等，2014，工形钢柱负载下焊接加固的受力特性 [J]，沈阳建筑大学学报（自然科学版），30 (01)：25~33

王元清、祝瑞祥、戴国欣等，2015，工字形截面受弯钢梁负载下焊接加固试验研究 [J/OL]，土木工程学报，48 (1)：1~10

王元清、宗亮、施刚等，2017，钢结构加固新技术及其应用研究 [J/OL]，工业建筑，47 (2)：1~6+22

王元清、宗亮、石永久等，2022，钢结构加固技术研究进展与标准编制 [J/OL]，建筑结构学报，43 (10)：29~40

吴永河、李胜强、于成龙，2013，FRP 加固钢结构的研究现状和展望 [J/OL]，浙江建筑，30 (5)：31~35

解敏，2001，外包钢混凝土柱轴心受压试验研究及可靠度分析 [D/OL]，西安理工大学

杨俊芬、李立和、曲凯等，2022，钢结构疲劳修复及延寿研究进展 [J/OL]，工业建筑，52 (3)：208~215

杨文、石永久、王元清等，2005，梁柱刚接节点负载下盖板加固计算方法研究 [J]，河北建筑科技学院学报，(04)：40~44

杨文强、刘巍、黄正明，2018，钢柱外包混凝土加固在钢框架加固中的应用 [J/OL]，建筑结构，48 (S2)：735~740

叶列平、方鄂华，2000，钢骨混凝土构件的受力性能研究综述 [J/OL]，土木工程学报，(5)：1~12

尹保江、杨沈、肖疆，2011，钢结构震损建筑抗震加固修复技术研究 [J]，土木工程与管理学报，28 (3)：83~88

尹越、刘锡良，2004，钢结构疲劳裂纹的止裂和修复 [C/OL]，天津大学，767~770

岳清瑞、侯兆新，2017，对我国钢结构发展的思考 [J/OL]，工程建设标准化，(5)：48~56

张恩旺、潘金龙、梁鸿宇等，2022，钢结构的腐蚀及防腐措施的研究 [J/OL]，安徽建筑，29 (6)：70~71

张建鹏，2014，FRP 加固持载钢结构受弯构件力学性能研究 [D/OL]，沈阳大学

张宁、王元清、丁大益等，2014，某多层钢框架结构梁柱节点的加固设计及分析 [J/OL]，工业建筑，44 (12)：149~153

张启富、郝晓东，2006，钢结构腐蚀防护现状和发展 [J]，中国建筑金属结构，(9)：22~26

张亚伟，2019，负载下焊接加固受弯钢构件的残余变形与试设计分析［D/OL］，清华大学

赵昱璐、刘红波，2022，钢结构梁柱节点加固方法研究进展［C］//天津大学，天津市钢结构学会，第二十二届全国现代结构工程学术研讨会论文集，4

郑云、叶列平、岳清瑞，2005，FRP 加固钢结构的研究进展［J］，工业建筑，（8）：20~25+34

钟千，2019，粘贴钢板加固 H 型钢柱轴压性能试验研究［D/OL］，湖南大学

周卉、徐忠根，2009，钢结构房屋震害破坏原因及采取措施［C/OL］，中国力学学会结构工程专业委员会、广州大学土木工程学院、中国力学学会《工程力学》编委会、清华大学土木工程系、清华大学结构工程与振动重点实验室，726~732

周乐、王晓初、白云皓等，2017，负载下外包钢筋混凝土加固轴心受压钢柱受力性能研究［J］，工程力学，34（1）：192~203

周乐、郑媛、吴剑秋等，2018，外包钢筋混凝土加固轴压钢柱施工工艺［J/OL］，沈阳大学学报（自然科学版），30（6）：481~484+506

周绪红、王宇航，2019，我国钢结构住宅产业化发展的现状、问题与对策［J/OL］，土木工程学报，52（1）：1~7

周云、邓雪松、汤统壁等，2006，中国（大陆）耗能减震技术理论研究、应用的回顾与前瞻［J/OL］，工程抗震与加固改造，（6）：1~15

周云、商城豪、张超，2019，消能减震技术研究与应用进展［J/OL］，建筑结构，49（19）：33~48

周云、徐彤，2000，耗能减震技术的回顾与前瞻［J］，力学与实践，（5）：1~7

朱贵刚，2021，钢柱外包混凝土加固技术在钢结构厂房加固设计中的应用研究［J］，粘接，46（4）：154~157

祝瑞祥、王元清、戴国欣等，2014，负载下钢结构构件增大截面加固设计方法对比分析［J］，四川建筑科学研究，40（1）：98~103

第 5 章　木结构加固技术

5.1　木结构基本概述

5.1.1　木结构定义

木结构一般是指采用以木材为主制作的构件承重的结构（《木结构设计规范》（GB 50005—2017））。梁思成在《中国建筑史》一书中认为，木结构应具有如下几大特点：①以木料为主要构件；②其结构形式以"构架制"为主；③以斗拱为结构的关键，并作为度量单位；④建筑外部特性异于其他结构体系（梁思成，1998）。也有学者从结构组成上对其做了定义，认为木结构是一种在构造主要由基础、柱子、斗拱、梁架、屋顶等部分组成，构件之前采取榫卯节点形式连接的结构形式（周乾等，2011a）。也有学者认为，传统木结构建筑是一种"构木成架"的框架结构体系（何敏娟等，2019）。

5.1.2　木结构发展

木结构是最具代表性的中国古建筑，从诞生伊始延续至今，其在建筑风格及结构体系上的发展从未间断过，强行将其划分为多个时期，本是一件并不合理及不容易的事情。但是随着我国历史上的历朝历代的更替，文化活动的潮起潮落，可将其根据不同朝代，将我国木结构建筑史大致划分为 6 个时期，即上古或原始时期（萌芽期）、秦汉时期（定型期）、魏晋南北朝时期（发展期）、隋唐时期（成熟期）、宋辽时期（规范期）及明清时期（简化期）（梁思成，1998；刘敦桢，1984；王晓华，2013）。

1. 上古或原始时期

中国人类的祖先们从建造穴居和巢居开始，随着生产工具的发展，逐步掌握了搭建地面房屋的技术，创造了原始的木架建筑，满足了最基本的居住要求。可以说中国的古代建筑是以木结构为主发展起来的（陆伟东等，2014a）。

在上古或原始时期，人们利用黄土层为壁体，用木架或草泥建造简单的穴居及浅穴居，在早期的建筑中可明显看出梁柱承重体系及维护体系，见图 5.1-1a（刘敦桢，1984）；在 1973 年发现的河姆渡文化（距今约 7000 年前）遗址中，发现了大量的干栏式木结构建筑，其是以一排排桩木作为支架，上面架设大小梁承托地板，构成高于地面的架空基座，在相交的构件节点上使用榫卯结构技术，见图 5.1-1b。

2. 秦汉时期

秦、汉 500 年间，由于国家统一，国力富强，中国古建筑在历史上迎来了第一次发展高

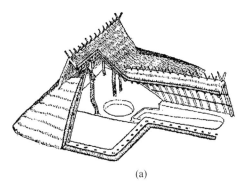

(a)

(b)

图 5.1-1　上古或原始时期的建筑形式

（a）浅穴居（刘敦桢，1984）；（b）河姆渡文化遗址

潮。其结构主体的木构架已趋于成熟，重要建筑物上普遍使用斗拱。至汉代，结构体系上就形成了以抬梁式和穿斗式为代表的两种主要形式，建筑形制上出现了庑殿、悬山、歇山、攒尖、囤顶等五种基本形式。至此，中国木结构已进入体系的形成期（陆伟东等，2014a）。

根据墓葬出土的画像石、画像砖和各种文献记载，秦汉时期的住宅建筑，有下列几种形式，见图 5.1-2。建筑在平面上多为方形或长方形。屋门开在房屋一面的当中或偏在一旁。房屋的构造除少数用承重墙体结构外，大多数采用木构架结构。墙壁用夯土筑造。屋顶多采用悬山顶或囤顶（刘敦桢，1984）。

(a)

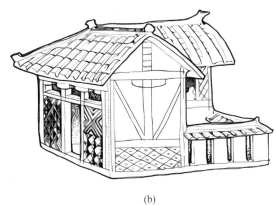

(b)

图 5.1-2　汉代常见住宅形式

（a）干栏式住宅；（b）曲尺形住宅

3. 魏晋南北朝时期

从三国经两晋、南北朝到隋朝建立的 360 多年时间里，多年的战乱纷争，社会生产的发展比较缓慢，在建筑上也不如秦汉时期有那么多生动的创造和革新。当时的中国政朝汹涌，干戈无定，佛教在这一时期的传播发展较为迅速，以满足精神上的需求，这也促进了佛教高

层佛塔建筑的发展（陆伟东等，2014a；梁思成，1998）。

　　东汉末年，首次出现了木构的楼阁式塔，其在南北朝时期数量最多，成为当时塔的主流，以洛阳永宁寺塔为代表。据杨玄之《洛阳伽蓝记》追述，该塔为木结构，高9层，一百里外都可以看见。据其他资料记载，该塔高约136.71m左右，加上塔刹通高约147m，是古代建筑最伟大的佛塔，见图5.1-3。

（a）　　　　　　　　　　　　　（b）

图5.1-3　北魏洛阳永宁寺塔

（a）社科院复原永宁寺塔图；（b）永宁寺塔模型（洛阳博物馆）

4. 隋唐时期

　　隋唐时期是中国封建社会前期发展的高峰，也是中国古建筑发展成熟的时期。这时期的建筑，在继承两汉以来的成就的基础上，吸收、融汇了外来建筑的风格，木建筑在形制艺术上更趋成熟，在施工技术及组织管理上日益完善。隋唐时期至宋时期中国古建筑形成一个独立而完成的建筑体系，迎来了又一个高潮，是我国古代建筑的成熟时期，并远播影响于朝鲜、日本，正是此时期形成了木构件为骨干，不同材料做维护墙体的传统木结构形式，如图5.1-4所示（陆伟东等，2014a；刘敦桢，1984）。

　　唐朝时期，由于经济发展及社会财力雄厚，统治阶级兴建华美的宅第和园林，但需根据不同的等级，自王公、官吏以至庶人的住宅进行严格的规定，这也充分体现了中国封建社会严格的等级制度。手工业的进步，同样也促进了建筑技术的发展，木构件的做法已经相当正确运用了材料的性能，在唐朝初期已经开始了以"材"为木构架设计的标准，从而使构件的比例形式逐渐趋于定型化。在建筑材料方面除了木、土、石、竹、砖、瓦等大量运用外，琉璃的烧制更加进步，使用范围也更加广泛（刘敦桢，1984）。

5. 宋辽时期

　　宋辽时期，我国古代建筑在工程技术与施工管理方面已达到了新的历史水平。整体上

(a) (b)

图 5.1-4　北魏孝文帝时期佛光寺大殿

(a) 佛光寺正面图；(b) 佛光寺局部细节图

看，宋朝建筑的规模一般比唐朝小，其在建筑风格上不再是宏伟刚健的风格，而是秀丽、绚丽而富于变化，体现在建筑斗拱的尺寸变小、屋脊弧线更加圆滑。

《营造法式》的颁布更是推进了木结构的发展，该书加强对宫殿、寺庙、官署府邸等官式建筑的管理，总结了历代以来建筑技术的经验，对木结构建筑的各方面均作了严密的限定。

山西太原的晋祠圣母殿建于北宋天圣年间，殿面阔七间，进深六间，重檐歇山顶，黄绿色琉璃瓦剪边，殿高 19m。圣母殿基本上遵照了《营造法式》的定制，是《营造法式》所谓"副阶周匝"形式的实例，该殿表现了北宋的建筑风格及审美意识，是国内规模较大的一座宋代建筑，见图 5.1-5（刘敦桢，1984）。

图 5.1-5　北宋天圣年间晋祠圣母殿

6. 明清时期

明、清时期是中国封建社会集权达到顶点的时候，在明中叶以后，出现了资本主义的萌芽，手工业及商业也比以前发达，同时木构架技术进一步发展。明、清时期木构架建筑又达到了一个新的高度，帝王宫殿与私家园林大事兴建，佛教建筑与喇嘛教建筑的营造，都极大推动了木结构建筑的发展，装修陈设上也留下了许多砖石、琉璃、硬木等不朽建作。

清代中国版图更加扩张，人口急剧增加，市民阶层较前更加壮大。清初世宗时为了解决大规模建筑的问题，仿照宋代《营造法式》的用意颁布了清朝《工程做法则例》，只需明确"间架、斗口"即可造出房屋，不必再画图设计，这也是用于清初的标准化的办法（刘致平，2000）。

明清两代许多建筑佳作都保留至今，如京城的宫殿、坛庙，京郊的园林，两朝的帝陵，江南的园林，遍及全国的佛教寺塔，以及民间穿斗式住宅等，构成了中国古代建筑史的光辉华章，见图 5.1-6（陆伟东等，2014a）。

(a)　　　　　　　　　　　　　　　　　　(b)

图 5.1-6　明清时期古建筑
(a) 故宫；(b) 明洪武年间西安鼓楼

在新中国的前两个"五年计划"期间，由于建设速度较快，木结构能就地取材又易于加工，砖木结构占有相当的比重，特别是"大跃进"时期，竟达到 46%。到 20 世纪 80 年代，我国建筑结构所用的木材采伐殆尽，木结构的发展也因此受到了限制。随后各大院校也停止了木结构设计的相关课程，原来从事木结构的教学和科技人员也改弦易辙，木结构的发展也停滞了下来。

近年来，随着我国推行的人工速生林政策取得了明显的效果，无论是种植面积还是蓄积量均跃升至世界第一，这为木结构在我国的发展带来了新的发展契机。在经济发展的推动下，木结构的应用领域也从住宅、宾馆慢慢发展至滨海浴场、茶社以及园林景观等。在"双碳"背景下，木结构建筑作为实现低碳、绿色、可持续发展的重要途径，其优越性也慢慢在建筑中得到了融合发展。与此同时，木结构也走进了千家万户成为家装装修的常客，最重要的是木结构在地震重建和旅游资源开发中也扮演着重要的角色。可以说木结构建筑又迎来了一个发展的春天。

5.1.3　木结构分类

中国传统的木结构历史悠久、体系独特、形式多样，按照结构形式一般可分为抬梁式、穿斗式、井干式等。就现存的木结构来看，抬梁式与穿斗式木结构使用较为广泛。

1. 抬梁式木结构

沿房屋进深方向，在木柱上支承木梁，木梁上再通过短柱支承上层减短的木梁，按此方法叠放数层逐层减短的梁组成一榀木构架。屋面檩条放置于各层梁端（《木结构设计规范》（GB 50005—2017））。

抬梁式又称"叠梁式"和"架梁式"，其构架体系在春秋时期已初步完备，后经历代不断提高完善，沿用至今。抬梁式建筑多使用直径粗大的木材，木柱的间距较大，耗材较多，其整体结构经久耐用，结构牢靠，内部空间宽敞。因此，该类建筑普遍存在于宫殿、庙宇、寺庙等大型建筑中，更为皇室建筑群所选，是中国官式建筑的典型代表，如图 5.1-7 所示。

中国封建社会的建筑，由于等级制度的要求，使得抬梁式木构架的组合和用料上存在较大的差别，其中最显著的就是只有官式建筑才允许在柱上和内外檐的枋上安装斗拱，并以斗拱的层数的多少来表示建筑物的重要性（刘敦桢，1984）。

图 5.1-7　抬梁式木结构

2. 穿斗式木结构

按屋面檩条间距，沿房屋进深方向竖立一排木柱，檩条直接由木柱支承，柱子之间不用梁，仅用穿透柱身的穿枋横向拉结起来，形成一榀木构架。每两榀木构架之间使用斗枋和纤子连接组成承重的空间木构架（《木结构设计规范》（GB 50005—2017）），如图 5.1-8 所示。

穿斗式木结构至迟在汉朝已经相当成熟，其采用的木柱直径与枋的尺寸较小，用材较少，结构较轻，施工便捷，具有省工、省料和经济的优点，并流传至今。西南地区盛产杉木，杉木具有生长速度较快、物理性能好、细而高直且较松木具有较强的抗白蚁能力，普遍适用于穿斗式木结构，因此穿斗式木结构广泛分布于我国西南地区。

穿斗式木结构在结构上轻盈灵活、形式多变，可以适应各种地形建造；建筑上具有架空高、出檐深远的优点，但其室内空间不够宽敞、采光较弱。特殊的建筑结构形式使其拥有可以自由分割竖向空间、通风去热等优点。

图 5.1-8　穿斗式木结构

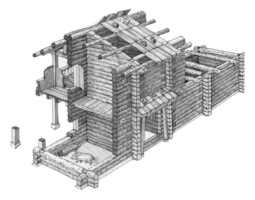

图 5.1-9　井干式木结构

3. 井干式木结构

采用截面经适当加工后的原木、方木和胶合原木作为基本构件，将构件水平向上层层叠加，并在构件相交的端部采用层层交叉咬合连接，以此组成的井字形木墙体作为主要承重体系的木结构（《木结构设计规范》（GB 50005—2017）），如图 5.1-9 所示。

井干式木结构需要大量木材，在绝对尺度和开设门窗上都受很大限制，因此通用程度不如抬梁式和穿斗式木结构。我国北方地区松木存量大，且其自身成材快，价格低，常作为井干式木结构的建筑材料。因此，井干式结构大多数分布在中国北方林区，少数分布在西南川西及滇西地区。

井干式木结构通常是在地面上进行木材加工，完成后就可以进行木材拼接安装。由于木材在潮湿环境下耐久性变差，通常在墙体的四角垫石块，同时也存在直接将木材搁置在地上的处理方式。

木材拼接安装过程中，可分为同方向木料之间的拼接、垂直木料之间的拼接以及其他特殊节点拼接，如图 5.1-10 所示。同方向木料常见的加工方式有切削一面为弧形或三角形，或两面切削成平面，加工完成后将圆木上下拼接；垂直木料之间常通过在木料端部开榫卯后互相插接连接，加工完后到现场需要根据上下层木料形状进一步加工调整使其连接更加紧密；特殊节点拼接包括同层同向木料的拼接及门窗洞口处木料的咬合处理（赵龙梅等，2012；姚瑞恺，2021）。

井干式木结构在拼接过程常因咬合不紧凑的原因出现缝隙，针对木料之间的缝隙，需要在安装过程中或安装后进行拼缝处理，早期常用土、苔藓、泥浆、焦油麻丝或牲畜粪便填补缝隙，随着材料技术的发展现在常使用结构胶进行填缝，如图 5.1-11 所示。

同时，我国农居木结构中也存在一种底层架空的干栏式（吊脚楼）建筑，该建筑是从巢居的居住模式发展过来的，适应于南方炎热地区湿热多蛇虫的气候条件，是在我国南方较为常见的建筑形式，如图 5.1-12 所示。

干栏建筑的分类同样有多种分法：一种是根据建筑底部架空的程度划分，若全部悬空，称为"干栏式"，若部分悬空，则称为"半干栏式（吊脚楼）"；另一种是根据其所处的不同环境，可以分为滨水干栏、平地干栏和山地干栏等，以适应不同的场地类型；还有一种是根据上部结构构筑的不同方式，同样可以分为穿斗式、抬梁式以及井干式等干栏建筑（杨宇振，2002）。

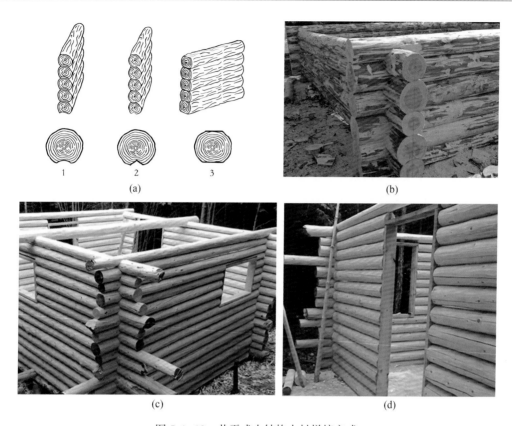

图 5.1-10　井干式木结构木材拼接方式

（a）同向木料拼接削切方式；（b）垂直木料拼接；（c）同向木料拼接；（d）门窗洞口处拼接

图 5.1-11　井干式木结构填缝工艺

（a）苔藓填充；（b）结构胶填充

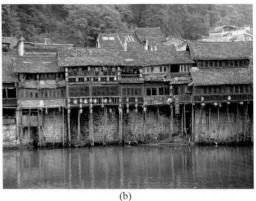

(a)　　　　　　　　　　　　　　　　　　　(b)

图 5.1-12　干栏式建筑
(a) 全干栏建筑、山地干栏；(b) 吊脚楼、滨水干栏

5.1.4　木结构常见损伤和破坏

木结构特殊的连接建造方式，使其具有良好的抗震、耗能减震的性能，但其在长期环境及地震作用下仍存在较多的问题，木结构的破坏状态可根据损伤部位分为：屋面破坏、围护墙破坏、木构架破坏、地基基础破坏，如图 5.1-13 所示。

1. 屋面破坏

传统木结构最常见的屋面问题是漏雨。主要原因为长期环境作用下造成瓦垄间及瓦片间产生缝隙，或是在地震作用下导致屋面产生松动。其中在地震作用造成的影响更为严重，木结构屋面瓦片之间多采用叠压的方式进行连接，瓦片与屋架之间缺乏有效的连接措施，仅靠瓦片之间的摩擦力抵抗地震作用，因此易造成屋面溜瓦、堆瓦、落瓦、屋脊瓦和装饰物的掉落等破坏现象。此外在地震作用下，椽子和檩条等截面较小的屋面构件也容易发生折断、脱落等破坏现象。

2. 围护墙破坏

木结构中的墙体属于隔墙，不起承重作用，主要功能是保温、隔热和分割空间，其可根据不用的材料类型分为砖墙、土墙、石墙、编竹夹泥墙等。木结构中的墙体，在潮湿环境长期影响下，主要的损坏方式有酥碱、松散和漏雨渗水造成的墙体鼓闪、歪闪等。而在地震作用下的损伤更为严重，原因为墙体与木构架两者之间的动力特性不同且缺乏有效的连接，在地震作用下两者难以协同工作，其常见的震损现象包括墙体与木构架脱开、墙体平面内开裂、墙体平面外歪闪以及墙体部分或整体倒塌等。

3. 木构架破坏

梁、枋作为木构件中的主要构件，由于荷重大或年久失修，常常出现弯曲劈裂和折断等现象，同时因漏雨而糟朽折断的现象也经常发生。此外，在地震作用下，木构架中的节点及构件处于多向受力的状态，其受力较为复杂且连接部位构件截面多存在削弱问题，常见的震损现象包括榫卯节连接破坏、柱（枋）构件破坏、木柱柱脚移位以及建筑整体纵向倾斜。

图 5.1-13 木结构典型震害

(a) 屋面堆瓦和坠瓦 (漾濞地震Ⅷ度区); (b) 砖围护墙外闪 (芦山地震Ⅸ度区); (c) 夯土山墙倒塌 (漾濞地震); (d) 连接节点脱榫 (漾濞地震); (e) 柱脚移位 (芦山地震Ⅷ度区); (f) 基础破坏

4. 地基基础破坏

传统民居木结构多采用刚性基础, 在地震或环境作用下, 地基垫层易出现塌落现象, 使相应位置的木柱失去支撑, 从而导致结构部分或整体倒塌。

5.2　木结构常用加固技术

由于木结构修复与加固技术种类众多，体系繁杂。因此，本节技术论述思路是从结构或构件的损伤特征入手，将收集到的各种技术按照损伤的部位和类型进行分类，对于不同损伤程度的工况提出不同修复与加固技术，具体如图 5.2-1，详见 5.2.1 节的"技术 1~3"及 5.2.2 节的"技术 1~3"。

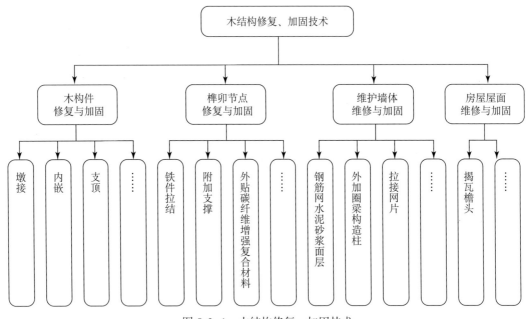

图 5.2-1　木结构修复、加固技术

（1）对于柱、梁、枋、檩等木构件，易发生糟朽、开裂及挠曲等问题，针对此类问题宜进行构件的修复与加固，以提升构件的承载力、刚度及耐久性，即 5.2.1 节的"木构件修复与加固技术"。

（2）对于梁柱、柱枋等榫卯节点部位，易出现脱榫、折榫及拔榫等问题，针对此类问题宜进行节点处的修复与加固，以提高节点的承载能力与耗能能力，即 5.2.2 节的"榫卯节点修复与加固技术"。

（3）对于砖、砌块、生土、木板等围护墙，易出现酥碱、松散和因漏雨渗水造成的墙体鼓闪、歪闪等问题，针对此类问题宜进行墙体及连接部位的修复与加固，其中（村镇木结构建筑抗震技术手册）：

①对于砖、砌块，通常采用钢筋网水泥砂浆面层或外加圈梁构造柱等方法加固墙体，或增设钢拉杆、锚钉以加强细部连接。

②对于生土墙，通常在纵横墙交接处设置荆条、竹片、树条等编制的拉结网片，或在墙体顶部设置木夹板加强与既有木构件的连接。

③ 对于木板墙，通常采用加钉或者附加铁箍增强木板墙与木柱之间的连接。

（4）对于檐头望板、飞椽等木构件，易出现糟朽、弯垂或漏雨等问题，针对此类问题宜进行经常性的保养与修缮，其中（祁英涛，1986）：

① 对于屋面面层的保养工作，其主要是为了防止屋面漏雨，常见的手段主要有拔草、查补、刷浆等。

② 对于瓦顶局部漏雨的情况，必要时进行揭瓦檐头处理，更换严重腐朽的木构件，并遵循"能局部揭瓦就不全部揭瓦"的原则。

③ 对于瓦顶严重损坏的情况，需对屋面进行全部揭瓦处理，即对屋面进行彻底修缮，修缮过程中应尽量恢复建筑原貌。

本节研究加固的木结构以村镇民居为主，而修缮与加固的技术手段参考了文物古建筑的修复工程经验。木构件作为木结构中的主要承重构件，其损伤状态关乎整个建筑的稳定性，木构架的严重损伤可能引起整个屋架歪斜塌落；木结构房屋节点多采用榫卯节点连接，其连接变形能力及牢固程度决定了破坏程度，进而影响建筑的安全性。因此，木构件与榫卯节点的修复与加固问题较为关键，本节分两部分详细介绍。而对于围护墙的部分加固方法可参见第 2 章"砌体结构加固技术"，对于屋面等建筑装饰性修复不作详细讨论。

5.2.1　木构件修复与加固技术

木结构中梁、柱等木构件作为主要承重构件，对结构整体抗震性能有着重要影响，对其进行修复与加固往往能取得良好的加固效益。木结构是我国传统建筑的主要形式，由于木材具有良好的抗弯、抗压、抗震，且易于加工和维修等优点，因此应用较为广泛。然而，由于木材徐变大、弹性模量低、易于老化变形等缺点，在外力（地震和台风）作用下或长期环境影响（雨、雪侵蚀或微生物破坏）下，木构件容易产生各种破坏，主要包括木柱糟朽、构件开裂、梁架变形（周乾等，2009），如图 5.2-2。

（1）木柱糟朽：木构件长期处于潮湿且不通风环境中，由于长期环境影响下会使木材发生糟朽。相对于其他木构件来讲，柱根往往更容易出现糟朽。当木柱发生糟朽时，会使结构截面减小而使其承载力降低，最终导致结构构件的彻底破坏（周乾等，2009）。

针对木柱的糟朽问题，传统处理方法根据木柱的糟朽情况不同，主要的加固措施有剔补、包镶、墩接法和抽换/加辅助柱。当糟朽面积较小时，常采用剔补、包镶法解决；但当糟朽面积较大时，但自柱底面向上未超过柱高 1/4 时，可采用墩接法进行修复加固；当柱子糟朽高度超过柱高 1/3 或折断不能墩接时，就需要抽换或加辅助柱（李爱群等，2019）。针对木柱糟朽的传统加固技术，后来发展出采用铁箍、铁丝以及钢套等加固材料进行辅助加固。随着 CFRP、BFRP、GFRP 等新型材料的发展，此类材料也渐渐应用到木结构的修缮加固中，国内学者早期新材料加固研究主要是针对木梁的加固。而关于木柱的损伤加固，国内学者主要研究了不同加固方式下粘贴 CFRP 布材对木柱力学性能的提升情况（淳庆等，2020）。

（2）构件开裂：木构架建造时采用的木材含水率往往较高，而在外部自然环境的长期作用下，会引起材料干缩和湿涨的循环过程，在此过程中会产生一系列不可恢复的裂缝，影响其力学特性，从而导致结构构件的破坏（段春辉等，2014）。

图 5.2-2　常见木构件破坏现象（周乾等，2011a）

（a）柱根糟朽；（b）柱身开裂；（c）梁架变形；（d）梁端开裂挠曲

　　针对构件的开裂问题，传统的修缮加固方法主要为腻子勾缝、木条嵌补或直接更换构件。随着材料的发展，学者们于 20 世纪 90 年代开始研究采用 CFRP 包裹开裂部位进行加固，即利用 CFRP 较强的抗拉强度来约束构件开裂部位的变形，提高构件的承载力，同时 CFRP 自身也参与受力，以减小地震作用下构件的破坏（周乾等，2011b；罗才松，2005）。

　　（3）梁架变形：木梁（枋）构件在长期荷载作用下，由于材料性能老化造成木材弹性模量以及抗弯能力不断降低，导致构件的刚度变小而出现挠度增大的现象（周乾等，2009），挠度过大是结构不安全的先兆，如不进行适当的保护措施，则会发生劈裂、折断等破坏现象（段春辉等，2014）。

　　针对梁架的变形问题，传统的修缮加固技术是支顶法。金朝年间（公元 1193 ~ 1195年），我国应县木塔的维修中便较早采取了"内外支顶，局部修补"的方案进行加固。《古建筑木结构维护与加固技术规范》（GB 50165—1992）中，也提出了三种适用不同情况的修缮加固方法，即支顶立柱、更换构件及埋设加固件。与此同时，日本还出现了增设胶合板抗震墙、钢铁构架以及扶壁柱等方式，以增强木构件刚度，减小梁的挠曲（段春辉等，2014）。

1. 木柱糟朽的墩接加固技术

针对木柱柱根糟朽的墩接加固技术，即截除柱子糟朽部分，换上新料，在接口处通过榫卯连接新旧材料，再用铁箍固定，如图 5.2-3 所示。该加固技术依据糟朽的程度、墩接材料及柱子所在位置的不同大体分为三类情况，即木料墩接、混凝土柱墩接和石料墩接（祁英涛，1986）。

(a)　　　　　　　　　　　　　　　　　　(b)

图 5.2-3　木料墩接加固技术

（a）木柱严重腐朽；（b）巴掌榫木料墩接加固

1）技术特点

墩接法对屋面瓦片、结构构件及墙面装饰的扰动性较小，是不揭瓦、不挑顶进行加固的一种有效方法。并且此方法具有工期短、易于操作、安全性好等特点，具有推广价值（张峰亮，2004）。

尽管如此，但该项加固技术仍存在一定不足和局限性，例如，外加固定的铁箍使用之前必须进行除锈与抗锈处理，此工序既费力又费时。此外，该项加固技术在施工过程中很可能给结构构件带来新的损伤。

2）施工流程

常见的做法是做刻半榫（又称巴掌榫）墩接，一般施工流程为：木柱开榫、搭接处理、外层固定及防腐处理。详见附录 4.1 "墩接加固技术施工流程"。

3）工程案例

（1）天安门城楼角檐柱墩接加固（张峰亮，2004）：

根据中国林科院对天安门城楼柱子的勘察分析，天安门城楼东北角外檐柱（直径650mm）局部出现腐朽并呈空洞状。该柱在柱高 0.5m、径向深度 110mm 内局部严重腐朽，在柱高 1.0m 处由表及里存在局部重度腐蚀。经研究采用墩接方案进行加固，即采用新料代替腐朽部分，将墩接部分沿柱子截面分成两个部分，每个部分各为半个圆柱，错缝搭接500mm，分两次墩接加固，如图 5.2-4 所示。

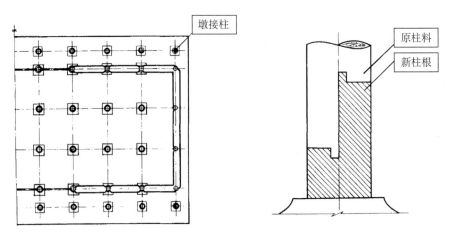

图 5.2-4　天安门角檐柱墩接加固

（2）四川农房加固改造项目：

此农房位于南充市高坪区阙家镇和平村，结构类型为穿斗式木结构，根据《农村危险房屋鉴定技术导则》（试行）第 5.2.3 条，该危房破损情况基本符合 C 级危房判定标准，在随后的加固工程中采用了木料墩接法进行加固（《四川省农房加固改造技术研究与示范》），如图 5.2-5 所示。

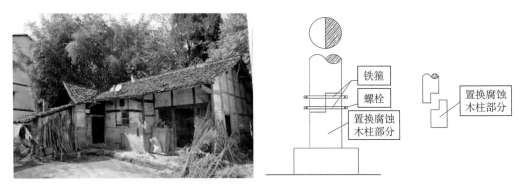

图 5.2-5　农房木料墩接加固

2. 构件开裂的内嵌加固技术

针对木构件（木柱/木梁）的开裂问题，传统的修缮加固方法主要为嵌补法，如图 5.2-6 所示。此种情况通常根据劈裂深度程度采取不同的嵌补措施进行修整，其中：

（1）当构件存在细小轻微的裂缝（木柱裂缝宽度不大于 3mm 时），可在柱的油饰或断白过程中，用腻子（环氧树脂）勾抹严实。

（2）当构件上的裂缝稍大（木柱裂缝宽度在 3~30mm）时，可使用顺纹木条进行嵌补，并用耐水性胶粘剂粘牢。

（3）当构件上的裂缝较大（木柱裂缝宽度大于 30mm／木梁水平裂缝总深度小于梁宽或梁直径的 1/4）时，除用木条以耐水性胶粘剂补严粘牢外，尚应在开裂段内加 2~3 道铁箍。

（4）对于超出上述裂缝宽度范围或较大的裂缝时，已严重影响梁柱的允许应力时，应考虑更换（杜仙洲，1984）。

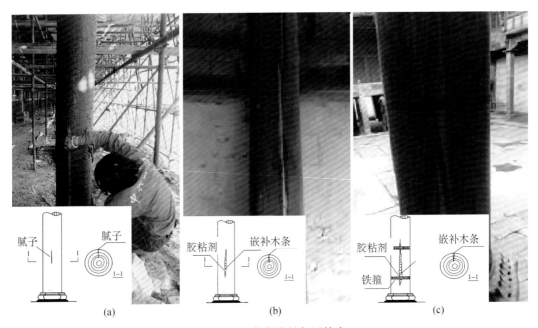

图 5.2-6　构件嵌补加固技术

（a）$w<3$mm；（b）$3<w<30$mm；（c）$w>30$mm

1）技术特点

使用该技术进行修复加固，可以最大程度上保持建筑的原貌。相较于更换梁柱的加固方法，该技术无需进行更换原有构件，避免了拆卸梁柱的麻烦，不仅可以缩短工期，还可以提高木结构的安全性。

尽管如此，该项技术仍存在一些不足和局限性。例如，该项技术的目的相当于恢复木构件的受力截面，但使用该项技术加固的木构件相当于由两部分组成，受力并不如原木（周乾等，2009）。

2）施工流程

针对构件裂缝稍大（裂缝宽度在 3~30mm）的情况，传统的加固方法常采用木条嵌补的方法，施工流程包括：清理表面、嵌补木条、涂刷胶粘剂、打磨表面、涂抹防腐层。详见附录 4.2 "嵌补加固技术施工流程"。

3）工程案例

万载县明清古建筑群修复：

万载古建筑群始建于明朝，距今已有 380 余年历史。2015 年，万载县启动明清古建筑群修复工程，计划用 5 年时间对古建筑群进行修复、修缮，旨在将其打造成国家 5A 级旅游景区。该修复项目中，对于仅在表层出现轻微糟朽及开裂的柱子，采用嵌补技术进行修复，如图 5.2-7 所示。

图 5.2-7　木条嵌补加固现场施工图

3. 梁架变形的支顶加固技术

针对抬梁式木结构木梁（檩）的支顶加固法，是指通过增设支撑、铁钩等构件，对梁（檩）跨段内提供附加支撑（周乾等，2009），如图 5.2-8 所示。支顶加固通常有两种形式：

（1）当木梁（檩）正下方有与之平行的梁时，可设置木柱（图 5.2-8a）或龙门戗（图 5.2-8b）作为附加支座。

（2）当木梁（檩）正下方没有与之平行的梁时，可在木梁（檩）两侧增设铁钩拉接，铁钩一端钉入木梁内，另一端钉入附近受力可靠的梁中，同样起到附加支座的作用，如图 5.2-8c。

支顶相当于增加了梁的支座，不仅可以大大减小梁架的变形，且可以改善梁架的应力分布，对梁架的保护起到非常重要的作用（周乾等，2006）。该加固技术一般适用于因节点糟朽而导致梁端部下沉，或梁（檩）跨段挠曲过大的情况。

1）技术特点

支顶加固法简便可靠、受力明确，在很大程度上改善整体结构的传力体系，增加结构安全富余度。同时，易于拆卸还原，对有可逆性要求的特殊建筑（如文物、历史建筑等）的加固具有技术优势（燕坤，2019）。

尽管如此，但该加固技术仍存在一些不足和局限性，例如增设的构件会占据一定的建筑

(a)　　　　　　　　　　　　(b)

(c)

图 5.2-8　支顶加固的多种类型

(a) 木柱/铁钩支顶；(b) 龙门戗支顶；(c) 铁钩支顶

使用空间；如果加固构件未能找到有效的支撑点，不能落到实处，将对结构产生不利影响（陈厚飞，2010）。

2）施工流程

以龙门戗支顶某端部下沉的木梁为例，支顶法加固木结构梁（檩）的一般流程包括：龙门戗制作、支顶安装、钢板锚固、花篮螺栓拉结等，详见附录 4.3 "支顶加固技术施工流程"。

3）工程案例

故宫太和殿山面扶柁木（檩）支顶加固（周乾等，2006）：

在对故宫太和殿鉴定的过程中发现，由于榫卯局部破坏，山面扶柁木的端部发生下沉，并且固定扶柁木与童柱的铁片已经变形、松动。由图 5.2-9 可知，扶柁木端部燕尾榫下沉，该扶柁木区段内已进行支顶加固。经有限元分析可知，加固后的扶柁木最大弯矩、最大剪力及竖向挠度最大值均有明显下降。

图 5.2-9　故宫太和殿山面扶柁木（檩）支顶加固

5.2.2　榫卯节点修复与加固技术

我国木结构以榫卯为主要连接形式，主要用于柱与柱、梁（枋）与梁（枋）与柱之间的连接。榫卯节点属于半刚性连接，具有一定的抗弯能力及良好的耗能能力。在长时间使用，或遭遇地震作用等影响下，木构架的整体变形大到一定程度就会导致榫头移动甚至拔出；或者榫头部位因截面削弱过多、承载力不足而折断，从而影响木结构构架的稳定性（李爱群，2019）。榫卯节点的损伤程度取决于地震烈度、榫头与卯口损坏的情况等。

我国传统的榫卯节点修复与加固技术，通常根据榫头、卯口损坏的情况分为不同的方法。当榫头较为完整，仅因局部构件倾斜而导致脱榫时，可先将柱拨正，再用铁件拉结榫卯部位。榫头折断或糟朽时，常见的做法为补换新榫头（祁英涛，1986）。

针对榫头完整的情况，除采用铁件拉结法，还可使用附加支撑法对榫卯节点进行修复加固。我国古建筑中的"雀替"（"雀替"是指柱与横梁之间的撑木，它既可以起到传承力的作用，又可以起到装饰的作用），其原理就同附加支撑法类似，如图 5.2-10a 所示。在我国1977 年《民用建筑抗震加固图集》（GC-02）中，提出了在梁柱节点处增设木斜撑进行加固，如图 5.2-10b。我国《古建筑木结构维护与加固技术规范》（GB 50165—1992）与《古建筑木结构维护与加固技术标准》（GB/T 50165—2020）中均指出，针对榫卯节点不合格的部位，宜采取加设支撑等措施提高其刚度。随着减震技术的发展，在传统附加支撑法的基础上，各类附加耗能减震支撑加固技术近年来进一步提出、应用。包括弧形耗能器（图 5.2-10c）、形状记忆合金耗能器（图 5.2-10d）、附加阻尼器支撑（聂雅雯等，2021）等新型附加支撑加固方法。

传统木结构加固方法存在占用空间大、耐久性不好、不利于保护文物历史价值等问题。20 世纪 60 年代，随着材料科学的发展，CFRP 材料开始用于木结构加固的研究，一定程度上克服了上述问题（庄荣忠等，2008）。早期 FRP 材料主要用于木构件的加固，而其在榫卯

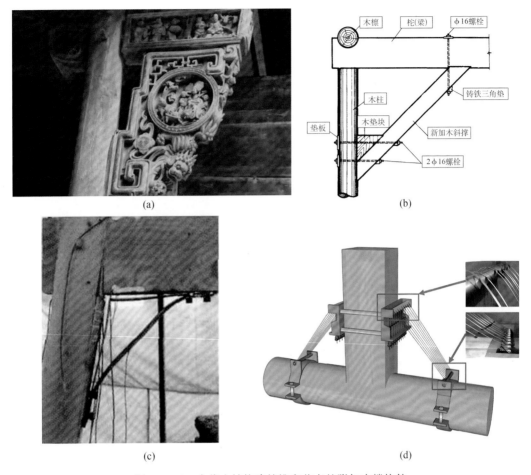

图 5.2-10　古代木结构建筑榫卯节点的附加支撑构件

（a）雀替；（b）增设木斜撑；（c）弧形耗能器（陆伟东等，2014b）；（d）形状记忆合金耗能器（Xue 等，2020）

节点加固中的应用相对较晚。2001 年，李大华等（2001）在应县木塔的修复中提出了采用 FRP 加固的思路，而后赵鸿铁（2008）、周乾等（2011b）等针对 FRP 加固榫卯节点的问题进一步开展试验探究。

1. 铁件拉结加固技术

针对榫卯节点出现的轻微拔榫、脱榫的问题，且榫头、卯口未出现糟朽的情况，一般的加固措施是在将梁架拨正后，采用铁件拉结法进行加固，即用铁扒钉、扁铁等将榫卯节点部位的梁柱构件拉结在一起，通过参与承担构件的部分拉、压、弯、剪等作用力，有效地提高榫卯节点的力学性能（周乾等，2012；李爱群等，2019）。

加固使用的铁件可做成不同形式，常见的形式有 U 形、L 形、扁形、弧形、角钢等，以便适用于加固各种类型的榫卯节点（陆伟东等，2014b）；除了铁件加固外，往往还可根据材料的不同，分为铁件加固、钢件加固及木件加固（金昱成等，2021），如图 5.2-11 所示。

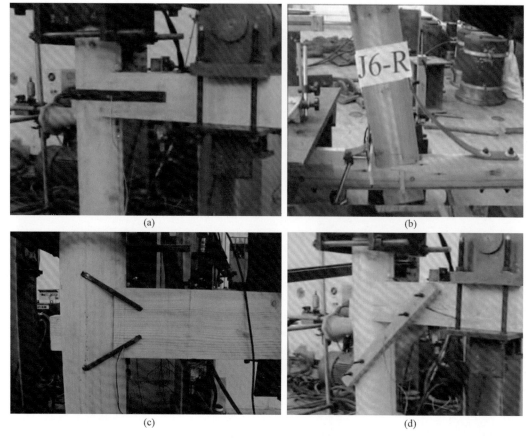

图 5.2-11　榫卯节点铁件拉结加固技术示意图
（a）U 形铁件加固示意图；（b）弧形钢件加固示意图；（c）扒钉加固示意图；（d）木条加固示意图

1）技术特点

该加固技术实际上是利用铁件与木材表面的摩擦力或销键作用来抵抗部分拔榫力，同时加固铁件起到限制节点变形的作用，以预防拔榫量过大造成的局部失稳，因此该加固技术一般适用于拔榫量较小且榫头、卯口未出现槽朽的节点。

该加固技术使用的加固铁件形状多样，可适用于节点情况复杂、位置隐蔽的榫卯节点的加固；由于铁件是可拆卸的，其摩擦力可通过螺栓的松紧进行控制，因此具有拆装方便、便于检查等优点（周乾等，2012）。

尽管如此，该加固方法仍存在一定的不足。例如：一般对木构件截面本身有削弱，易造成木构件铁钉位置开裂或强度降低等问题；加固铁件经过长时间暴露于空气中会产生锈蚀问题，带来安全隐患（周乾等，2012）。

2）施工流程

铁件拉结法加固榫卯节点的施工流程通常包括：基面打磨及清理、设计加固铁件、安装铁件及固定榫卯节点、表面涂抹及防火处理等，详见附录 4.4 "铁件拉结加固技术施工流程"。

3) 工程案例

中国古建榫卯节点加固试验研究（谢启芳，2008）：

为完善传统木构架修缮技术，谢启芳等（2008）以二等宫殿当心间为原型，通过缩尺比例为 1：3.52 的缩尺模型进行振动台试验研究，对模型采用扁钢加固的方式（图 5.2-12），并对加固前后的模型进行各种动力特性测试、分析，认为榫卯节点经扁钢加固后可以提高节点的强度和刚度。

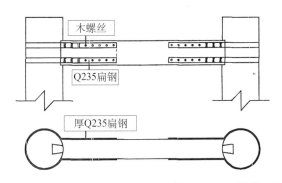

图 5.2-12　钢件（扁钢）加固示意图

2. 附加支撑加固技术

针对榫卯节点的附加支撑加固技术，是指在榫卯节点梁端下方采用加腋的方式，通过附加垫木或阻尼器等支撑部件，限制梁柱端部的相对转动，见图 5.2-13。该加固技术可有效解决榫头搭接量的不足问题，而使用阻尼器可提高梁柱节点部位的刚度、承载能力和耗能能力。适用于出现拔榫、脱榫问题的，或是没有雀替构造的榫卯节点加固。

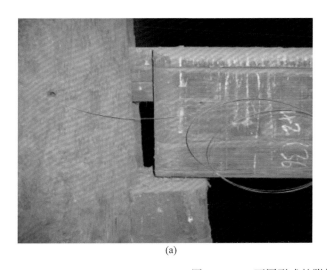

(a)　　　　　　　　　　　　　　　　　　　(b)

图 5.2-13　不同形式的附加支撑

（a）垫木作为附加支撑；（b）阻尼器作为附加支撑

1）技术特点

采用垫木作为附加支撑的加固技术，构造简单，经济性好，能够有效提高榫头搭接量，并且可与铁件拉结法、外贴纤维复合材料法等组合使用（田鹏刚等，2014）。然而仍有一定的不足之处，例如由于垫木仅对榫头提供竖向支撑，在水平外力（如地震、风）作用下，榫头晃动幅度过大时，仍有可能出现折榫、脱落等问题。

采用阻尼器作为附加支撑的加固技术，可根据被加固结构的外观及结构性能要求进行参数化设计，且具备分阶段、双向耗能、多点屈服等优点，能很好适应榫卯节点在地震作用下的变形特征（陆伟东等，2021）。然而，制造阻尼器的经济成本相对较高。

2）施工流程

以采用耗能雀替作为附加支撑加固榫卯节点为例，附加支撑法加固榫卯节点的施工流程通常包括：耗能雀替制作、螺栓安装雀替、挂扣饰面板等，详见附录 4.5 "附加支撑加固技术施工流程"。

3）工程案例

应县木塔金朝年间（公元 1193～1195 年）的修缮（孟繁兴等，2001）：

应县木塔建于辽清宁二年（公元 1056 年），金明昌四年在对塔内结构进行检查时发现，塔的柱头劈裂、枋头压碎等损伤普遍，可能与古塔附近两次历史地震的发生有关。金朝时期除了采取支顶加固法外，还在暗层（图 5.2-14a）内外檐之间附加支撑，并与内檐柱外侧与外檐柱内侧进行连接，和附梁形成加固支撑架。该加固支撑架与原八角框架平行，它们对于

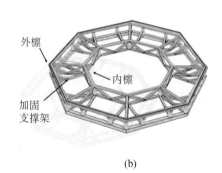

(a)　　　　　　　　　　　　　　　　　　　(b)

图 5.2-14　应县木塔中附加支撑构造

（a）暗层在木塔中的分布；（b）暗层结构示意

固定内外檩八个平面起到了重要作用，如图 5.2-14b。该修缮加固工程于金明昌六年（公元1195 年）施工完毕。

3. 外贴碳纤维增强复合材料（CFRP）加固技术

外贴碳纤维增强复合材料（CFRP）加固榫卯节点技术，通常是使用胶粘剂将 CFRP 包裹在榫卯节点区域进行加固，如图 5.2-15 所示。该技术不仅可约束节点脱榫，还可以增加节点抗弯和抗剪承载力（周乾等，2011b）。

(a)　　　　　　　　　　　　　　　　　(b)

图 5.2-15　脱榫现象及 CFRP 加固

（a）脱榫现象（芦山地震，Ⅷ度区）；（b）CFRP 加固榫卯节点（周乾等，2017）

1）技术特点

该加固技术中所用材料 CFRP 纤维布具有比强度高、耐腐蚀性、布置灵活及适用性强等特点。特别适用于非规则断面的传统木构件表面粘贴，且加固后并不影响外观。最重要的是，其加固材料本身具有耐腐蚀性，而木结构保护的一项长期而艰巨的任务即是防腐（罗才松等，2005）。此外，随着新型复合材料研究发现，BFRP 代替 CFRP 应用于木结构加固中具有更优的经济性。

尽管如此，该技术仍存在一些值得进一步探究的问题，例如：FRP 材料诞生不过几十年，而 CFRP 应用于木结构房屋加固的时间更短，因此对其耐久性的研究目前还不够充分，有待时间的验证。

2）施工流程

CFRP 加固榫卯节点的施工流程通常包括：基面打磨及清理、配制并涂刷底层树脂、配制粘贴树脂并粘贴 CFRP 布条带、表面涂抹及防火处理等，详见附录 4.6 "外贴碳纤维增强复合材料（CFRP）加固技术施工流程"。

3）工程案例

故宫太和殿榫卯节点加固研究（周乾等，2011b）：

为研究 CFRP 加固古建筑榫卯节点的抗震性能，以故宫太和殿某开间为原型，周乾等（2011b）制作了 1∶8 缩尺比例的古建木结构空间框架模型，节点连接形式为燕尾榫。通过振动台试验（图5.2-16），对比加固前后木构架动力特性的变化，试验结果表明：与未经加固的榫卯节点相比，在大变形时，CFRP加固的榫卯节点的耗能减震能力较优。

(a)　　　　　　　　　　　　　　　　　　(b)

图5.2-16　木构架振动台对比试验

(a) 加固前（圈内为破坏位置）；(b) 加固后

参 考 文 献

GB 50005—2017　木结构设计标准 ［R］

GB 50165—92　古建筑木结构维护与加固技术规范 ［R］

GB/T 50165—2020　古建筑木结构维护与加固技术标准 ［R］

陈厚飞，2010，应县木塔柱网变形及稳定分析 ［D/OL］，西安建筑科技大学

淳庆、许清风，2020，FRP加固木结构技术 ［M］，北京：科学出版社

杜仙洲，1984，中国古建筑修缮技术 ［M］，明文书局

段春辉、郭小东、吴洋，2014，基于残损特点的古建筑木结构修复加固 ［J］，工程抗震与加固改造，36
　　（01）：126~130

何敏娟、何桂荣、梁峰等，2019，中国木结构近20年发展历程 ［J］，建筑结构，49（19）：83~90

侯晓晓，2020，赣西传统建筑的建构特征及保护技术研究 ［D/OL］，东南大学

金昱成、苏何先、潘文等，2021，木结构榫卯节点抗震性能及加固对比试验研究 ［J］，土木与环境工程学
　　报（中英文）：1~11

金昱成、苏何先、潘文等，2022，木结构榫卯节点抗震性能及加固对比试验研究 ［J］，土木与环境工程学
　　报（中英文），44（02）：138~147

李爱群、周坤朋、王崇臣等，2019，中国古建筑木结构修复加固技术分析与展望 ［J］，东南大学学报（自
　　然科学版），49（01）：195~206

李大华、徐扬、郑鹄，2001，对山西应县木塔采用纳米复合纤维加固的建议 ［J］，山西地震，（04）：24~
　　25

梁思成，1998，中国建筑史 ［M］，天津：百花文艺出版社

梁思成，2011，中国建筑史 ［M］，北京：生活·读书·新知三联书店

刘成伟，2011，村镇木结构住宅结构构件加固技术研究 ［D/OL］，华中科技大学

刘敦桢，1984，中国古代建筑史［M］，第 2 版，中国建筑工业出版社

刘致平，2000，中国建筑类型及结构［M］，第 3 版，北京：中国建筑工业出版社

陆伟东、姜伟波、张坤等，2021，含耗能雀替的榫卯节点抗震性能试验研究［J/OL］，建筑结构学报，42
　　（11）：213~221

陆伟东、刘杏杏、岳孔，2014a，村镇木结构建筑抗震技术手册［M］，南京：东南大学出版社

陆伟东、孙文、顾锦杰等，2014b，弧形耗能器增强木构架抗震性能试验研究［J/OL］，建筑结构学报，35
　　（11）：151~157

罗才松、黄奕辉，2005，古建筑木结构的加固维修方法述评［J］，福建建筑（Z1）：208~210+213

孟繁兴、张畅耕，2001，应县木塔维修加固的历史经验［J］，古建园林技术（04）：29~33

聂雅雯、陶忠、高永林，2021，粘弹性阻尼器增强传统木结构燕尾榫节点试验研究［J/OL］，建筑结构学
　　报，42（01）：125~133

祁英涛，1986，中国古代建筑的保护与维护［M］，北京：文物出版社

石志敏、周乾、晋宏逵等，2009，故宫太和殿木构件现状分析及加固方法研究［J/OL］，文物保护与考古
　　科学，21（01）：15~21

田鹏刚、张风亮，2014，古建筑木结构震害分析及加固研究［J］，世界地震工程，30（03）：126~133

王晓华，2013，中国古建筑构造技术［M］，北京：化学工业出版社

谢启芳、赵鸿铁、薛建阳等，2008，中国古建筑木结构榫卯节点加固的试验研究［J］，土木工程学报，
　　（01）：28~34

熊学玉、张大照，2003，CFRP 布加固木柱性能试验研究［J］，滁州职业技术学院学报，（03）：5~8

徐杰、姜绍飞、葛子毅，2022，BFRP 布加固巴掌榫墩接木柱轴压性能研究［J/OL］，建筑结构学报，
　　1~11

燕坤，2019，建筑结构加固技术在传统木结构建筑修缮中的应用［J］，中国建材科技，28（03）：141~142

杨宇振，2002，中国西南地域建筑文化研究［D/OL］，重庆大学

姚瑞恺，2021，井干式民居木墙体营造工艺研究［J］，邢台职业技术学院学报，38（02）：101~104

于业栓、薛建阳、赵鸿铁，2008，碳纤维布及扁钢加固古建筑榫卯节点抗震性能试验研究［J］，世界地震
　　工程，（03）：112~117

张峰亮，2004，天安门城楼角檐柱墩接技术研究与施工［J］，古建园林技术，（02）：51~53+12

赵鸿铁、薛自波、薛建阳等，2010，古建筑木结构构架加固试验研究［J］，世界地震工程，26（02）：72~
　　76

赵龙梅、朴玉顺，2012，浅谈井干式民居的构造特点——以吉林省抚松县锦江村为例［J］，沈阳建筑大学
　　学报（社会科学版），14（04）：367~370

周乾、闫维明、纪金豹，2011a，明清古建筑木结构典型抗震构造问题研究［J/OL］，文物保护与考古科
　　学，23（02）：36~48

周乾、闫维明、纪金豹等，2011b，CFRP 加固古建筑榫卯节点振动台试验［J/OL］，广西大学学报（自然
　　科学版），36（01）：37~44

周乾、闫维明、李振宝等，2009，古建筑木结构加固方法研究［J/OL］，工程抗震与加固改造，31（01）：
　　84~90

周乾、闫维明、周宏宇等，2012，钢构件加固古建筑榫卯节点抗震试验［J］，应用基础与工程科学学报，
　　20（06）：1063~1071

周乾、张学芹，2006，故宫太和殿山面扶柁木结构现状分析［J/OL］，建筑结构（S1），（36）：923~926

朱传伟、苏何先、潘文等，2022，多阶屈曲耗能支撑增强木结构榫卯节点性能研究［J］，施工技术（中英
　　文），51（21）：105~112

庄荣忠、杨勇新，2008，FRP 加固木结构的研究和应用现状 ［J］，四川建筑科学研究，（05）：89~92

Xue J，Wu C，Zhang X et al. ，2020，Effect of pre-tension in superelastic shape memory alloy on cyclic behavior of reinforced mortise-tenon joints ［J/OL］，Construction and Building Materials，241：118136

第6章 其他结构加固技术

6.1 其他结构基本概述

前文所述的多层砌体结构、钢筋混凝土结构、钢结构以及木结构是我国城镇建筑中存量较大的几种结构类型，其设计及施工具有较好的规范性，相应的加固技术也具有一定的普适性。而在我国村镇地区还存在大量其他结构类型，如砖木结构、石砌体（碉房）结构以及生土结构（土窑洞）等，多数属于自建房屋，抗震能力较为薄弱，相应的加固技术更加追求经济、高效等特点，方法往往具有特殊性。本章着重关注这类特殊结构类型房屋的抗震性能与加固对策。

砖木结构房屋是指由砖墙承受竖向荷载和水平荷载，顶层采用木屋盖的建筑形式（闫培雷，孙柏涛等，2014）。此类建筑的典型代表包括中国皖南徽派古民居建筑群，北京、山西的合院建筑，以及华北、西北等地农村自建房等。本节聚焦采用硬山搁檩的砖木结构类型，其结构特征及加固技术思路见6.2节。

石砌体结构房屋是指由石砌体构件作为主要承重构件的建筑形式，通常可按照不同的砌筑石料分为毛石砌体、块石砌体、料石砌体等。此类建筑多分布于我国四川、福建、西藏等，由当地有经验的工匠根据多年的施工经验因地制宜，就地取材建造而成，建筑风格极具地域特征，其结构特征及加固技术思路见6.3节。

生土结构房屋是指主要用未焙烧而仅做简单加工的原状土为材料营造主体结构的建筑。此类建筑广泛分布于我国西北的陕西、甘肃、宁夏等，根据不同的承重形式可分为生土窑洞、生土墙承重-木屋架结构、木骨架（或砖柱、混凝土柱）与生土墙混合承重结构等，其结构特征及加固技术思路见6.4节。

6.2 砖木结构农居加固技术

砖木结构是我国农村既有房屋的主要结构形式之一。该结构类型因其具有空间分隔较方便、自重轻、施工工艺简单、便于取材、造价低等特点，广泛分布于在我国经济发展相对落后的乡镇、农村中。该类建筑多为1~3层独栋房屋，立面与平面上布置较为规则，墙体材料以砖块与砌块为主，屋面以硬山搁檩式双坡屋面为主。砖木结构示意图如图6.2-1所示。

砖木结构的主要结构构件与砖混结构基本相同，二者的主要区别在于砖木结构采用硬山搁檩或三角屋架等屋盖形式；与木结构的区别在于层间砌体墙体不仅是建筑的围护构件，更是结构的主要承重构件。

(a)　　　　　　　　　　　　　　　(b)

图 6.2-1　砖木结构示意图
(a) 砖木结构概念图；(b) 砖木结构实景图

砖木结构多为居民自建房屋，修建年代较早（多于 20 世纪 80~90 年代修建），施工质量存在问题，材料性能退化明显，在长期使用过程中，往往在门窗洞口、纵横墙交界处以及楼屋盖部位的砌体产生裂缝，屋架发生变形等。另一方面，由于在设计与施工中大多数未充分考虑抗震设防，缺乏抗震构造措施，相比于其他结构类型其抗震能力相对较差。在地震作用下，最为常见的问题包括屋架破坏和墙体破坏：

1) 屋架破坏

多数砖木结构的木屋架采用硬山搁檩的方式布置在山墙及内横墙上，两者之间的没有可靠的连接构造措施，且屋架的制作也相对较为简单。在地震作用下，顶层的位移最大，屋架易发生外闪，进而导致顶层山墙出现贯穿性水平裂缝，木屋盖塌落。常见屋架震害见图 6.2-2a、b。

2) 墙体破坏

砖木结构外墙之间多采用直槎砌筑，缺乏钢筋混凝土圈梁、构造柱等构造措施，且砖木结构的墙体和楼板之间没有可靠的连接措施，导致结构的整体性较差；一些地方的墙体主要采用黄土泥浆砌筑，导致墙体抗压与抗剪强度不足，墙体自身抗震能力较差。地震作用下主要破坏特点为横墙受剪开裂，纵墙出平面外闪，甚至倒塌。常见墙体震害见图 6.2-2c、d。

针对上述问题，对于抗震薄弱或出现震损的砌体构件或木构件，可分别采用第 2 章和第 5 章所介绍的抗震修复与加固技术进行处理。而对于砖木结构整体性较差的问题，本节将主要介绍两种体系加固技术：附加钢构件加固技术和内置钢框架加固技术。砖木结构加固技术分类见图 6.2-3，其中体系加固技术详见本节"技术 1~2"。

1. 附加钢构件加固技术

在砖木结构中，屋架由于其质量占房屋整体比重较大，因此在地震作用下受到的地震作用较大，是砖木结构房屋抗震设计与加固中关注的重点部位。针对屋架与柱、梁连接处缺乏拉结的情况，一般可在节点连接处采用附加型钢加固技术，连接屋架下弦（梁）与檐柱、横梁；针对屋架之间缺乏有效的横向连接措施，整体性较差的情况，一般可在屋架之间增设剪刀撑增强结构空间整体强度。这两种加固技术作用方式与示意图详见表 6.2-1。

图 6.2-2　砖木结构常见震害

（a）屋架破坏；（b）屋架倒塌；（c）墙体裂缝；（d）墙体倒塌

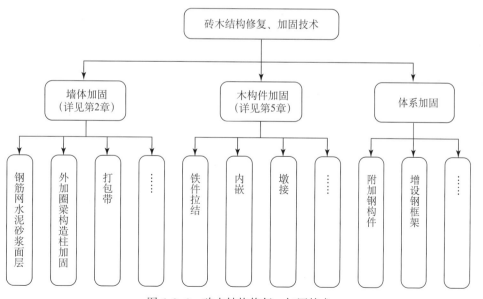

图 6.2-3　砖木结构修复、加固技术

表 6.2-1　附加钢构件加固技术作用方式与示意图

加固技术	作用方式	示意图
附加型钢	在木屋架与木梁、木柱之间加设 L 形钢板进行连接，并通过螺栓进行连接	
附加剪刀撑	在屋架的上弦屋脊节点与下弦中间节点处设置剪刀撑，并通过螺栓进行连接	

1）发展沿革

增设钢构件加固技术是我国最早的、针对木屋架加固而提出的方法之一。在 1977 年颁布的《民用建筑抗震加固图集》（GC-02）的砖木结构加固部分，提出诸多增强屋架承载力与整体性的加固思路，包括：对于无下弦的人字屋架，7、8 度时可采用钢拉杆替代作为屋架下弦进行加固；对于无上弦横向支撑的木屋架，宜在上弦增设角钢支撑或木支撑等；在各榀屋架之间增设剪刀撑的方法也在该规范中提出。

而后，随着针对该类加固技术的研究不断深入，在验证加固有效性的同时，不断对现有技术提出优化、修改建议。研究显示（孟萍等，2005），若要有效增强屋盖的整体刚度及整体性，椽子与檩条的搭接处应满钉，且宜在柱檐以上沿房屋纵向设置竖向剪刀撑。通过对三角豪木式木桁架的研究发现（杨柯，2015），桁架支撑是垂直于桁架平面设置的支撑桁架，承受纵向和横向的水平荷载如风荷载、地震荷载等，其杆件受轴心拉力或轴心压力。为避免桁架在水平纵轴方向倾倒，可以在每两榀桁架之间两根钢条呈交叉状焊接于两榀桁架的中央圆钢竖拉杆上（图 6.2-4a），同时两钢条之间于交叉处加钢垫片焊牢（图 6.2-4b）。

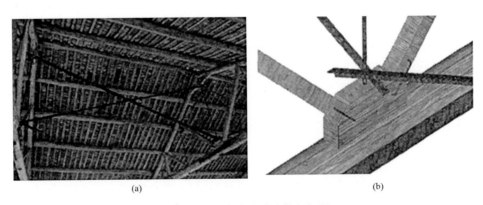

(a)　　　　　　　　　　　　　　　　　　　(b)

图 6.2-4　三角豪木式木桁架加固

（a）两榀三角屋架之间连接加固；（b）钢条与梁之间的连接加固

2）技术特点

附加钢构件加固技术相当于将原有木屋架改造成钢木屋架来满足跨度要求，充分利用了钢材抗拉强度高的特点，部分或全部顶替受拉木构件的结构作用，在保留原木构件的前提下，使结构体系的性能得到改善。然而，该加固技术对原有构件将造成一定程度的损伤，在实际加固工程的应用中要注重防护。

3）施工流程

以在木屋架中增设剪刀撑为例，附加钢构件加固技术的一般施工流程包括：材料准备、制作剪刀撑、预埋连接件、安装剪刀撑等。详见附录5.1"附加钢构件加固技术施工流程"。

4）工程案例

（1）旅顺某砖木结构校舍抗震加固（许剑峰等，2014）：

该工程位于旅顺太阳沟革新街，1899 年设计建造，现为旅顺五十六中学办公楼。建筑主体高 2 层、局部 3 层，为砖木结构，未设圈梁和构造柱，屋面构造为木屋架。该木屋架是典型的西式屋架，整体呈折线形。经现场勘察和验算，发现该楼木屋架存在的问题包括：部分结构构件腐朽、开裂；房屋跨度超出木屋架的使用范围；屋盖整体性差。

为了解决房屋跨度超出使用木屋架使用范围的问题，并加强屋盖的刚度和整体性，该加固工程采取的措施包括：增设钢拉杆加固法对屋架下弦进行加固，并在纵横构件之间插入斜向构件，作为斜撑；将倾斜的屋架扶正复位后增设屋架横向水平支撑（包括上弦水平支撑、下弦水平支撑）和纵向垂直支撑，将两端相邻桁架联结成稳定的整体；在下弦平面通过纵向系杆对各榀屋架作纵向拉伸加固，以保证整个房屋的空间刚度和稳定性。屋架立面、平面图及加固位置示意如图 6.2-5 所示。

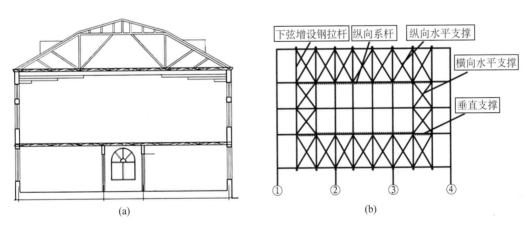

（a）　　　　　　　　　　　　　　　　（b）

图 6.2-5　旅顺某校舍屋架增设支撑加固示意图

（a）屋架立面图；（b）屋架平面图

（2）南京某近代砖木结构加固（张伟斌等，2007）：

南京市某办公楼为民国时期建造的近代砖木结构，原为国民党财政部大楼，现为南京市某局办公楼，南京市重点文物保护单位。该楼共 3 层，采用木楼面、坡屋面，屋面构造为三角形木屋架。应甲方的要求，将该楼第 3 层变为大会议室，需将第 3 层中部承重墙体拆除。在拆除承重墙的位置，木屋架下弦杆搁置于此，采用半企口连接。现由于这道承重墙需拆除，故需对木屋架进行加固，考虑到传递给端部节点的剪力较大，故需对端部节点增设钢板和螺栓来进行加固；由于该楼原有木屋架支撑系统布置不规范，且由于年代久远，木材腐朽和干裂较严重，已基本丧失作用，采用钢结构支撑系统替代原有的木结构支撑系统，如图 6.2-6 所示。

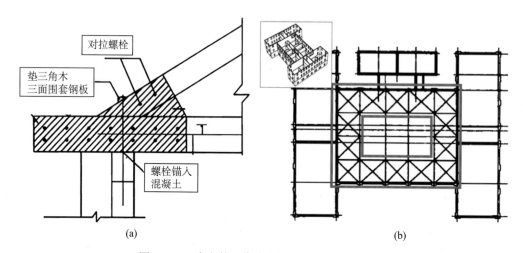

图 6.2-6　南京某近代砖木结构屋架加固示意图
（a）端部节点增设钢板和螺栓加固；（b）钢结构支撑系统布置示意图

2. 增设钢框架加固技术

面对砖木结构房屋整体性较差的问题，可以采取增加辅助承重系统的思路对原有结构进行加固。增设钢框架加固技术是指在紧贴墙体的侧面设置由型钢立柱、横梁和斜撑构成的型钢框架，钢框架与砖墙协同作用，共同承担竖向和水平荷载。型钢须采用方便与墙体植筋锚固的钢板、角钢、槽钢和工字钢，立柱须可靠支承于新、旧基础之上。增设钢框架加固技术示意图见图 6.2-7。

1）发展沿革

增设钢框架加固技术出现时间相对附加钢构件加固技术较晚，在早期并未纳入我国房屋抗震加固相关标准与规范。实际上，由于该加固技术可应用于建筑内部，能够一定程度上保留建筑原有的风貌，因此较早地被应用于历史建筑的改造工程。例如，苏州鸿生火柴厂是民国时期的砖木建筑，其加固改造设计遵循了"功能更新、修旧如旧"的原则，该工程的改造保留并加固了原有外墙，拆除内部原有木结构楼板、梁、柱，并用钢结构框架配合组合楼板进行替代（耿光华等，2006）。此外，上海思南路历史文化风貌保护区砖木结构的加固工程中也使用了该加固技术，具体内容将在"工程案例"部分将详细介绍。

该加固技术凭借其装配式的特点，在近年进一步引入地方规范并开展研究，面向量大面广的村镇农居开展应用。2019 年前后，北京市住建委编制完成了《北京市农村危房加固维

图 6.2-7　增设钢框架加固技术示意图（陈伟军，2018）

修技术指南（试行）》。该指南针对北京市农村地区 20 世纪 80~90 年代建造的典型农宅的结构特点，结合农村住宅抗震综合改造的实践经验，提出了房屋增设内钢框架加固方式，但并无具体的结构参考数值。依据《钢结构设计标准》（GB 50017—2017）和《建筑抗震设计规范》（GB 50011—2010）中的相关规定，部分研究人员（宋波等，2021）基于这一加固理念进一步开展试验探究，开发了提出了一种以内嵌式轻型钢框架加固为主，钢板带加固为辅的加固方法，并通过试验验证了该类技术的加固效果。

2）技术特点

增设钢框架加固技术的优点是干预小、遮挡少，且满足可逆性要求，适用于保护等级较高的历史建筑。然而，由于墙面可能有钢框架凸出，某些情况下须用内饰板遮盖，并且须定期对钢构件进行防锈维护。

3）施工流程

增设钢框架加固技术的一般施工流程包括：基础开挖、浇筑新基础、安装钢柱、安装钢梁、涂刷防腐涂料、嵌入轻质隔墙等。详见附录 5.2 "增设钢框架加固技术施工流程"。

4）工程案例

上海思南路历史文化风貌保护区某砖木结构加固（李云翼，2010）：

本工程位于上海市淮海中路，属思南路历史文化风貌保护区范围内。建筑主体结构为砖混（木）结构，楼层面包括木格栅地板和混凝土现浇板两种类型。该房屋目前底层主要用作商铺，在使用过程中对原结构局部做了装修改造，主要表现在部分墙体拆除、改设混凝土柱或钢柱。

根据检测结果，现房屋砖混（木）结构，结构经过多次扩建改造且年代较为久远，根据改造后的功能要求，如再保持原结构体系将无法满足平面布置的要求。经多方案比较，决定采用内置钢框架而保留外墙的结构加固方案。为确保改造以后的结构整体安全，工程决定采用整体性较好的筏板基础来替换原有的砖基础，并且所有整板基础的钢筋均按规范要求植入墙体；同样为了保证墙体的稳定性，上部墙体与钢框架亦通过植筋连接，如图 6.2-8 所示。

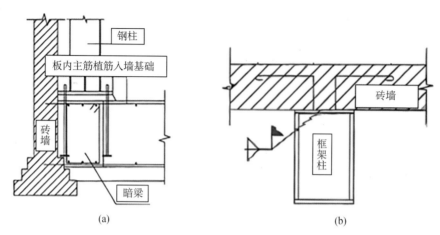

(a)   (b)

图 6.2-8　上海某砖木结构增设钢框架加固
（a）基础与外墙连接处构造；（b）钢框架与保留墙体连接构造

6.3　石砌体农居加固技术

石砌体房屋作为我国传统建筑中的一个重要组成部分，在西藏、四川等又被称为"康房"，是指外部承重墙体由石块作为主要建筑材料，并通过垒筑的方式进行砌筑，内部使用木构架承重的结构体系。石材本身具有较高的抗压强度，耐久性好，耐磨性强，吸水率低等的特点，多存在于我国东北、东南沿海地区以及云贵高原、青藏高原和其他山地地区。同时石砌体结构房屋由于石料不同和砌筑质量悬殊，导致其抗震性能有所差异。

常见的石料有毛石、块石、料石等。其中，毛石是指岩石经爆破后所得形状不规则的石块，是天然或从石矿里刚开采出来未经加工的石块；块石是指经过较粗糙加工的岩石，形状上仅要求上下面大致平整的石块；料石是指经过较为人工或机械加工后，要求六面较为平整规则石块，按其加工后的外形规则程度又可分为条石、粗料石、半细料石、细料石。各类石砌体房屋示意图见图 6.3-1。

石墙采用内外收分、下大上小，形成类似于锥形的收分外形，墙体成直角梯形，墙体内部通过黄泥等粘结剂将内外两皮墙体进行连接，特殊的垒筑方式，使其具有一定的抗震能力，但其在长期环境及地震作用下也暴露出了较多的问题，常见的问题包括屋面破坏、墙体破坏、木构架破坏等：

1）屋面破坏

石砌体结构民居的屋面做法通常是在圆椽子木结构层上铺一层 50～80mm 厚杂木树枝，然后再在上面用鹅卵石或者细薄石块平铺 60～80mm 厚，再夯填密实的黄泥 30～50mm。故

图 6.3-1　石砌体房屋示意图
（a）毛石砌体；（b）块石砌体；（c）粗料石砌体；（d）细料石砌体

其屋面自重较大，且大多没有设置圈梁也没有垫块，在地震作用下容易发生坍塌等现象，如图 6.3-2a 所示。

2）木构架破坏

梁柱及檩条是石砌体房屋中不可或缺的结构体系，共同承担建筑上部的重量和室内传递的各种荷载。但梁柱及节点的连接并未得到重视，节点处通过榫卯进行连接，少数使用铁钉等构件进行拉结，导致在地震中成了薄弱环节从而引发屋面失稳，进而导致结构出现倒塌等现象，如图 6.3-2b 所示。

3）墙体破坏

石墙体通常采用内外两层进行垒砌，中间缝隙用碎石来填塞，并使用水泥砂浆、黄泥、黏土等材料作为粘结剂，内外层间不设置拉结措施。经过长年雨水冲刷及地震作用下，由于外层墙体粘结强度下降，常出现风化、剥层、倒塌、歪闪等现象，如图 6.3-2c、d 所示。

针对上述问题，对于抗震薄弱或出现震损的石砌体构件或木构件，可参考第 2 章和第 5 章所介绍的抗震修复与加固技术进行处理。而基于石砌体民居构造的特征，本节将补充介绍两种石砌体墙体加固技术：外包型钢加固技术和聚合物砂浆嵌缝加固技术。石砌体结构加固技术分类见图 6.3-3，其中体系加固技术详见本节"技术 1~2"。

图 6.3-2　石砌体常见破坏

(a) 屋面坍塌；(b) 木柱折断；(c) 墙体剥层；(d) 墙体局部倒塌

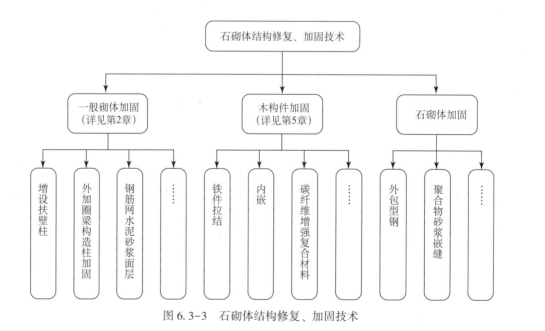

图 6.3-3　石砌体结构修复、加固技术

1. 外包型钢加固技术

外包型钢加固技术，是将钢板固定于石结构构件外部，并用锚栓进行锚固，然后通过压力注胶（浆）使钢板与加固构件形成整体受力，相当于对被加固构件进行了体外配筋。包钢加固适用于整片墙体、受损面积稍大的墙体及柱子的加固，该方法能够充分利用原构件的承载力，通过后增钢板和原构件的共同受力，一定程度可提高构件的承载能力。

外包型钢加固根据不同的施工技术可分为湿式和干式两种。湿式外包型钢加固使用环氧树脂等材料在外包钢与墙体间灌浆，使得两者粘结为一个整体，两者共同受力；干式外包型钢加固法，将型钢直接外包于原构件四周，之间无任何粘结，外包钢架与原构件各自单独受力。在石墙的加固工程中多使用湿式加固法，该方法更具有可靠性。

1）发展沿革

外包钢结构最早出现在前苏联，20世纪60年代前苏联在火力发电厂装配式钢筋混凝土结构的基础上，为了适应大容量机组的发展，创造性地发展了外包钢加固技术。我国学者从1978年开始，在学习和吸收国外经验的基础上，结合我国设计和施工的具体情况，对外包钢结构进行了专题研究。该技术早期广泛应用于砌体结构加固工程中，随着其不断发展及逐渐成熟，也在石结构中得到了广泛应用。

2）技术特点

外包型钢加固技术，相比于增大截面加固法、置换法、钢筋网混凝土加固法等，能在基本不增加构架自重和不影响构架外形的情况下，最大可能地提高原构件其承载力和延性，具有受力可靠、施工简单及工期短等优点。

3）施工流程

外包型钢加固技术施工的一般流程包括：清理石墙表面、加工设计型、安装型钢、灌注粘结剂、养护。详见附录5.3"外包型钢加固技术施工流程"。

4）工程案例

某山区石房修复与加固：

某山区一栋2层石头房，因年代久远，出现了较多的问题，尤其是作为承重构件的石柱最为严重，需对该建筑进行加固修复，根据建筑的实际情况，选择对原承载力下降的石柱进行了外包型钢及置换石柱的加固方式进行修复，如图6.3-4所示。

图6.3-4　外包型钢加固示意图

2. 聚合物砂浆嵌缝加固技术

聚合物砂浆嵌缝加固技术，是指使用高强度砂浆更换灰缝中原有的低强度砂浆，操作时需先将原灰缝中砂浆尽可能地掏干净，再将新砂浆嵌入，填饱缝隙并压实，如图 6.3-5 所示。该方法是针对石砌体结构中灰缝强度不足，从而导致石墙剥层这一问题提出的方法，通过注浆的方法使原本松散的结构转变为具有较高强度的整体性结构。

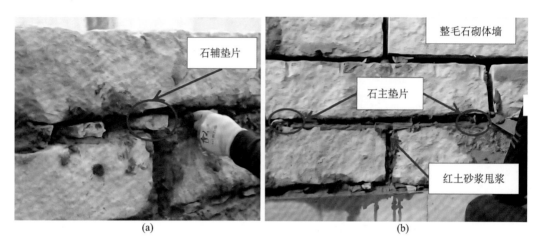

图 6.3-5　毛石砌体墙嵌缝加固
（a）塞入石垫片；（b）甩浆挤缝

1）发展沿革

聚合物砂浆嵌缝加固技术起源于对石砌体填缝技术的研究（刘小娟等，2010）。V. M. K. Rao 于 1997 年通过试验发现在石建筑墙体中填充 1∶8 的水泥砂浆可在一定程度上提高石砌体的抗压强度（Rao 等，1997）。M. R. Valluzzi 于 2005 年基于在墙缝中插入钢筋的加固方法对砖（石）结构进行的试验和数值模拟分析，并应用于两座砖石教堂加固工程中（Valluzzi 等，2005）。

随着该技术的逐渐成熟发展，国内学者也进行了嵌缝加固条石墙体的抗震试验研究。部分试验结果表明，嵌缝加固后石墙的开裂荷载得到了明显的提高，极限承载能力也有一定程度上的提高，墙体的整体性能和抗震能力都得到了明显改善（郭子雄等，2010）。

2）技术特点

该方法与一般的承重石墙加固方法相比具有以下优点：

石墙灰缝宽度较大且强度较低，便于掏除灰缝表层，施工便捷；加固方案灵活多样，可根据洞口位置和缺少咬槎的薄弱部位对需要加固灰缝进行优化布置；所有加固材料置于灰缝内加固后可保留石墙的质朴美观，且勾缝后不需要进行二次装修；基本不增加墙体厚度和结构自身荷载，基本不改变结构的动力特性和地震内力分配。

尽管如此，但该项加固技术仍存在一定不足和局限性，例如该方法需要清理原灰缝，该工作费时费力；在甩浆过程中，砂浆并不能完全地填实孔隙，因此加固后在石墙中仍可能存在较大的空隙。

3）施工流程

聚合物砂浆嵌缝加固技术施工的一般流程包括：清理石墙表面及灰缝、甩浆灌浆、封边、养护。详见附录 5.4 "聚合物砂浆嵌缝加固技术施工流程"。

4）工程案例

意大利索菲亚教堂加固工程（Valluzzi 等，2005）：

意大利索菲亚教堂其结构最下部承受的荷载较大，砖石墙体的风化等问题导致了严重的裂缝形态，其特点是裂缝较大且分布广泛，并在结构的某些部位发现了较大的裂缝。通过使用临时放置钢筋环、局部重建、小面积灌浆等一些传统的修复技术对其进行了加固。通过加固，该建筑立柱的所有侧面都得到了加固，这项技术可以最大程度的恢复墙壁的完整性，具有显著的美学效果，如图 6.3-6 所示。

图 6.3-6　意大利索菲亚教堂

（a）建筑外观；（b）勾缝处理

6.4　土窑洞加固技术

土窑洞在我国有悠久的历史，特别是在我国西北的黄土高原，是当地农村民居的主要建筑形式之一。土窑洞一般可分为崖窑和地窑两种形式，如图 6.4-1 所示。其中，崖窑指在天然崖势上开挖而成；地窑指在无天然崖势时，先在地面上向地下开挖一坑，再在坑壁上开挖窑洞。窑居多为二孔三孔或多孔连接在一起，也有独立的。

土拱作为土窑洞的主要承重结构，既承担竖向屋面荷载，又承担风、地震力等水平荷载。特殊的建造方式，使土窑洞具备了一定的抗震能力，但其在长期环境及地震作用下也暴露出了较多的问题，常见的问题包括崖面崩塌及剥落、窑脸局部坍塌、窑顶和窑腿裂缝、窑洞拱体变形等；

(a)　　　　　　　　　　　　　　　　　(b)

图 6.4-1　土窑洞示意图

（a）靠崖式窑洞（崖窑）；（b）下沉式窑洞（地窑）

1）窑脸局部坍塌

窑脸是窑洞的外立面，直接暴露于外界环境中，长期受雨水冲刷，导致其抗震能力较差，地震来临时极易在洞脸部位发生土体塌落（图 6.4-2a）。这种破坏对土体洞内部的安全影响并不是很大，但易阻碍逃生路线，带来安全隐患。

2）窑顶和窑腿裂缝

裂缝是窑居使用过程中最为常见的一类破坏，也是生土窑居一种典型震害，地震造成的裂缝主要有窑拱环向裂缝、径向裂缝以及窑腿裂缝（图 6.4-2b、c）。裂缝是轻度震害的表现，但裂缝的发展会带来严重破坏，窑拱部位径向裂缝开展将导致土拱失效从而引发拱顶的坍塌；环向裂缝发育则容易使崖面部位土体外闪造成崖面及窑脸的坍塌破坏。

3）窑洞拱体变形

窑洞上层的土制拱顶因外界作用产生的微裂缝使得表面土体被切割成片状或块状，在窑洞顶渗水或潮湿环境中该部分土体易发生剥落或局部掉块，从而导致间隙增大，拱券局部松动，如图 6.4-2d 所示。

在上述问题中，土窑洞墙体的破坏最为常见且最为严重，本节针对土窑洞不同损伤状态的墙体分别提出了不同的修复与加固技术，详见本节的"技术 1~3"。

1. 填塞（黏土、化学试剂）抹面加固技术

针对不影响整体结构的深度较浅的裂缝，可采用填塞（黏土）抹面法来修复墙体。该方法主要用于修复生土窑洞中的细微裂缝，即将裂缝清理干净，并使用黏土等填满缝隙并涂抹表面的修复方法针，如图 6.4-3 所示。

对裂缝稍大的情况，可采用填塞（化学试剂）的加固方法来强化墙面土体，修补墙面裂缝。填塞（化学试剂）抹面法，是将化学试剂加入生土中，与生土材料内部发生一系列化学反应，从而加固裂缝，提高生土墙体的强度和耐水性，防止墙体风化剥落，也能起到一定防水作用。

(a)   (b)

(c)   (d)

图 6.4-2 窑洞常见损伤状态

（a）窑脸局部坍塌；（b）窑壁裂缝；（c）窑顶裂缝；（d）拱体明显变形

图 6.4-3 填塞黏土抹面法

1）发展沿革

使用黏土抹面的加固方法是人们自古以来的最原始简单的加固方法，在各地窑洞均有使用。当地居民通常采用草泥、石灰、水泥等包裹层作保护面层，草泥灰等材料虽与土墙的粘结性相对较好，但其原材料仍为生土，不能完全克服耐水性差、强度低的缺点，对墙体起到的保护作用相对较差。

实际上，该技术在加固工程中的运用时间相对较晚。19世纪中叶，随着化学家和其他自然科学家介入土遗址保护工作中后，国内外才开始运用化学加固法保护土遗址。1975年，秘鲁联合联合国教科组织采用一级硅酸盐保护当地的土质遗址，1990年美国盖帝研究所采用聚氨酯硅、硅酸乙酯保护印第安人故居。国内相关研究相对较晚，1996年单玮等采用丙烯酸树脂保护秦俑碳化遗址，刘致和采用偏氟聚合物保护西南半坡遗址等。随着该技术的不断完善发展，才逐渐运用到民居建筑的加固。生土建筑一直被视为贫困及落后的代表，大量存在于村镇地区。但是，随着生态环保理念的推广，因该结构类型的具有低碳环保的特点，对该结构的加固研究也开始逐渐被重视起来。

2）技术特点

填塞（黏土）抹面法体现了人们的传统智慧，自窑洞这种建筑产生以来，劳动人民便自发使用填塞（黏土）抹面法原理进行加固修复，该技术具有施工简单、成本低廉，以及不影响建筑外观等特点。

填塞（化学试剂）抹面法能够与原墙体进行更为有效的连接，且具有耐久性好，强度高等特点。材料上具有多样性，目前常见的化学加固材料主要有无机类材料、有机高分子材料类、复合材料类。

尽管如此，但该项加固技术仍存在一定不足和局限性，例如，该加固技术其加固效果相对较差，且目前仅停留在加固墙体表层上，对于加固较深裂缝的研究仍有欠缺。

3）施工流程

窑洞内支撑法加固技术施工的一般流程包括：清理表面、砌筑抹面、养护等。详见附录5.5"填塞（黏土、化学试剂）抹面加固技术施工流程"。

4）工程案例

水玻璃加固某粉化土墙（李彭源，2019）：

李彭源等采用模数2.4，浓度16%的水玻璃对粉质生土墙进行加固，通过剖面观察，水玻璃已渗入到墙体的内部，对酥松粉化层起到了明显的加固效果，提高了墙体的表面土体的粘结力，加固试验现场对比图，如图6.4-4所示。

图6.4-4　水玻璃加固粉化层现场试验对比

2. 内支撑加固技术

内支撑法是一种稳定窑室局部顶部土体的加固方法，该方法是通过改变窑顶竖向荷载的传力方式达到加固效果，因此该方法必须保证窑腿具有足够的承载力和稳定性，否则需要先对窑腿进行加固。内支撑材料可根据材料的不同分为原木支撑、型钢支撑，其构造型式宜采用梁柱体系、拱形体系等，如图 6.4-5 所示。

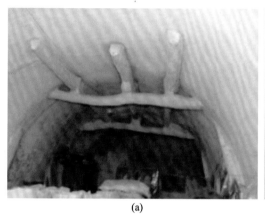

(a)　　　　　　　　　　　　　　　　　　　(b)

图 6.4-5　内支架加固法

（a）木支架支撑；（b）不同构造形式的木支架支撑

1）发展沿革

内支撑法目前应用最多的领域为岩土工程，通常根据结构型式和使用目的的不同，可将支护结构划分为防护性支护、构造性支护和承载型支护。根据采用材料的不同分为木支撑、钢支撑、锚杆和金属网支撑、混凝土和喷射混凝土支护以及组合支撑等。该加固技术的起源可追溯到 1890 年英国北威尔采用钢筋加固矿山巷道岩层上；1911 年美国相关学者采用锚杆支护的方法对煤矿的巷道顶板进行了加固；在 20 世纪 40 年代，前苏联及美国就开始了使用内支撑法对隧道、矿山、煤矿等地下工程进行了加固应用；而国内的相关研究相对较晚，朱焕春、荣冠、肖明等采用该技术对隧道的全长进行了加固。

由于窑洞的形式与岩土隧道等工程具有一定的类似之处，且该项加固技术已相对较为成熟，故内支撑法也开始大面积应用于窑洞加固，但其在民居的加固应用上仍欠缺相对完善的理论体系和工程经验，目前常见的支撑形式多为采用木构件与钢构件的构造性支撑。

2）技术特点

该方法是通过改变传力途径进行加固，在加固材料上具有多样性，可使用原木、型钢对其进行加固，且在施工操作过程较为方便，加固时间较短。对于加固使用的构件，可在室外或工厂中进行预制。

尽管如此，但该项加固技术仍存在一定不足和局限性，例如，其加固完成后对建筑的使用空间有一定的压缩，减少了建筑使用范围，但可通过简易装饰能够消除此影响。

3）施工流程

窑洞内支撑法加固技术施工的一般流程包括：确定支撑形式、窑腿开槽、窑壁开槽、安装支撑、表面处理等。详见附录 5.6 "内支撑加固技术施工流程"。

4）工程案例

山西黄土窑洞加固（马健伟，2021）：

以山西黄土窑洞为研究对象，相关研究人员对山西范围内的土窑洞进行了调研，发现当地居民在当地政府的支持下多采用内支撑法对自家房屋进行加固，内支撑法加固效果图如图 6.4-6 所示。

图 6.4-6　山西土窑洞内支撑加固实例

3. 衬券加固技术

窑洞衬券加固技术，是利用土坯、砖、石等材料，在窑洞内部券拱处进行加固，以达到对窑洞的整体进行加固，如图 6.4-7 所示。衬券法的受力特征同拱结构的受力理论，窑洞上部拱券一般受剪力、轴力和弯矩的共同作用，存在一条 "合理曲线"，使得拱券所受剪力和弯矩理论值为零。

1）发展沿革

由于窑洞中的土体抗剪、抗拉强度较低，易造成土拱开裂等现象，从而形成横向裂缝、纵向裂缝、竖向裂缝、纵横交叉裂缝和拱券错位裂缝等。针对此类现象，有学者提出了短锚杆柔性支护加固技术、黄土加筋加固技术、埋入柳条等加固技术，但这些加固技术在施工上都较为麻烦，普及推广性较差，且效益一般。随着相关结构的加固技术的发展，有学者提出了使用工字撑、钢筋混凝土拱架及拱券错位加固技术，但这些加固技术只是从局部对土体进行加固，且预防效果相对较差。

针对以上加固问题的不足，便逐渐产生了使用石块、砖块、土块进行修复的衬券加固技术，该加固技术可以在窑洞的土拱下方形成一层加固层，从整体的角度对窑洞进行加固，且易于在当地推广，因此衬券法的应用也逐渐发展起来，是目前常见的加固措施，其受力更为明确且对现有建筑又起到了美化的作用。

图 6.4-7　衬券加固技术

（a）砖衬券加固设计示意图；（b）砖衬券效果图；（c）土坯衬券效果图；（d）石衬券效果图

2）技术特点

该加固技术具有较强的灵活性，能够使用多种建筑材料进行加固，常见的有砖块、石块及土坯。通常情况下，使用该加固技术时，宜对门、窗等进行修补，整体上具有较好的装饰作用，使用该技术加固后，建筑整体上较为整洁，并不影响使用，通过简易的打扫便可入住。

尽管如此，但该项加固技术仍存在一定不足和局限性，例如，该加固工艺的施工时间相对较长，工程量相对较大，加固过程需要将室内设施搬离，中断生产生活。

3）施工流程

窑洞衬券加固技术施工的一般流程包括：清理基面、窑壁开槽、安装支撑、表面处理等。详见附录 5.7 "衬券加固技术施工流程"。

4）工程案例

山西晋中市灵石县窑洞修复：

山西晋中市灵石县坛镇乡遭遇连日密集的降雨，48 小时的降雨量更是达到了 242.6mm，全乡多处窑洞发生了不同程度的倒塌现象。雨停过后，乡民便在村干部的带领下进行了自救活动，对受损窑洞进行了加固修复，图 6.4-8 为使用砖衬券的加固方法。

(a)　　　　　　　　　　　　　　(b)

图 6.4-8　衬券修复加固图

（a）建筑外立面；（b）修复施工现场

参　考　文　献

蔡富晴，2019，化学加固生土材料力学性能试验研究［D/OL］，大连交通大学［2023-03-31］

陈淮、李杰、孙增寿，1995，高层建筑振动周期计算可靠性分析［J］，世界地震工程，（03）：1~6+9

陈伟军，2018，岭南近代建筑结构特征与保护利用研究［D/OL］，华南理工大学［2023-04-06］

淳庆、张洋、潘建伍，2013，嵌入式 CFRP 筋加固圆木柱轴心抗压性能试验［J］，建筑科学与工程学报，30（03）：20~24

段春辉、郭小东、吴洋，2014，基于残损特点的古建筑木结构修复加固［J］，工程抗震与加固改造，36（01）：126~130

高莲娣、王正云、张誉，1994，用薄扁构造柱加固砌块房屋的抗震研究［J］，同济大学学报（自然科学版），（04）：529~534

高永林、陶忠、叶燎原等，2016，传统穿斗木结构榫卯节点附加粘弹性阻尼器振动台试验［J］，土木工程学报，49（02）：59~68

耿光华、石元元，2006，民国时期建筑鸿生火柴厂的加固改造［J/OL］，建筑结构，（9）：15~16+10

郭子雄、柴振岭、胡奕东等，2010，嵌缝加固条石砌筑石墙抗震性能试验研究［J/OL］，土木工程学报，43（S1）：136~141

侯靖、刘涛、陈婷婷等，2022，天津某民国时期砖木结构抗震加固设计［J］，建筑结构，52（S1）：

2054~2056

胡晓锋、张凤亮、薛建阳等，2019，黄土窑洞病害分析及加固技术［J/OL］，工业建筑，49（1）：6~13

黄曙，2009，农村典型木结构房屋的抗震性能及加固措施研究［D］，湖南大学

柯吉鹏，2004，古建筑的抗震性能与加固方法研究［D］，北京工业大学

黎清毅、羿奇、鲍涛，2009，某木结构古建筑的鉴定与加固方案［J］，江苏建筑 125（01）：17~19+28

李敏，2005，小曼萨河公路隧道衬砌裂损机制与加固措施研究［D/OL］，武汉大学［2023-03-31］

李彭源，2019，现役传统民居生土墙体的保护与传承技术研究［D/OL］，重庆大学［2023-03-31］

李鹏飞，2023，建筑工程干砌毛石墙体原貌加固技术及抗震性能研究［J/OL］，石材，（2）：103~106

李彦博，2012，中国木结构古建筑的加固维护方法［J］，甘肃科技，28（06）：121~122+142

李扬、孙国华、谢盛勇，2007，置换混凝土加固技术在结构柱质量处理中的应用［J］，广东土木与建筑，190（09）：61~62+47

李云翼，2010，钢框架在已有砖木结构建筑改造中的应用［J］，建筑施工，32（5）：442~443

林湘宏，2008，闽南古建筑加固修复对策初探［J］，山西建筑，（19）：59~60

刘小娟、郭子雄、胡奕东等，2010，聚合物砂浆嵌缝加固石墙灰缝抗剪性能研究［J/OL］，地震工程与工程振动，30（6）：106~111

卢欣、杨骁、宋少沪，2012，纤维增强聚合物布加固木梁的非线性弯曲分析［J］，上海大学学报（自然科学版），18（06）：634~639

鲁旭光，2011，村镇木结构住宅抗震加固试验研究［D］，长安大学

罗才松、黄奕辉，2005，古建筑木结构的加固维修方法述评［J］，福建建筑，（Z1）：208~210+213

马炳坚，2006，中国古建筑的构造特点、损毁规律及保护修缮方法（上）［J］，古建园林技术，（03）：57~62

马健伟，2021，山西省黄土窑洞典型破坏特征及加固技术研究［D/OL］，太原理工大学

孟萍、潘文、黄海燕，2005，云南地区村镇木结构房屋震害分析及补救措施［J］，工程抗震与加固改造，（S1）：202~205

石志敏、周乾、晋宏逵等，2009，故宫太和殿木构件现状分析及加固方法研究［J］，文物保护与考古科学，21（01）：15~21

宋波、颜华、周恒等，2021，内框架加固典型砌体结构的抗倒塌机制试验［J］，哈尔滨工业大学学报，53（10）：164~170

童丽萍，2008，传统生土窑居的灾害及民间防灾营造［J］，建筑科学，24（12）：17~21

童丽萍、张敏，2016，砖箍拱券技术在生土窑洞加固中的应用［J］，施工技术，45（16）：82~85

王茂桑、史明祥，2018，危险土窑洞加固改造技术研究［J/OL］，山西建筑，44（19）：81~83

文竞舟，2012，隧道初期支护力学分析及参数优化研究［D/OL］，重庆大学［2023-03-31］

夏敬谦、黄泉生，1989，构造柱与配筋砌体房屋抗震能力的试验研究［J］，地震工程与工程振动，（02）：82~96

谢启芳、薛建阳、赵鸿铁，2010，汶川地震中古建筑的震害调查与启示［J］，建筑结构学报，31（S2）：18~23

谢启芳、赵鸿铁、薛建阳等，2007，碳纤维布加固木梁抗弯性能的试验研究［J］，工业建筑，404（07）：104~107

熊学玉、张大照，2003，CFRP 布加固木柱性能试验研究［J］，滁州职业技术学院学报，（03）：5~8

徐天航、郭子雄、柴振岭等，2016，钢筋网片改性砂浆加固石砌体墙抗震性能试验研究［J/OL］，建筑结构学报，37（12）：120~125

许剑峰、李冰、许永霞，2014，旅顺某校舍的安全鉴定与加固处理［J］，四川建筑科学研究，40（04）：125~127

薛建阳，2012，中国古建筑木结构抗震性能及其加固保护研究［D］，西安建筑科技大学

闫培雷、孙柏涛、王明振，2014，芦山 7.0 级地震芦阳镇的建筑物震害［J］，土木工程学报，47（11）：39~44

杨柯，2015，三角形豪式木桁架构造研究［D］，南京大学

姚侃、赵鸿铁、薛建阳等，2009，古建木结构榫卯连接的扁钢加固试验［J］，哈尔滨工业大学学报，41
　　（10）：220~224

喻云龙、梁培新，2009，钢筋混凝土柱置换改造技术［J］，江苏建筑，（04）：22~23

张富文、许清风、张晋等，2016，不同方式加固的榫卯节点木框架抗震性能试验研究［J］，建筑结构学报，
　　37（S1）：307~313

张伟斌、禹永哲，2007，南京某近代砖木结构加固与改造设计［J］，建筑结构，37（S1）：48~50

赵勇，2012，隧道软弱围岩变形机制与控制技术研究［D/OL］，北京交通大学

郑昊、朱春明、吉峰等，2013，内嵌混凝土构造柱-圈梁抗震加固砌体结构试验研究［J］，施工技术，42
　　（16）：12~15

郑妮娜，2010，装配式构造柱约束砌体结构抗震性能研究［D］，重庆大学

郑涌林，2011，木结构建筑的 FRP 加固法［J］，福建建材，126（07）：19~20

周乾、闫维明，2011，铁件加固技术在古建筑木结构中应用研究［J］，水利与建筑工程学报，9（01）：1~
　　5+61

周乾、闫维明、杨小森等，2009，汶川地震古建筑震害研究［J］，北京工业大学学报，35（03）：330~337

周乾、闫维明、周宏宇等，2012，钢构件加固古建筑榫卯节点抗震试验［J］，应用基础与工程科学学报，
　　20（06）：1063~1071

周钟宏，2005，碳纤维布加固木结构构件的性能研究［D］，南京工业大学

Rao K V M, Reddy B V V, Jagadish K S, 1997, Strength characteristics of stone masonry［J］, Materials and Struc-
　　tures, 30（4）: 233

Valluzzi M R, Binda L, Modena C, 2005, Mechanical behaviour of historic masonry structures strengthened by bed
　　joints structural repointing［J］, Construction and building materials, 19（1）: 63-73

附录 1　砌体结构常用修复与加固技术施工流程

附录 1.1　填缝修复技术施工流程（成帅，2011）

（1）首先凿剔干净裂缝表面的抹灰层，然后沿裂缝开凿 U 形槽，并检测深度与宽度，如附图 1.1-1a；凿槽的深度和宽度应符合《砌体结构加固设计规范》（GB 50702—2011）中的要求。

（2）对于活动裂缝（裂缝易随着外部荷载或温度变化而时开时合），填缝前通常在裂缝根部，采用聚乙烯片、蜡纸或油毡片等作为隔离层进行干铺，不得与槽底有任何粘结。

（3）对于不同类型的裂缝采用的填充材料，具体见《砌体结构加固设计规范》（GB 50702—2011）。当采用水泥基修补材料填补裂缝，应先将裂缝及周边砌体表面湿润；当采用有机材料填补裂缝时，不得湿润砌体表面，应先将槽内两侧面上涂刷一层树脂基液。

（4）充填材料时，应采用搓压的方法填入裂缝中，并对裂缝表面修复平整，如附图 1.1-1b。

(a)　　　　　　　　　　　　　　　　(b)

附图 1.1-1　填缝技术修复砌体墙体裂缝施工流程
(a) 剔除抹灰；(b) 填补材料

附录 1.2　压力灌浆修复技术施工流程

（1）清理裂缝时，应在砌体裂缝两侧一定范围内（100～200mm），将抹灰层剔除，并清除裂缝表面及缝隙中的污物，如附图 1.2-1a。

（2）根据《砌体结构加固设计规范》（GB 50702—2011）中的要求，确定灌点位置与

成帅，2011，近代历史性建筑维护与维修的技术支撑 [D/OL]，天津大学

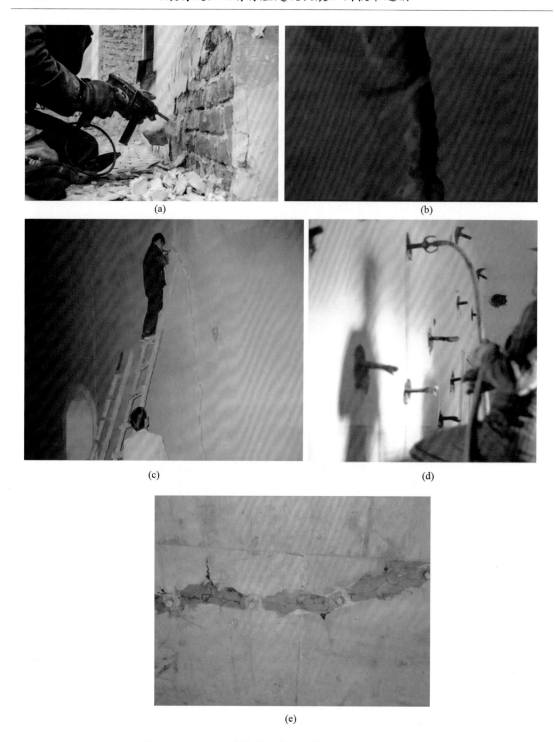

附图 1.2-1 压力灌浆技术修复砌体墙体裂缝施工流程

（a）清理表面；（b）清理灰缝；（c）标记灌孔并封闭缝隙；（d）压力灌浆；（e）灌浆后墙体外观

分布，并钻眼、清孔，继而将灌浆嘴固定，如附图 1.2-1b。

（3）压力灌浆前应先用水泥砂浆抹严墙面缝隙和孔洞，使缝隙封闭，避免一边灌一边漏或灌不满缝隙；在水泥砂浆达到一定强度后进行试漏检测，对封闭不严的漏气处应进行修补，如附图 1.2-1c。

（4）应根据灌浆料产品说明书的规定及浆液的凝固时间，确定每次配浆数量，然后进行压力灌浆；压力灌浆施工工艺应符合《砌体结构加固设计规范》（GB 50702—2011）中的要求，如附图 1.2-1d。

（5）灌浆完毕后对灌孔进行封闭处理，灌浆后墙体外观如附图 1.2-1e。

附录 1.3　外加网片修复技术施工流程（马鹏飞，2019）

（1）清理受损墙体裂缝处的碎渣和灰粉，凿毛裂缝边缘位置，以方便修补砂浆填补裂缝，如附图 1.3-1a 所示。

（2）在裂缝上标记注浆管插入位置，进行人工扩孔后依次将注浆管插入注浆孔，确保其稳固插入；再通过修补砂浆填补各裂缝及周边凿毛区域，插管位置不进行填补，如附图 1.3-1b 所示。

（3）将预先量制好的单张连续钢丝网片铺设并粘贴于墙体表面，于钢丝网片首尾闭合处（窗间墙）或边缘角部（窗下墙）用细铁钉钉入墙体灰缝中，后再次用同（2）中的修补砂浆作抹面处理，保证钢丝网片不外露，如附图 1.3-1c 所示。

（4）将预先配置的灌浆液，在各墙肢部位由下至上注入各灌浆孔；待相邻较低部位管口浆液流出时，立即封堵该次注浆口并移至相邻流浆管口继续注浆，如附图 1.3-1d 所示。

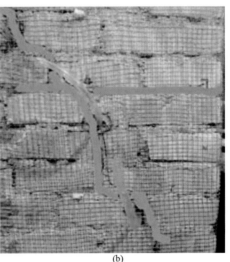

(a)　　　　　　　　　　　　　　　　　(b)

马鹏飞，2019，基于窗下墙破坏模式的加固砌体结构抗震性能试验研究［D/OL］，西安建筑科技大学

(c)　　　　　　　　　　　　　　(d)

附图 1.3-1　外加网片技术修复墙体裂缝施工流程

（a）墙体裂缝部位插管；（b）灌浆修复裂缝；（c）铺设钢丝网片；（d）涂抹水泥砂浆

附录 1.4　钢筋网水泥砂浆面层加固技术施工流程（罗瑞，2016）

（1）在加固墙体上确定锚筋位置并进行钻孔，锚孔按梅花形方式布置，同时按照一定标准确定锚孔间距与锚入深度，如附图 1.4-1a；考虑到尽可能减少钻孔对砖墙造成的破坏，因此建议尽量在水平灰缝和竖向灰缝的交界处进行钻孔。

（2）将已经钻好的锚孔用钢丝刷清理，再用鼓风机进行清灰，如附图 1.4-1b。

（3）锚孔清理干净后，将锚筋裹上植筋胶锚入孔内，如附图 1.4-1c。

（4）待植筋胶固化后，再将水平筋和纵筋绑扎到锚筋上形成钢筋网，如附图 1.4-1d。

(a)　　　　　　　　　　　　　　(b)

罗瑞，2016，单面水泥砂浆面层加固低强度砖墙的抗震性能试验研究［D/OL］，中国建筑科学研究院

附图 1.4-1　钢筋网水泥砂浆面层加固砌体墙体施工流程

（a）锚筋位钻孔；（b）锚孔清灰；（c）植入锚筋；（d）绑扎钢筋网；（e）抹水泥砂浆面层；（f）墙体加固整体效果

（5）采取分层抹面的方式，对钢筋网上涂抹水泥砂浆，如附图 1.4-1e；建议对钢筋网 20mm 砂浆面层分 2 次抹灰完成、40mm 面层分 3 次完成，最后抹到预定厚度后进行压光使面层紧密、平整。

（6）抹灰完成后，对面层浇水养护一周，加固后墙体整体效果如附图 1.4-1f。

附录 1.5　钢筋混凝土面层加固技术施工流程（康艳博，2011）

（1）将砌体墙片表面疏松、油污等劣化的砌体材料打磨掉，凸出的部位打磨平整；将表面灰尘吹掉，对墙片进行喷水处理，保证墙片的湿润。

（2）钢筋混凝土面层应设置基础，且与原基础可靠连接。

（3）纵向钢筋与原砌体墙体上下楼板可靠连接，横向钢筋绑扎于纵向钢筋外侧，通过拉结钢筋将钢筋网与加固墙体、周边原有墙体连接，如附图 1.5-1a。

（4）为防止混凝土浇筑过程中发生鼓包，采用刚度较好的模板支护加固面层，如附图 1.5-1b；为方便拆模，在支模前将模板接触面涂油。

（5）浇筑混凝土前保证混凝土拌合物的充分搅拌，并且在浇筑过程中，用振捣棒将浇

康艳博，2011，混凝土板墙加固砌体墙力学性能研究［D/OL］，中国建筑科学研究院

筑的混凝土振捣均匀，如附图 1.5-1c。

（6）加固面层浇筑一段时间后拆除模板，进行 28 天养护，如附图 1.5-1d。

附图 1.5-1　钢筋混凝土面层加固砌体墙体施工流程
（a）钢筋绑扎与固定；（b）支模；（c）混凝土浇筑；（d）混凝土养护

附录 1.6　钢绞线网-聚合物砂浆面层加固技术施工流程（姚秋来等，2007）

（1）除去表面杂质并打磨，用压缩空气吹净浮尘，并用高压水枪清洗干净。

（2）按照设计文件的说明和加固的具体尺寸进行钢绞线网片下料与铺设安装，如附图 1.6-1a、b 所示。

（3）不锈钢绞线在施工时采用一端固定一端张拉，张拉的松紧以纵筋手握有弹性即可，

姚秋来、王亚勇、盛平等，2007，高强钢绞线网-聚合物砂浆复合面层加固技术应用——北京工人体育馆改建工程［J］,工程质量，（06）：46～50

不得出现有弯曲和不绷紧现象，如图附图 1.6-1c 所示。

（4）待加固构件表面清理干净并充分湿润，晾至表面无明水，然后均匀涂刷界面剂，涂刷分布要均匀，尤其是被钢绞线遮挡的基层。

（5）加固构件表面保持潮湿，在墙体表面分层抹压聚合物砂浆面层，也可采用喷涂工艺，如附图 1.6-1d 所示。

（6）聚合物砂浆层终凝后，应及时进行喷水养护。

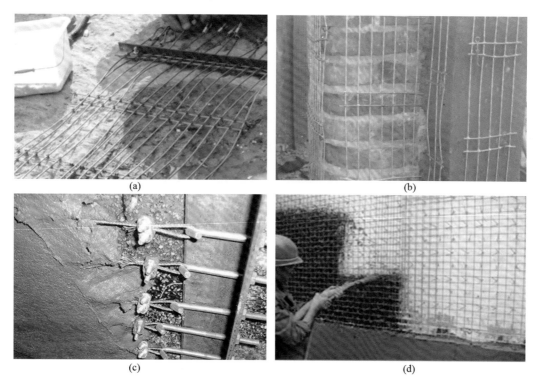

附图 1.6-1　钢绞线网-聚合物砂浆面层加固砌体结构施工流程
（a）钢绞线网下料；（b）铺设钢绞线；（c）钢绞线端部锚固；（d）聚合物砂浆喷涂

附录 1.7　工程水泥基复合材料（ECC）面层加固技术施工流程（王露，2017；《高延性混凝土加固技术导则》（T/DZ/YEDA 01—2019））

（1）原墙面有粉刷层时，应在加固之前将粉刷层铲除，并将墙面浮灰清理干净。

（2）对墙体进行凿缝或开槽。原墙面存在严重碱蚀情况时，应先清除松散部分并用 ECC 修补，已松动的勾缝砂浆应剔除。

（3）采用配筋 ECC 面层加固时，应先安装钢筋网或拉结件。

（4）浇水湿润墙体，抹压 ECC；按照《高延性混凝土加固技术导则》（T/DZ/YEDA

王露，2017，高延性混凝土加固砌体结构振动台试验研究［D］，西安建筑科技大学
云南省勘查设计协会，2019，高延性混凝土加固技术导则（T/DZ/YEDA 01—2019）［R］

01—2019）要求，分层抹压，如附图 1.7-1b、c 所示。

（5）施工完成后应及时进行喷水养护，加固前后面层效果对比如附图 1.7-1a、d 所示。

附图 1.7-1　高延性混凝土加固砌体结构施工流程

（a）砌体加固前；（b）后纵墙部位高延性混凝土抹面；（c）山墙部位高延性混凝土抹面；（d）砌体加固后

附录 1.8　FRP 加固技术施工流程（岳清瑞等，2005）

（1）去除加固部分砌体剥落、疏松等劣化部分，清理表面并保持干燥。竖缝及较多空洞部位，用高标号的早强水泥砂浆填补找平，见附图 1.8-1a。

（2）底层树脂宜根据表面孔隙率不同分层进行涂抹，使其渗入砌体表面。

（3）按照《砌体结构加固设计规范》（GB 50702—2011）中尺寸相关规定，裁剪 FRP 布；配制粘贴树脂并将其涂抹在墙体表面。

（4）粘贴 FRP 布条带，并在其外表面再次涂抹粘贴树脂保护表层；若为多层 FRP 加固，则应循环此步，粘贴完成效果见附图 1.8-1b。

(a)

(b)

(c)

附图 1.8-1　FRP 加固砌体结构施工流程

(a) 墙面找平处理；(b) 粘贴 FRP 布；(c) 挤除气泡

岳清瑞、杨勇新，2005，复合材料在建筑加固、修复中的应用 [M]，化学工业出版社

（5）粘贴完毕后，应采用专用滚筒充分挤除气泡，如附图 1.8-1c，使粘贴树脂充分浸泡 FRP，根据不同粘贴形式选择不同锚固方式进行可靠连接。

（6）对表面进行涂抹及防火处理。

附录 1.9　打包带加固技术施工流程（姚新强，2011）

（1）将打包带按照不同尺寸（200mm×200mm，300mm×300mm 等）的井字形单元格排列成网状，纵横交接处热熔连接，如附图 1.9-1a。

（2）在墙体内、外侧铺设打包带网如附图 1.9-1b；两片打包带网的搭接重叠部分需保证一定的宽度，一般不小于 60cm（Sathiparan，2020）。

（3）为保证墙面具有一定的平整度，需对墙体表面进行打磨，然后在灰缝上按照网格间距钻孔并清灰，将吸管穿入，如附图 1.9-1c。

（4）钻孔处采用扎丝穿过吸管并配合小钢片，将打包带网绑扎固定在墙体上，使打包带网拉紧并与墙体之间紧密连接，如附图 1.9-1d。

（5）将墙体内外侧打包带与屋顶、基础拉结，如附图 1.9-1e。

姚新强，2011，规则平面西藏单层砌体打包带加固抗震试验与有限元模拟分析［D］，中国地震局工程力学研究所

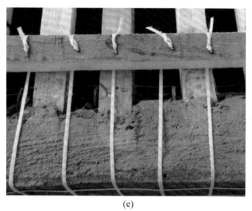 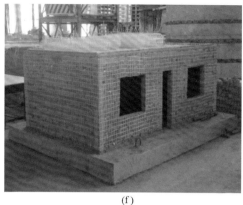

(e)　　　　　　　　　　　　　　　　　　　　(f)

附图 1.9-1　打包带加固砌体结构流程

（a）打包带网制作；（b）打包带网铺设；（c）墙体上钻孔；（d）墙体内外打包带拉结；

（e）打包带网在房屋顶部拉结；（f）打包带布置完成整体效果

（6）打包带加固完成后的模型如附图 1.9-1f；为防止紫外线照射、老化，并增强打包带网和墙体的连接，打包带网固定后要进行抹面处理。

附录 1.10　增设扶壁柱加固技术施工流程（陈晓强，2011）

（1）将新、旧砌体间的粉刷层剥去，并冲洗干净。

（2）在砖墙的灰缝中打入连接插筋；如果打入插筋有困难，可用电钻钻孔，然后将插筋打入，如附图 1.10-1a 所示。

（3）在开口边绑扎封口筋，用 M5～M10 的混合砂浆，MU7.5 级以上的砖砌筑扶壁柱，如附图 1.10-1b 所示。

（4）在砌至楼板底或梁底时，应采用膨胀水泥砂浆补塞最后数皮水平灰缝，以保证补强砌体有效地发挥作用，加固后效果如附图 1.10-1c 所示。

陈晓强，2011，震损砖混结构灌浆复合加固修复技术及综合评价研究［D/OL］，重庆大学

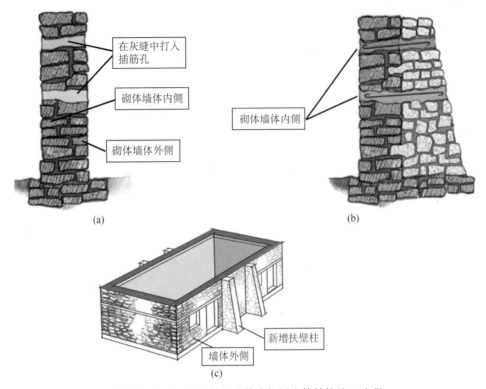

附图 1.10-1　增设扶壁柱技术加固砌体结构施工流程

（a）灰缝中植入插筋孔；（b）打入连接插筋、砌筑并灌缝；（c）加固完成效果

附录 1.11　外加圈梁构造柱加固技术施工流程（宣卫红等，2016）

以外加预制钢筋混凝土圈梁构造柱为例，其加固施工流程如下：

（1）外加地梁施工：地梁即地圈梁，是构造柱的基础。在房屋外围围绕房屋一周，形成闭合地圈梁。无论是预制做法还是现浇做法，地梁都应现场现浇完成，地梁截面通常为矩形。地梁基础顶面标高一般与室外地坪标高相同，或适当增加埋深，并采取措施确保地梁标高处处相等。在与构造柱连接处设置后浇带，后浇带每边可比预制构造柱宽约 100mm，如附图 1.11-1 所示。

（2）一层圈梁构造柱吊装及灌浆：

① 在墙上打锚固孔，将一层构造柱吊至预定位置，在预制构造柱和墙体间设置一些垫块使构造柱和墙体保持一定距离（10~20mm），作为灌浆缝。预制构造柱示意图如附图 1.11-2 所示。

②构造柱的位置确认无误后将地梁后浇带用灌浆料浇筑完成。

③一层构造柱施工完毕后，吊装一层圈梁。圈梁的吊装和构造柱类似，圈梁顶一般设置

宣卫红、吴刚、左熹等，2016，外加预制圈梁构造柱加固砌体结构技术与工程应用［J］，施工技术，45（16）：69~74

(a)   (b)

附图 1.11-1 地梁后浇带示意图

(a) L形柱处后浇带；(b) 矩形柱处后浇带

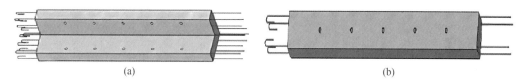

(a)   (b)

附图 1.11-2 预制构造柱示意图

(a) L形柱（设置在墙角处）；(b) 矩形柱（设置在墙体中段）

在楼板下方。圈梁和墙体间保持一定距离（10~20mm），作为灌浆缝。

④ 在需要安装拉杆的节点处预先布置好穿拉杆的 PVC 管。

⑤ 最后，吊装完成后，节点区根据需要适当加一些箍筋。节点构造如附图 1.11-3a、b 所示。

⑥ 圈梁构造柱吊装完成后进行封缝灌浆。浇筑节点如附图 1.11-3c、d 所示。

（3）二层及以上层数圈梁构造柱吊装及灌浆，具体操作同（2）。

（4）对于整体性特别差的房屋，必要时在房屋内部增设钢拉杆代替内圈梁。拉杆紧贴内横墙穿过预留孔道，拉杆就位后可用螺母和钢垫板在两端拧紧锚固，如附图 1.11-4 所示。

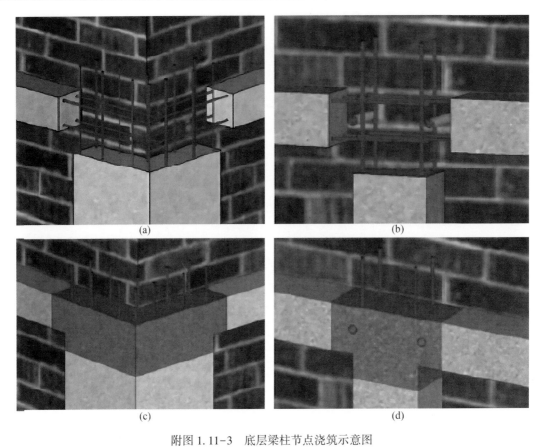

附图 1.11-3　底层梁柱节点浇筑示意图

（a）L 形柱处节点构造；（b）矩形柱处节点构造；（c）L 形柱处现浇节点；（d）矩形柱处现浇节点

附图 1.11-4　拉杆锚固

（a）中间节点拉杆锚固；（b）顶部节点拉杆锚固

附录 1.12　增设隔震装置加固技术施工流程（杨涛等，2016）

以采用条形基础的砖混结构为例，其施工流程如下：

（1）拆除混凝土地面，并开挖至设计标高处（下托换梁范围挖至基础顶面）。

（2）开凿上、下托换梁销键洞口并浇筑混凝土，随后绑扎上下托换梁及一层地面楼板钢筋并浇筑混凝土，为后续增设隔震装置做准备，如附图 1.12-1a~e。

（3）在上、下托换梁间布置千斤顶，拆除隔震支座支墩范围内的墙体，随即浇注隔震支墩；支墩混凝土达到强度后，安装调试橡胶隔震支座，如附图 1.12-1f~g。

(a)　　　　　　　　　　(b)

(c)　　　　　　　　　　(d)

(e)　　　　　　　　　　(f)

杨涛、董有、李广等，2016，校舍加固中隔震技术的应用与案例分析［J］，城市与减灾，（5）：41~47

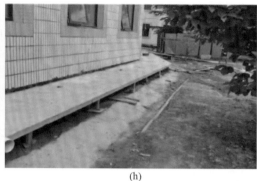

(g)　　　　　　　　　　　　　　　　　(h)

附图 1.12-1　增设隔震支座技术加固砌体结构施工流程

（a）开凿上、下托换梁销键洞口；（b）施工后的销键；（c）下托换梁；（d）上托换梁；（e）地面处楼板钢筋；
（f）安装调试隔震支座；（g）安装后的隔震垫；（h）施工后的室外隔震沟

　　（4）剔除上、下托梁间的墙体，留出一道隔震缝，隔震缝标高与隔震支座相同，缝高要求大于一皮砖。

　　（5）参考《建筑结构隔震构造详图》（03SG610—1）对穿越地面楼板的地下管线及防雷引下线等进行改造，完成首层的装修，如附图 1.12-1。

附录 2　钢筋混凝土结构常用修复与加固技术施工流程

附录 2.1　增大截面加固技术施工流程（陈大川等，2010）

（1）测量放线：根据设计图纸要求，施测混凝土梁增大截面尺寸，及梁上植筋位置、主筋位置的布置线，如附图 2.1-1a。

(a)　　　　　　　　　　　　(b)

(c)　　　　　　　　　　　　(d)

(e)　　　　　　　　　　　　(f)

附图 2.1-1　增大截面技术加固混凝土结构施工流程

（a）测量放线；（b）钢筋表面处理；（c）混凝土基层表面处理；（d）钻孔植筋；（e）钢筋绑扎；（f）支模浇筑养护

陈大川、李华辉，2010，地震后某中学综合楼的加固设计与施工方法［J］，世界地震工程，26（02）：212~216

（2）钢筋表面处理：对钢筋进行打磨除锈处理，然后用脱脂棉蘸丙酮擦拭干净，如附图 2.1-1b。

（3）混凝土基层表面处理：对原混凝土构件的新旧结合面进行剔凿，然后用无油压缩空气除去粉尘，或清水冲洗干净，根据图纸要求，本工程表面剔凿需要将保护层剔除，如附图 2.1-1c。

（4）钻孔植筋：按新纵向钢筋位置定位后用电锤钻钻孔，清孔处理后注入植筋胶插入钢筋，锚入深度严格按照设计图纸要求；箍筋、拉结钢筋植筋同纵向受力钢筋，如附图 2.1-1d。

（5）插入钢筋绑扎、模板支设以及混凝土浇筑，如附图 2.1-1e、f。

附录 2.2　粘钢加固技术施工流程

A. 外包型钢加固技术施工流程（张志海，2010）

（1）表面处理：在加固开始前，首先应去除原混凝土构件的抹灰层，对于一些结合面有松散混凝土的构件，必须对要粘合面进行打磨，直至露出干净平整面，并将构件截面的棱角进行打磨，见附图 2.2-1a。

（2）焊接钢骨架：将型钢放置于需要加固区，使用卡具勒紧角钢，将角钢肢紧贴于混凝土表面，以减少过大间隙引起的变形。在构件轴向每隔一定距离设置箍板或缀板与角钢焊接，箍板或缀板间距在节点处变小，形成骨架整体，见附图 2.2-1b。

（3）灌胶粘结：目前的外粘型钢的粘结材料多为结构胶粘剂（如改性环氧树脂），在将角钢和缀板焊接成为整体后，通过压力灌注工艺将粘结剂灌注到型钢构架与需加固柱之间，形成饱满而高强的胶层，见附图 2.2-1c。

（4）固化：胶粘剂的固化时间应根据厂家使用说明执行，并且在固化期内不得对型钢有任何扰动。

（5）检验：可采用小锤轻轻敲击粘结型钢，从音响判断粘结效果，或用超声波法探测粘结密实度。

（6）防护处理：型钢表面（包括混凝土表面）应涂抹厚度不小于 25mm 的高强度等级水泥砂浆（应加钢丝网防裂）作为防护层，亦可采用具有防腐和防火性能的材料加以保护，加固完成后的效果图见附图 2.2-1d。

张志海，2010，外粘型钢加固柱技术在工业厂房中的应用［J］，建筑技术，41（09）：820~822

附图 2.2-1　粘贴型钢技术加固混凝土结构施工流程
(a) 接触面打磨；(b) 焊接钢骨架；(c) 灌胶；(d) 加固完成后的效果图

B. 粘贴钢板加固技术施工流程

（1）表面处理：包括加固构件接合面处理和钢板贴合面处理，首先应打掉构件的抹灰层，如局部有破损，应凿毛后用高强度水泥砂浆修补后再进行处理。

（2）卸荷：为减轻和消除后粘钢板的应力、应变滞后现象，粘钢前宜对构件进行卸荷，如用千斤顶升方式卸荷，对于承受均布荷载的梁，应采用多点（至少两点）均匀顶升；对于有次梁作用的主梁，每个次梁下应该设置一个千斤顶，顶起吨位以顶面不出现裂缝为依据，见附图 2.2-2a。

（3）配胶：粘钢使用的粘接剂在使用前应进行现场质量检验，合格后方能使用，使用前应按产品说明书规定进行配置。

（4）涂敷胶及粘贴：粘接剂配置好后，用抹刀同时涂抹到已处理好的砼表面和钢板上，见附图 2.2-2b。

（5）固定和加压：钢板粘贴后应立即用卡具加紧或支撑，最好用膨胀型毛双固定，并适当加压，见附图 2.2-2c。

（6）固化：粘接剂在常温下固化，固化期间不得对钢板有任何扰动。

（7）检验：先检查钢板周边是否有漏胶，观察胶液的色泽、硬化程度，并以小锤敲击钢板检验，完成效果图，见附图 2.2-2d。

附图 2.2-2　粘贴钢板技术加固混凝土结构施工流程

（a）支撑卸荷；（b）涂敷胶及粘贴；（c）固定加压；（d）粘钢加固完成图

附录 2.3　粘贴碳纤维复合材加固技术施工流程

（1）放设施工线：依据设计文件进行施工范围内的放线作业。

（2）基面处理：将施工区域内用角磨机对基面进行磨平处理，磨平时要见混凝土光面，并用空气压缩机将粉尘吹干净，直至用手触摸不粘灰为止。

（3）抹刷漆底胶：将底胶按比例配制并搅拌均匀。用短毛滚刷均匀涂抹在磨平部位，静置 5~7 小时，至手触摸不沾手方可进行下一道工序。底胶拌和量每次不宜过多，应做到随用随拌，不得使用失效的环氧树脂，拌和器具应干净清洁，不得使用已浸过溶剂的毛滚，见附图 2.3-1a。

（4）刮腻子：待底胶干燥后，按比例拌和环氧腻子，并调和均匀，用腻子刮平工作面的坑槽，养生 5~7 小时，见附图 2.3-1b。

（5）粘贴碳纤维布：将碳纤维布按顺序依次粘贴于工作面，并用消泡滚反复滚压碳纤维布表面，使碳纤维布与工作面紧密结合，不致有气泡存在，见附图 2.3-1c。

（6）养护：碳纤维在粘贴后，养护 24 小时，不宜使碳纤维布受潮、受震，碳纤维布表面也不得受荷载直接冲撞。

（7）涂刷碳纤维专用漆：待树脂初期硬化后，在碳纤维布表面涂刷一层碳纤维专用漆，其颜色和原来结构相同，完成后的效果图见附图 2.3-1d。

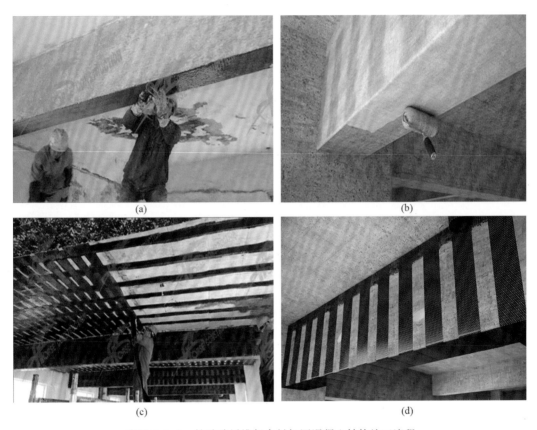

附图 2.3-1　粘贴碳纤维复合材加固混凝土结构施工流程
（a）抹刷胶底漆；（b）刮腻子；（c）粘贴碳纤维布；（d）加固完成效果图

附录 2.4　置换混凝土加固技术施工流程（任孝成，2022）

（1）支撑卸荷：首先对构件的受力状态进行判断，选择适当的支撑方法对荷载进行卸载，同时对整个工程进行检测，见附图 2.4-1a。

（2）凿除不合格混凝土：采用电动工具结合人工挖凿的方法凿除需要置换的混凝土，尽量减少对受力钢筋的破坏，见附图 2.4-1b。

任孝成，2023，框架柱混凝土部分置换联合工字钢支撑加固技术研究［D］，西南科技大学

（3）置换混凝土的截面处理：在浇筑新混凝土或灌浆料前，应当清理接合面的碎屑残渣，同时保持结合的湿润，也可以适当加入一些结合剂来增加结合面的连接。

（4）支模：按照现场测量尺寸来制作，设置喇叭口方便浇筑，保证混凝土的密实度和强度，见附图 2.4-1c。

（5）浇筑混凝土或加固型灌浆料：浇筑的混凝土或者灌浆料应当比原设计的混凝土强度等级高一级，并且不能小于 C25，具体要求按照《混凝土结构加固设计规范》 （GB 50367—2013）相关规定进行设计施工，见附图 2.4-1d。

（6）养护：混凝土或者灌浆料浇筑完成后及时进行养护，见附图 2.4-1e、f。

附图 2.4-1　置换混凝土技术加固混凝土结构施工流程
（a）支撑卸荷；（b）凿除混凝土；（c）支模；（d）浇筑混凝土；（e）养护；（f）置换混凝土加固成果图

附录 2.5 体外预应力加固技术施工流程（李铭，2010）

（1）制作加工：预应力索、锚具以及钢节点预应力索定长下料，钢节点的安装由于需要与原结构相匹配，应在现场实测构件尺寸、空间位置后再进行下料加工。

（2）楼板开洞：按照预应力筋折线形式在楼板上开洞，以便穿过预应力索。开洞宜使用电锤、电钻或人工剔凿，避免破坏原结构中的钢筋，见附图 2.5-1a。

（3）植入固定钢节点的化学锚栓：为了避免化学植筋钻孔时破坏构件的主筋，需要在梁柱的相应位置上剔凿出构件的主筋，避开他们后进行钻孔，安放化学锚栓。

（4）安装张拉节点和预应力索转向节点：所有钢节点与混凝土结构接触的界面都要打磨平整清扫干净，并在二者之间注入结构胶。

（5）体外预应力索的防火处理：预应力索平行组成一束，在外面整体包裹同时具有防护和防火性能的阻燃布。

（6）体外预应力索、锚具的安装：将已包裹好阻燃布的索依次穿过各个节点，并将锚具同时安装就位临时固定，见附图 2.5-1b。

(a)　　　　　　　　　　　(b)

(c)　　　　　　　　　　　(d)

附图 2.5-1　体外预应力技术加固混凝土结构施工流程
（a）楼板开洞；（b）体外预应力索、锚具的安装；（c）张拉；（d）预应力加固完成效果图

李铭，2010，体外预应力技术在加固工程中的应用 [J]，建筑结构，40（S2）：671~672+554

（7）张拉：采用分级对称的张拉方法，减小对结构的不利影响，见附图 2.5-1c。

（8）防火防锈处理：张拉完成后，用砂轮切割机切除端部外伸的钢绞线，然后对各个钢节点、锚具等涂防锈漆，对所有外露的索及节点全部喷涂防火涂料。

（9）楼板封堵：用高强无收缩灌浆料将楼板上洞口封堵起来，加固完成后的效果图见附图 2.5-1d。

附录 2.6　预应力碳纤维复合板材加固技术施工流程（赵淳，2022）

（1）施工准备：在加固梁上按照设计图施工放样，准确确定碳纤维板和两端锚具位置，放样采取钢尺定位，根据支座位置确定实际钻孔及混凝土清理位置。

（2）混凝土梁表面清理：在碳纤维板和两端锚具位置处采用角磨机对梁体混凝土表面进行打磨，再用鼓风机或吸尘器进行清理，确保粘贴面平整且无粉尘。对梁凹陷处涂抹找平胶找平，见附图 2.6-1a。

（3）钻孔并植入锚栓：采用电锤按设计预定位置在混凝土表面打孔，电锤钻孔时应保证钻孔中心线与混凝土梁面垂直，采用化学胶管或植筋胶植入螺栓时，应保证孔内胶液饱满且螺栓垂直于梁面。

（4）安装张拉端和固定端支座：张拉端、固定端支座中心线与碳板中心线平行或重叠；支座与混凝土之间的空隙，安装时应使用环氧修补胶填补和找平，见附图 2.6-1b。

（5）碳板粘贴面清理并涂抹碳板胶，安装碳板、锚具和张拉工装：碳纤维板使用前其粘贴面应擦拭干净，在碳板表面涂刷碳板胶，安装好固定端和张拉端锚具以及张拉工装，并固定压条，见附图 2.6-1c、d。

（6）张拉作业：按设计力逐步张拉到位后持荷，锁紧张拉端拉杆的螺母。张拉应分级进行，同时需检测张拉端锚具行程位移是否满足理论伸长量的要求。所有张拉都应在碳板胶适用期内（60分钟）完成。张拉完毕后，当张拉应力值和张拉端锚具行程位移满足要求后，将拉杆上面的锁固螺栓扭紧到位，同时拆除千斤顶和张拉工装；同时将压紧条上的螺栓扭紧，保证碳板与压紧条之间无空隙，见附图 2.6-1e。

（7）涂装防护碳板和锚具按设计在锚具和碳板表面涂刷防护漆或聚合物砂浆，注意碳纤维板和锚具的保护，见附图 2.6-1f。

赵淳，2022，民用建筑地下室预应力碳纤维板加固施工技术［J］，四川建材，48（01）：91~92

附图 2.6-1　预应力碳纤维复合板材加固混凝土结构施工流程

（a）混凝土梁表面清理；（b）安装张拉端和固定端支座；（c）安装碳板；（d）锚具和张拉工装；

（e）张拉；（f）加固完成后的效果图

附录 2.7　预张紧钢丝绳网片-聚合物砂浆面层加固技术施工流程

　　　　　　（危晓丽等，2010）

　　（1）构件表面处理：除去混凝土构件表面的疏松层、污垢物以及灰尘，采用人工凿毛方法，用铁锤、凿子人力对混凝土构件表面敲打，去除厚度约 4~5mm 基本能达到满意的粘

　　危晓丽、宁海永、卢海波，2010，预张紧钢丝绳网片-聚合物砂浆外加层加固技术在工程中的应用 [J]，第二届全国工程结构抗震加固改造技术交流会论文集，662~664

接效果，用压缩空气除去松散的材料和尘土，再使用高压水冲洗施工面。

（2）绑扎钢筋网：考虑到冷轧带肋钢筋与砂浆有较高的粘结锚固强度，明显提高构件端部抗剪性能，防止在施工和使用中构件端部由于集中荷载大而造成端部钢筋滑移产生剪切拔出破坏，钢筋网可选用冷轧带肋钢筋；为适应加固结构应力应变滞后，还可采用比例极限变形小的热轧钢筋；将钢筋网固定在构件表面，同时用细铁丝绑扎，见附图2.7-1a。

（3）植入抗剪销钉：采用机械钻孔并清孔后再植入抗剪销钉，剪切销钉的间距应不小于销钉埋入深度的两倍，销钉与试件边缘的距离应不小于60mm，剪切销钉植筋可采用有机材料植筋、无机材料植筋，并应在植入销钉24小时后才能进行下一道工序，见附图2.7-1b。

附图2.7-1　预张紧钢丝绳网片-聚合物砂浆面层加固混凝土结构施工流程
(a) 绑扎钢筋网；(b) 植入抗剪销钉；(c) 喷复合砂浆；(d) 涂抹复合砂浆

（4）界面剂以及复合砂浆的配制：在绑扎或焊接好的钢筋网构件上洒少量的水湿润已凿毛混凝土构件表面，有利于界面剂与加固构件的良好粘结。界面剂是涂刷在原混凝土构件表面，用以增强构件与复合砂浆的粘结性能的一种低稠度浆剂。在复合砂浆涂抹前在混凝土梁剪跨部分涂刷配置好的界面剂以增强粘结强度。复合砂浆应根据当时的气温、施工要求，在现场确定合适的复合砂浆配合比，采用人工拌合，随拌随用，尽量在2小时内使用完毕。当施工时间温度过高时，应适当减少拌成后的使用时间。

（5）涂抹复合砂浆：人工加压涂抹复合砂浆到梁上，分三次涂抹，第一次将钢筋网与待加固段混凝土表面的空隙抹实，初凝后立即抹第二次，复合砂浆将钢筋网全部覆盖，初凝后再抹第三次至设计厚度，每次涂抹厚度不宜超过总厚度的一半，尽量避免反复压抹，同时要避免新浇复合砂浆与原构件表面的空洞以确保施工质量，见附图2.7-1c、d。

（6）养护：在复合砂浆抹面完成后应及时盖上塑料布，24小时以内对复合砂浆终凝后进行7天保湿养护，自然养护28天。

附录2.8　绕丝加固技术施工流程

（1）卸载：在对混凝土构件加固前，应对混凝土构件尽可能地卸载。

（2）原结构表面处理：清除混凝土表面的疏松、蜂窝、麻面等劣质混凝土，并根据设计要求凿出原构件纵向钢筋，最后将混凝土构件表面凿毛，用水清洗干净。

（3）焊接、绕丝：绕丝前，应采用多次点焊法将钢丝、构造钢筋的端部焊牢在原构件纵向钢筋上，绕丝应连续，间距应均匀，并使力绷紧，隔一定距离用电焊加以固定。绕丝的末端也应与原钢筋焊牢，绕丝完成后，尚应在钢丝与原构件表面之间打入钢梢以绷紧，如附图2.8-1所示。

（4）混凝土施工：浇筑、喷射混凝土上面层及抹灰找平层，应在喷射完毕后的24h内对混凝土加以覆盖并保湿养护。

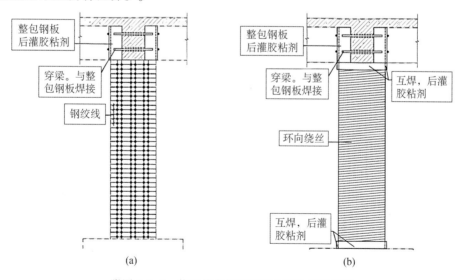

附图2.8-1　绕丝技术加固混凝土结构施工流程
（a）钢绞线横向布置详图；（b）框架柱绕丝加固

附录 2.9　增设支点加固技术施工流程

（1）下料图单：此工序为材料检验部分，其内容包括对工程所选用的型号、规格的确认以及材料的质量检查。

（2）放样、号料：注意预留制作，安装时的焊接收缩余量；切割、刨边和铣加工余量；安装预留尺寸要求。

（3）下料及成型焊接：钢板下料采用半自动切割机的方法，接触毛面应无毛刺、污物和杂物，以保证构件的组质量标准。组立时应有适量的工具和设备，如直角钢尺，以保证有足够的精度。钢梁宜采用 CO_2 气体保护焊机进行焊接；柱梁连接板加肋板采用手工焊接。

（4）制孔及端头切割：采用磁力钻制孔螺栓孔及孔距允许偏差符合《钢结构施工及验收规范》的有关规定，焊接型钢柱梁矫完成，端部应进行平头切割。

（5）除锈及刷漆：除锈采用专用除锈设备，进行抛射除锈可以提高钢材的疲劳强度和抗腐能力。钢材除锈经检查合格后，在表面涂完第一道底漆，一般在除锈完成后，存放在厂房内，可在 24 小时内涂完底漆。

（6）包装与运输：构件编号在包装前，将各种符号转换成设计图面所规定的构件编号，并用笔（油漆）或粘贴纸标注于构件的规定部位，以便包装时识别；在搬运过程中注意对构件和涂层的保护，对易碰撞的部位应提供适当的保护。

（7）验收：主要验收工艺质量、施工质量，完成后的施工效果图见附图 2.9-1。

附图 2.9-1　增设支点技术加固效果

附录 2.10　增加消能构件加固技术施工流程

粘滞阻尼器的施工工艺分为两步，一步是耳板预埋件的施工，二步是阻尼器的安装施工。以墙型粘滞阻尼器安装施工为例说明消能减震加固混凝土结构技术流程：

1. 耳板预埋件的施工

（1）粘滞阻尼器预埋件定位，定位前，为使得预埋件在水平方向出现偏差，在预埋件底部焊接钢筋作为加固，加固钢筋的长度根据现场地基/底模板标高面控制，预埋件固定好后，方进行下一道工序。

（2）粘滞阻尼器预埋件焊接，焊接前，要进行定位，以免焊接后仍达不到阻尼器安装的平整度要求。焊接时，用 E50 焊条先进行楔形钢板的定位焊接，从外往内依次进行钢筋与预埋件连接焊接，焊接采用穿孔塞焊的方式进行，焊缝要饱满，且要填满预埋件孔洞。

（3）粘滞阻尼器预埋件位置复核。焊接完成后，应对预埋件钢板进行定位复核，防止出现预埋件扭曲，不垂直等现象出现，若有不满足阻尼器安装要求部分，要进行校正。

（4）阻尼器预埋件验收。预埋件的验收，重点在于验证预埋件的中心位置不偏移或偏移量不大，满足规范要求，同时，还应验证预埋件的垂直偏差是否满足要求。

2. 粘滞阻尼器安装施工

（1）安装前准备工作。清理耳板预埋件，将耳板预埋板上的混凝土浆及锈斑等杂物清理干净，并进行打磨，保证预埋件表面平整，并进行阻尼器尺寸测量及编号，见附图2.10-1c。

（2）装卸。根据阻尼器编号，将相对应装有阻尼器及双耳环座的木箱用叉车及压力车运送到对应阻尼器安装位置，拆除木箱。

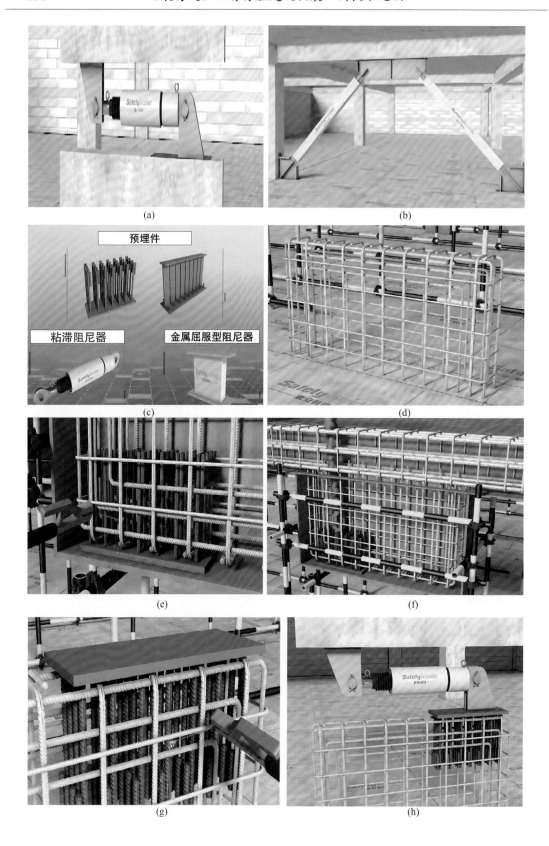

(a)

(b)

预埋件

粘滞阻尼器

金属屈服型阻尼器

(c)

(d)

(e)

(f)

(g)

(h)

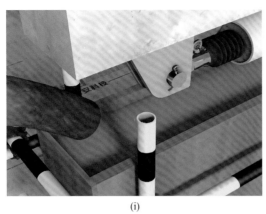 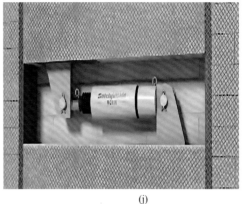

(i)　　　　　　　　　　　　　　　　　　　　(j)

附图 2.10-1　消能减震技术加固混凝土结构施工流程

（a）墙型消能阻尼器；（b）支撑型消能阻尼器；（c）材料准备；（d）下墙钢筋绑扎；（e）上墙耳板焊接；

（f）上墙混凝土浇筑；（g）下墙耳板安装；（h）阻尼器定位安装；（i）下墙浇筑混凝土；（j）构造措施

（3）粘滞阻尼器耳板定位。根据图纸定位要求，在清理好的耳板预埋件上，采用全站仪定出耳板竖向及水平中心线，根据中心线，定出耳板边线，然后采用定向葫芦把耳板抬高，使得耳板外边线与所弹出边线重合。

（4）粘滞阻尼器焊接耳板。待耳板吊高至其安装位置后，先采用点焊的方式进行耳板定位，每边 3 个定点，定点好后，进行耳板中心线及耳环方向，避免耳板出现偏差或是翘起的现象，从而影响下一步的阻尼器安装。耳板复核合格后，方进行耳板焊接，焊接时，为降低焊缝残余应力对焊接质量的影响，采用间隔焊接方式，见附图 2.10-1e、f、g。

（5）焊缝探伤。耳板焊缝达到强度后，对焊缝进行探伤，探伤采用磁粉进行无损探伤方式进行，进行二级评定。

（6）粘滞阻尼器拼装。耳板探伤合格后，进行阻尼器安装，安装时，用叉车将阻尼器运送到安装位置下面，然后采用定向葫芦进行阻尼器的提升，提升过程分两阶段，一阶段是在耳板以下，一阶段是在耳板位置处。当处于第一阶段是，两边葫芦同时向上拉阻尼器，当阻尼器插销孔正对着耳板上下耳环之间时；进入第二阶段，此时，葫芦相错收放钢绳，缓慢的阻尼器插销孔进入上下耳环板内，到位后把阻尼器插销插上，完成安装，见附图 2.10-1h、i、j。

（7）复核耳板定位阻尼器安装到位后，采用全站仪对阻尼器及其耳板进行定位复核。

（8）粘滞阻尼器防腐、防锈漆。粘滞阻尼器安装焊接完毕后，清除焊接渣率，并将钢箱梁与预埋件一并进行防腐涂装处理，阻尼器外露面全部油漆，包括全部焊缝。

附录 2.11　增设隔震装置加固技术施工流程

（1）承台、底板施工：隔震支座下支墩（柱）与承台、底板分开施工，下支墩（柱）竖向钢筋在承台底板混凝土浇筑前预埋准确，混凝土振捣平整。

（2）测量定位：当承台、底板混凝土强度达到 $1.2\text{N}/\text{mm}^2$ 时，可进行测量定位。

（3）绑扎下柱墩（柱）钢筋：安装下支墩（柱）上部钢筋及周边钢筋，为确保预埋锚筋位置的准确性，在混凝土表面上预先标定隔震制作八个预埋锚筋的竖向投影位置，以尽量避免预埋锚筋后放被支墩（柱）的钢筋阻挡的情况发生，见附图 2.11-1a。

附图 2.11-1　增设隔震装置技术加固混凝土结构施工流程

（a）绑扎下支墩钢筋；（b）预埋件定位固定；（c）下支墩混凝土支模、浇筑；（d）隔震支座安装；

（e）上支墩梁、板施工；（f）安装好的隔震支座

（4）预埋件（定位板、套筒及锚筋）定位固定：预埋套筒上口及套胶下口预先与定位板用螺栓拧紧固定，以保证套筒的位置准确，见附图 2.11-1b。

（5）下支墩（柱）侧模安装：安装侧模，侧模高度略高于支墩（柱）顶面高度，并在侧模上用水准仪标定出支墩顶面设计标高的位置，方便浇筑混凝土时控制支墩标高。侧模的刚度要满足新浇筑混凝土的侧压力和施工荷载的要求，必要时可加密柱箍，模板要拼缝严密、底部牢固可靠，并保证其垂直状态，模板加固应牢固可靠。

（6）下支墩（柱）浇筑：采用泵送浇筑混凝土时，应尽量减少泵管对预埋件的影响，应避免混凝土泵管对预埋件产生大的冲击。浇筑完成后，注意混凝土的养护，见附图 2.11-1c。

（7）隔震支座安装：混凝土养护至达到设计强度的 75% 以上时方可进行隔震支座的安装，安装隔震支座前，应先清理干净下支墩上表面，之后进行支座吊装，安装，见附图 2.11-1d。

（8）上部预埋件固定：将上部预埋箍筋与套筒用螺栓连接到隔震支座（法兰板）上见附图 2.11-1e。

（9）上支墩底模安装：浇筑混凝土会对底模产生竖向压力导致底模产生竖向变形或下坠。故应采取措施保证底模有足够大的支撑刚度，以避免混凝土浇筑成型后支座法兰板陷入上支墩混凝土中，见附图 2.11-1e。

（10）上支墩钢筋绑扎以及隔震层混凝土浇筑，安装完成后的效果图见附图 2.11-1f。

附录 3 钢结构常用修复与加固技术施工流程

附录 3.1 盖板加固技术施工流程

盖板加固技术的施工流程为：制作加固件、焊前准备、焊接、焊后检测。"盖板加固技术施工流程"详见附录 4.1。

（1）根据加固工程设计方案，确定加固盖板的类型及尺寸大小并制作构件。

（2）焊前检查并清理坡口角度、间隙，对被加固钢节点表面进行打磨，如附图 3.1-1a 所示。

（3）焊接。参考《钢结构焊接规范》（GB 50661—2020），并依据设计施工方案，确定焊接顺序，如附图 3.1-1b。焊接施工过程中使用锤击法逐步释放应力。

（4）焊接完成后，检查焊缝外观质量是否满足要求，并检测焊接质量。

(a)   (b)

附图 3.1-1 盖板加固钢结构施工示意图
（a）钢表面打磨示意图；（b）焊接顺序示意图

附录 3.2 焊接增大截面加固技术施工流程（孙璠等，2021）

（1）搭设脚手架，作为加固焊接工作的操作平台。

（2）焊前检查并清理坡口角度、间隙。

（3）焊接。焊接引弧板、母版，参考《钢结构焊接规范》（GB 50661—2020），并依据设计施工方案，进行焊接加固，如附图 3.2-1a。焊接施工过程中使用锤击法逐步释放应力。

（4）焊后 24h，检查焊缝外观质量是否满足要求，采用超声设备对焊后钢结构进行无损

孙璠、谢志滔、常昆等，2021，既有异形建筑钢结构焊接加固施工技术 [J]，河南科技，40（8）：90~92

检测，如附图 3.2-1b。

附图 3.2-1　焊接增大截面技术加固钢结构施工流程

（a）焊接加固施工；（b）UT 无损检测

附录 3.3　粘贴钢板加固技术施工流程

（1）定位钻孔。打孔前先在钢板与被加固构件表面按照施工图进行划线定位，再采用机器进行打孔，见附图 3.3-1a。

（2）表面处理。对钢板粘贴面及被加固构件外表面进行打磨处理，以露出金属光泽为宜，用酒精，纱布进行表面清洗，见附图 3.3-1b。

（3）配置结构胶并涂胶。采用粘钢型结构胶，配制完成后，用抹刀同时涂抹在处理好的被加固构件及加固钢板表面。为了使胶层在结合面上充分浸润、渗透、扩散，先用少量胶在结合面来回刮抹数遍，再抹至设计厚度，见附图 3.3-1c。

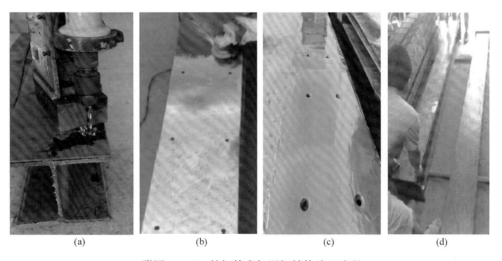

附图 3.3-1　粘钢技术加固钢结构施工流程

（a）机器钻孔；（b）表面打磨；（c）涂抹结构胶；（d）粘贴钢板

（4）粘贴、固定与加压。胶层抹好后立即进行钢板粘贴，钢板粘贴完成后，采用锚固螺栓锚固，拧紧螺栓并适当加压以使胶液沿钢板边缘溢出为宜见附图 3.3-1d。

附录 3.4　粘贴 FRP 加固技术施工流程

（1）去除加固部分砌体剥落、疏松等劣化部分，清理表面并保持干燥。竖缝及较多空洞部位，用高标号的早强水泥砂浆填补找平。

（2）底层树脂宜根据表面孔隙率不同分层进行涂抹，使其渗入砌体表面。

（3）按照《砌体结构加固设计规范》（GB 50702—2011）中尺寸相关规定，裁剪 FRP 布；配制粘贴树脂并将其涂抹在墙体表面。

（4）粘贴 FRP 布条带，并在其外表面再次涂抹粘贴树脂保护表层；若为多层 FRP 加固，则应循环此步，粘贴完成效果。

（5）粘贴完毕后，应采用专用滚筒充分挤除气泡，使粘贴树脂充分浸泡 FRP，根据不同粘贴形式选择不同锚固方式进行可靠连接。

（6）对表面进行涂抹及防火处理。

附录 3.5　外包混凝土加固技术施工流程

（1）观测结构可否卸载。先确定该结构是否可以进行卸载，如卸载成功，则可以按照型钢混凝土柱进行设计施工；若无法进行卸载，则在满足组合结构构造要求的基础上，按照加固柱进行设计。

（2）表面处理。对钢构件表面进行清理，彻底清除型钢构件表面的油污、铁锈等，提升型钢构件与混凝土之间的粘结力。

（3）绑扎钢筋。根据图纸设计的钢筋长度和数量进行下料和切割，按照设计图纸确定钢筋走向及纵筋和箍筋的锚固长度和错固位置，并进行绑扎，如附图 3.5-1a。

（a）　　　　　　　　　　（b）

附图 3.5-1　外包钢筋混凝土加固钢结构施工流程

（a）绑扎钢筋；（b）支模浇筑混凝土

（4）支设模板并浇筑混凝土。由于模板与型钢构件的缝隙较小，浇筑混凝土时很难将混凝土振捣密实，因此加固过程中要在模板上预留浇筑口，确保施工时混凝土达到要求，如附图 3.5-1b。

附录 3.6　体外预应力加固技术施工流程

（1）张拉端部和转向块的安装。在张拉端部位置钻孔，安装钢垫板，焊接固定，在钢垫板上焊接加劲板以及张拉垫块；按照设计方案制作转向块，采用钢垫块调整高度，并在转向块外部安装定位钢环。

（2）体外预应力钢索的固定。按照图纸位置放置钢索，对其进行预张拉并检查各构件以确保整体安装到位。

（3）体外预应力钢索的张拉。采用千斤顶进行两端张拉，为确保施工安全，推荐将设计的张拉力分为33%、66%、100%三级完成。

（4）监测检测。张拉过程中，对主要构件的内力、变形、位置及其变化进行实时监测，确保结构及构件的状态处在预定的控制范围内。张拉完成后，检测张拉效果是否满足设计要求。

附录 3.7　耗能减震加固技术施工流程（柴喜伟，2016）

（1）安装前准备。屈曲约束支撑安装前应对与支撑连接的上下梁柱节点进行校核，其目的是对型钢梁柱的精准度做全面的摸底。

（2）测量加工。在现场对尺寸进行测量，考虑屈曲约束支撑两端坡口形式及坡口尺寸，于工厂进行加工。

（3）吊装。一般采用电动倒链配合人工进行吊装。成品支撑构件焊有专用的吊耳（沿支撑长度有两道），可直接穿入吊索进行吊装，用倒链葫芦吊作为吊装设备，支撑有吊耳的面朝上。

（4）临时固定与校正。支撑就位后采用钢料点焊等措施进行临时固定。校正需与轴线等主线进行对比，校正时要多人配合，使偏差位置方向等要素同时进行。校正完毕后，核对支撑。

（5）焊接。两端先进行电焊固定，然后焊接支撑的下端节点，下端节点焊接完毕后，再焊接上端节点。焊接完成后，应对连接焊缝进行探伤检查，并且应达到设计探伤要求。

（6）涂装。对支撑进行表面处理、喷涂底漆、中间漆、面漆。

柴喜伟，2016，谈屈曲约束支撑安装施工 [J/OL]，山西建筑，42（32）：125~127

附录4 木结构常用修复与加固技术施工流程

附录 4.1 墩接加固技术施工流程（杜仙洲，1984）

（1）把所要接在一起的两截木柱，都刻去柱子直径的 1/2。

（2）搭接的长度一般为柱径的 1~1.5 倍，且应最小搭接长度要求。

（3）新接柱脚料应采用与原结构相同的材料，刻去一半后剩下的一半就作为榫子接抱在一起，两截都要锯刻规整、干净，两面应严实吻合，如附图 4.1-1a 所示。

（4）直径较小的用长钉子钉牢；粗大的柱子可用螺栓或外用铁箍两道加固，加设的铁箍需要嵌入柱内，使其外皮与柱外皮平齐，以便油饰；直径大的柱子上下各作一个暗榫相插，防止墩接的柱子滑移移位，如附图 4.1-1b 所示。

（5）最后涂抹一层防腐剂，以提升木材的耐久性。

(a)   (b)

附图 4.1-1 墩接法加固木结构施工流程

(a) 墩接施工；(b) 完成效果

杜仙洲，1984，中国古建筑修缮技术 [M]，明文书局

附录 4.2　嵌补加固技术施工流程（刘成伟，2010）

（1）清理木构件表面的糟朽层，直至露出新的木材。

（2）构件除腐后，用刷子或压缩空气将裂缝内的木屑等杂物清理干净。

（3）对于构件裂缝稍大（裂缝宽度在 3~30mm）时，将木条加工成楔形并嵌入到裂缝中，见附图 4.2-1a。

（4）在修补部分用胶粘剂（环氧树脂）进行压力灌浆处理，见附图 4.2-1b。

（5）待灌浆材料达到一定强度（表面指触干燥）后，将嵌补木料突出部分剔除，然后打磨平整。

（6）最后涂抹一层防腐剂，以增强木材抗菌抗腐、抗虫害侵蚀等的作用。

（7）对于裂缝宽度>30mm 时，除用木条以耐水性胶粘剂补严粘牢外，尚应在开裂段内加 2~3 道铁箍。

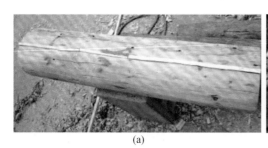 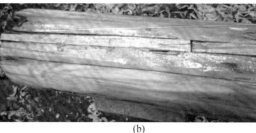

(a)　　　　　　　　　　　　　　　　　(b)

附图 4.2-1　木条嵌补加固木结构施工流程

（a）木条嵌补裂缝；（b）裂缝部位灌胶

附录 4.3　支顶加固技术施工流程（石志敏等，2009）

以龙门戗支顶某端部下沉的木梁（附图 4.3-1a、b）为例，支顶法加固木结构梁（檩）的一般流程包括：

（1）使用三根木枋制作龙门戗，各木枋用"钢板+螺栓"连接，钢板截面尺寸及螺栓直径由计算确定。

（2）安装龙门戗，龙门戗顶部支撑在横梁下部，横梁与龙门戗采用钢板与螺栓连接固定，如附图 4.3-1c。

（3）龙门戗底部斜向固定于两端短柱柱脚，短柱底部设置钢箍，底部钢板一侧与钢箍焊牢，另一侧与龙门戗下部用螺栓固定，如附图 4.3-1d。

（4）在短柱柱根位置安装花篮螺栓，防止两根短柱底部因受力产生外张，加固后的整体效果见附图 4.3-1b。

刘成伟，2011，村镇木结构住宅结构构件加固技术研究［D/OL］，华中科技大学

石志敏、周乾、晋宏逵等，2009，故宫太和殿木构件现状分析及加固方法研究［J/OL］，文物保护与考古科学，21（01）：15~21

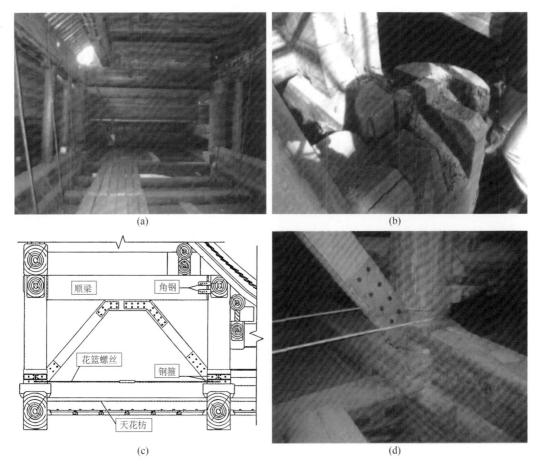

附图 4.3-1 支顶法加固木结构施工流程
(a) 加固前梁架位置;(b) 加固前梁端下沉;(c) 加固方案布置设计;(d) 短柱底部连接构造

附录 4.4 铁件拉结加固技术施工流程 (周乾等,2012)

(1) 清理榫头与卯口表面的糟朽层,直至露出新的木材,并整修加固榫头。

(2) 榫卯节点除腐后,用刷子或压缩空气将裂缝内的木屑等杂物清理干净。

(3) 根据榫卯节点拔榫量、节点位置及节点形式设计加固铁件,铁件设计图如附图 4.4-1a。

(4) 在榫卯节点的连接部分开孔,以用于螺栓固定。

(5) 安装时仅需将榫头与卯口扣住即可,安装后铁件应拉紧,随后用螺栓穿过加固构件,并用螺母拧紧。

(6) 最后涂抹一层防腐剂,以增强木材抗菌腐、虫害侵蚀等作用,加固后效果图如附图 4.4-1b。

周乾、闫维明、周宏宇等,2012,钢构件加固古建筑榫卯节点抗震试验 [J],应用基础与工程科学学报,20 (06):1063~1071

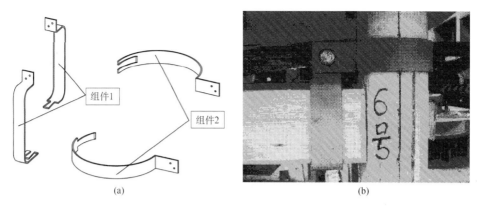

附图 4.4-1　铁件拉结法加固木结构施工流程
（a）设计加工铁件；（b）铁件连接及固定

附录 4.5　附加支撑加固技术施工流程（陆伟东等，2021）

以采用耗能雀替作为附加支撑加固榫卯节点为例，附加支撑法加固木结构榫卯节点的一般流程包括：

（1）耗能雀替主要包括耗能钢板和饰面板两部分组成，按工程需求设计、制作有关部件，如附图 4.5-1a、b。

（2）耗能钢板采用螺栓与木梁木柱相连，雀替饰面板通过子母挂扣与梁相连，子母挂扣如附图 4.5-1c。

（3）安装完成的耗能雀替如附图 4.5-1d 所示。

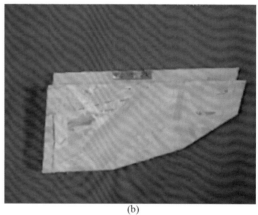

（a）　　　　　　　　　　　　　　　　（b）

陆伟东、姜伟波、张坤等，2021，含耗能雀替的榫卯节点抗震性能试验研究［J/OL］，建筑结构学报，42（11）：213~221

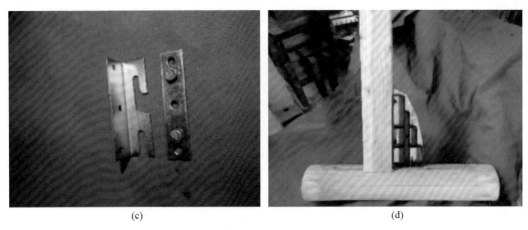

附图 4.5-1　附加耗能支撑加固榫卯节点施工流程

(a) 耗能钢板；(b) 雀替饰面板；(c) 金属子母挂扣；(d) 组装后的耗能雀替

附录 4.6　外贴碳纤维增强复合材料（CFRP）加固技术施工流程
　　　　（周乾等，2011）

（1）按照设计要求的尺寸裁剪 CFRP 布，并应注意防污、防潮，如附图 4.6-1a、b 所示。

（2）基面处理，除去榫卯节点表面的腐朽、害虫及修补裂缝后，将底胶均匀涂刷于木构架粘贴纤维布的部位，如附图 4.6-1c、d 所示。

（3）将裁剪后的 CFRP 条对每个节点梁（枋）的内外侧进行包裹，包裹长度应符合设计要求。

（4）为增强水平向的连接，对节点两侧的梁（枋）进行竖向包裹，建议布条均匀布置。

（5）粘贴完毕后，应采用专用滚筒充分挤除气泡，并对表面进行防火处理。

　　周乾、闫维明、纪金豹等，2011，CFRP 加固古建筑榫卯节点振动台试验［J/OL］，广西大学学报（自然科学版），36（01）：37~44

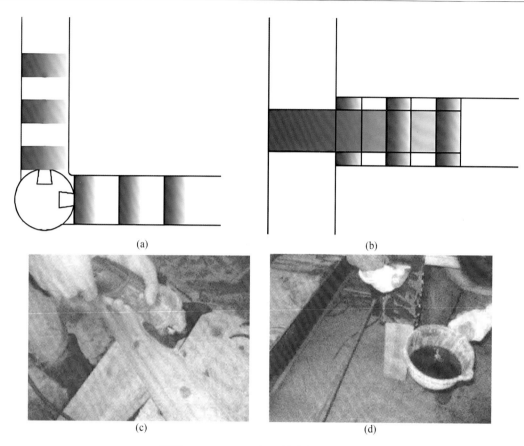

附图 4.6-1　CFRP 加固榫卯节点尺寸图
（a）正立面；（b）侧立面；（c）节点表面清理；（d）粘贴 CFRP

附录5 其他结构常用修复与加固技术施工流程

附录5.1 附加钢构件加固技术施工流程 (岳永盛, 2020)

（1）预先制作剪刀撑，剪刀撑一般由型钢通过节点板焊接而成，焊接时采用满焊形式，确保牢固性。

（2）剪刀撑两端分别与山墙和木梁通过连接件连接，山墙端连接件锚栓提前预埋在墙里，木梁端连接件通过螺栓固定在梁上，如附图5.1-1a、b所示。

 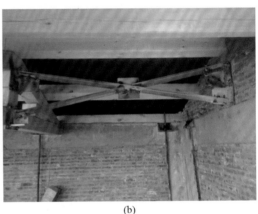

（a）　　　　　　　　　　　（b）

附图5.1-1　附加钢构件加固木结构施工流程
（a）预埋连接件；（b）安装剪刀撑

附录5.2 增设钢框架加固技术施工流程 (宋波等, 2021)

（1）对老旧建筑柱点基础位置开挖，在基础底面下浇筑素混凝土垫层，上浇钢筋混凝土基础并预埋连接件，新浇的基础与原有基础通过拉结筋连接，增加新老基础共同协作的能力。

（2）混凝土基础预埋件与钢柱铆接，钢柱上焊接钢梁，新加钢梁通过钢板与原有木结构梁连接，承载屋架重量，如附图5.2-1所示。

（3）通过手钻从结构内部打穿墙体，结构中沿墙体高度方向每隔一定高度设置一道螺栓，将墙体与内钢框架通过穿墙螺栓固定在一起。

（4）在钢框架部分刷防腐涂料；工字钢梁可以露明，也可以内嵌轻质隔墙作为隔断。

岳永盛，2020，单层砖木结构房屋抗震加固振动台试验与损伤机理研究［D/OL］，北京交通大学
宋波、颜华、周恒等，2021，内框架加固典型砌体结构的抗倒塌机制试验［J］，哈尔滨工业大学学报，53（10）：164～170

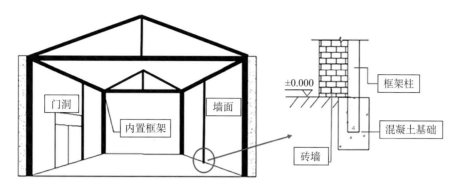

附图 5.2-1　增设钢框架加固木结构施工流程

附录 5.3　外包型钢加固技术施工流程

（1）将石墙墙片表面疏松、油污等劣化的石料打磨掉，凸出的部位打磨平整；表面应清洗干净，不得有尘土、污垢、油脂等污染。

（2）按照加固设计要求加工型钢，并对其进行防腐处理；在安装时应在墙体表面刷一层环氧树脂或乳胶水泥浆（厚度约为 5mm），再将型钢贴附在被加固构件表面。

（3）而后进行封缝、灌浆处理，建议在有利于灌浆处外钻孔贴灌浆孔嘴进行灌注，待排气孔出现浆液后停止灌浆，并封堵排气孔。

（4）最后，在构件表面涂抹防腐材料进行表面养护。

附录 5.4　聚合物砂浆嵌缝加固技术施工流程

（1）将石墙墙片表面疏松、油污等劣化的石料打磨掉，凸出的部位打磨平整；清理原灰缝间灰尘，可使用低压水枪进行清洗，并使用石垫片进行临时固定，尽可能地做到无尘土、污垢、油脂等污染，如附图 5.4-1a 所示。

 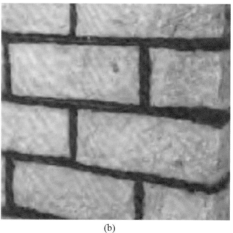

　　　　　(a)　　　　　　　　　　　　　　　　(b)

附图 5.4-1　石墙嵌缝加固技术施工流程

(a) 表面清理；(b) 勾嵌砂浆

（2）在清理出的灰缝间使用高强度的聚合物砂浆进行填充，并以优质的砂浆涂抹在石墙表面，以防出现漏浆等现象，如附图 5.4-1b 所示。

（3）待达到一定的强度时，再进行下一阶段的填充。

（4）最后，在构件表面涂抹防腐材料进行表面养护。

附录 5.5　填塞（黏土、化学试剂）抹面加固技术施工流程

（1）使用毛刷及铲子将裂缝两侧的开裂土体剔除，并清理裂缝中的土粒，尽可能将窑洞的表面剔除干净。

（2）用草泥、草泥灰、化学试剂等材料对剔除部位进行砌筑并抹面，从而使窑拱的传力连续，使原来由于裂缝的存在而传力受损的窑拱能够重新工作，如附图 5.5-1 所示。

（3）最后对填塞材料进行养护，并对新砌筑的表面进行清理。

附图 5.5-1　填塞（黏土、化学试剂）抹面技术施工流程

附录 5.6　内支撑加固技术施工流程

（1）根据实际情况确定支撑形式、榀数、杆件截面，确定安放位置，对于木支架，不宜少于"两根横梁、三根檩木、四根立柱"，每榀间距不宜大于 2m。

（2）在窑腿出开槽，将立柱安置于基础上，安装表面标高不宜高于地面。

（3）窑壁上开槽，安放立柱、横梁，木梁柱节点宜采用榫卯连接，拱形钢架间应设置檩条，檩条与钢架连接应确保为有效连接，如附图 5.6-1 所示。

（4）安放后的支架应与窑体紧密接触，对于存在的空隙应进行填塞。

（5）支架安放完成后，对窑体进行表面处理。

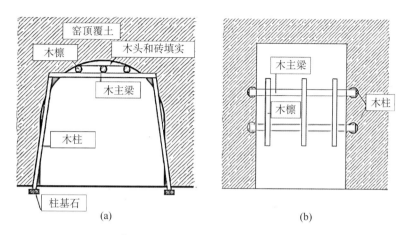

附图 5.6-1　内支撑技术施工流程

（a）木支架加固立面施工图；（b）木支架加固平面示意图

附录 5.7　衬券加固技术施工流程

（1）在窑洞衬券前，应先对窑洞进行临时支护，以防施工期间洞体坍塌。

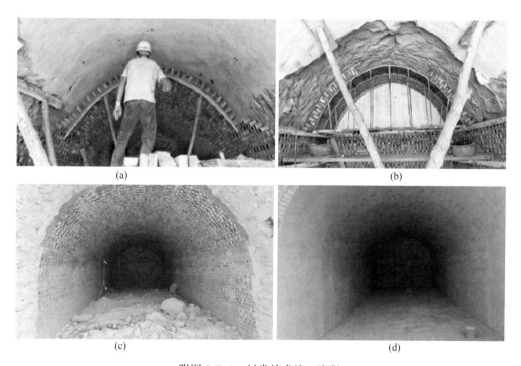

附图 5.7-1　衬券技术施工流程

（a）砖券拱施工；（b）砖券拱施工临时支撑；（c）窑内砖券拱施工完成；（d）窑内抹灰完成

（2）对窑洞表面进行清理，保证拱面平整，应对拱面出现轻微坍塌或开裂处，进行裂缝修复。

（3）砌筑拱券前，宜预先制作拱模，其强度、刚度、稳定性应满足施工要求，且应方便安装拆卸。

（4）砌筑过程中要一边砌筑，一边用进行填塞，保证加固层可以有效传递上部压力，并需要进行设置必要的临时支撑，如附图5.7-1a、b所示。

（5）对于衬券与原土体之间的空隙，宜使用砂浆等高强度材料进行填充，如附图5.7-1c、d所示。

插 图 清 单

表 格 清 单